# 软件测试策略

## 现代测试指南

# Software Testing Strategies

A testing guide for the 2020s

[美] 马修·霍瑟（Matthew Heusser）
迈克尔·拉森（Michael Larsen） 著

许祥 杨定佳 金鑫 译

化学工业出版社
·北京·

## 内容简介

本书分为三篇：第一篇为软件测试实践，介绍软件测试的一些方法、工具化与自动化、各类专项测试、测试数据的管理等；第二篇聚焦于交付，探讨了不同的交付模型，并对测试工作进行了解构，给出了制订测试策略以及践行精益软件测试的方法；在第三篇中，作者分享了测试工作中的沟通与团队协调、角色定位方面的经验，探讨了测试工作相关的哲学与伦理等，并以测试策略的应用实战和AI工具的应用探索作为收尾。

本书系统呈现了现代软件测试策略的技术与方法论，可帮助测试人员、开发人员、产品经理等构建或完善自己的测试策略，从而掌握破解各类测试困境的能力。



北京市版权局著作权合同登记号：01-2025-4362

**图书在版编目（CIP）数据**

软件测试策略 /（美）马修·霍瑟
(Matthew Heusser)，（美）迈克尔·拉森
(Michael Larsen) 著 ; 许祥，杨定佳，金鑫译.
北京 : 化学工业出版社，2026. 2. -- ISBN 978-7-122
-49433-7

Ⅰ. TP311.55

中国国家版本馆CIP数据核字第20257T09F1号

责任编辑：张　赛　　　装帧设计：王晓宇
责任校对：宋　夏

出版发行：化学工业出版社
（北京市东城区青年湖南街13号　邮政编码100011）
印　　装：大厂回族自治县聚鑫印刷有限责任公司
710mm×1000mm　1/16　印张20¾　字数371千字
2026年2月北京第1版第1次印刷

购书咨询：010-64518888　　　售后服务：010-64518899
网　　址：http://www.cip.com.cn
凡购买本书，如有缺损质量问题，本社销售中心负责调换。

定　　价：99.00元

# 前言

21 世纪是一个信息大爆炸的时代，各式软件无处不在，并在人们的生产和生活中扮演着至关重要的角色。各类软件依托于不同的载体，以不同的方式履行着各自的职能，无论是电脑、手机上的办公或娱乐软件，还是那些在电力、医疗、金融等基础领域中提供支撑的软件服务，它们不仅提高了我们的工作效率和生活质量，还为各行各业的创新和发展提供了强大的支持。

这些软件需要有人去开发，同样也需要有人进行测试，而且测试工作是非常重要的一个环节。在过去的几十年里，测试工作已由最初的人工测试逐步转向自动化测试，即通过某些自动化测试工具实现自动测试，从而完成大部分的测试任务。由此看来，自动化工具似乎可以全面替代人工测试了。然而，事实并非如此，通过新闻报道和一些关注度比较高的案例来看，测试工作最需要的并非不会思考、只会机械执行的机器人，而是真正理解测试的人。这些人不一定是专职做测试工作的，他们有可能是软件开发工程师，有可能是感兴趣的业余爱好者，也有可能是运维人员。总之，测试需要在多个层面进行，并且贯穿整个软件开发生命周期。

从基础层面上来说，测试就是使用科学的方法，不断对“如果……就会……”这类问题进行探索，这也正是软件测试的真正乐趣所在。通过这种巧妙且严谨的方式，测试人员需要尽可能发现软件缺陷和易受攻击之处。在此探索过程中，测试人员可以验证或否定当前的想法，确定软件是否符合使用要求，是否还存在问题等。

本书将带领读者学习软件测试技术，发现乐趣，开启挑战（软件测试是一个充满乐趣的过程，而且很多时候，它更像是一场真实的冒险）。希望通过本书，读者能在测试技能、测试流程、测试技术等方面有所收获，并能够以全新的视角审视软件测试工作。

## 本书的定位

凯尔文学院的一位教授帕特里克·贝利曾经做过一项研究，他首先询问了参与人员的岗位，然后提出了一个问题：“如果只能实施一种测试类型，你会选择哪种类型？”最终得到的结论是：人们倾向于选择与自身岗位角色最相关的测试类型。程序员们认为单元测试最具价值；内部用户则更看重用户验收测试；而业务分析师则认为系统测试更具价值，其他人员也同样认为与自己岗位相关的测试类型最具价值。

项目经理会经常将软件测试工作看作一条流水线，并认为每个测试人员都是流水线上的一个“螺钉”。这使得测试人员会秉持“计划-执行”的理念，对测试用例的每一个步骤都详细描述，非常注重形式和文档，却未关注这种方式在实际工作中其实是非常低效的。也正是因此，公司可能会对这些流水线上的员工进行批评，甚至嘲笑他们低效的机械式工作。而这种现象，早在1516年，托马斯·莫尔就在《乌托邦》中提及了。在此套用一下托马斯·莫尔的观点：公司培养了这种机械低效的测试人员，反过来又指责他们不合格。

过去，过于形式化和机械化地看待测试工作是一个司空见惯的问题。如今，部分人已经意识到此类问题，并认为这种低价值、脚本化的工作方式是需要改进的，但他们仍会使用一些自动化工具代替人工做此类工作，例如GUI自动化测试、单元测试、API自动化测试等。本书对这些自动化测试也有所介绍，并且认为这些自动化测试也是非常重要的，但这些传统的、形式化的测试手段往往缺少灵动性，缺少能够根据实际情况灵活调整测试策略与方法的能力。在本书的第1章中，我们将会从需要具体问题具体分析的GUI层面探讨这种灵动性的测试，并在后续章节中延续这一核心思想。

换句话说，本书并不局限于那种“点点点”的测试，更多的是在整个软件研发过程中，对每一个环节和每一个层面的测试都进行研究和应用。

本书涵盖了通过测试来快速了解软件状态的各种方法。我们需要承认，这并非软件质量评估的完整图景，因为其既未涵盖如何创建优质需求，也未涉及代码审查与结对编程。我们认为测试是一种反馈机制，但质量评估远不止于此，其内涵远比反馈机制更为丰富。

仅“软件测试”这一主题，我们认为已经足够写一本书了。而测试所带来的反馈同样非常重要，但却经常被忽视，通常是因为这种反馈做得不好。本书第二篇介绍了如何将测试集成到交付过程中。第三篇讨论了“职场实践”，即如何给出能够被组织有效利用的反馈。

如果你曾经听过：“为什么我们没有测试那个功能？”“为什么我们没有发现那个bug？”或者更糟糕的“好吧，你发现了那个bug并将其列为必须修复，但大家坚持认为它可以推迟修复时，你为什么没有更有效地坚持自己的主张呢？”那么本书就是为你而写的。如果你还符合以下情况，那么本书也同样适合你。

- 如果你经常在软件中看到那些你觉得其他人应该能轻易发现的明显 bug。
- 如果你希望掌握快速获取信息的能力，并通过清晰表达来改变流程结果。
- 如果你想利用所发现的信息来找到降低 bug 注入率的方法。
- 如果你希望分析并阐释自己在做出关键的风险 / 收益权衡时是如何考虑的。

至此，希望你已经意识到测试是一项严肃、成熟的风险管理工作。任何初学者都应该遵循测试流程开展工作，而中级测试人员则应做到令大多数软件团队能接受等待问题修复所造成的延迟。当然，测试的真正价值远不止于此，其核心在于做出明智的风险 / 收益决策，将有限的资源投入到风险管理中。

你可以将测试分为三个层次。

第一层，你以最简单的方式使用应用程序进行基本操作，即“理想路径”（happy path）。

第二层，测试人员寻找 bug。他们将测试视为自己的工作，目的是找到 bug，或者如某人所说，以“幸灾乐祸”的心态“让开发者哭泣”。如果说第一层过于随和，那么第二层实际上可能会与开发存在对立。

第三层，我们要考虑在哪些风险点上投入多少时间，从而尽量减少对交付速度的干扰。在某些情况下，尽早发现产品中的问题可以提高交付速度。

## 测试是什么?

不久前，本书的作者之一 Matthew 还在密歇根州西部一家健康保险公司担任测试主管。该保险公司与当地一家全国知名的咨询公司进行了签约，委托其进行一些软件维护工作。其中一位顾问，一位非常出色的程序员，沮丧地推开键盘，大喊道：“这根本无法测试！”

Matthew 拿起键盘和鼠标开始操作软件并说：“当然可以，你看！”紧接着又说：“哦，你的意思不是说代码无法测试，而是说你没法让计算机通过预定义的操作来运行并检查结果。你是想说它可能……无法进行自动化测试，对吗？”

这是帕特里克 · 贝利在凯尔文学院所做研究中提到的一个示例。对于上面提到的程序员来说，“测试”是检查功能的自动化代码片段。而对于 Matthew 来说，测试是了解软件信息的过程。

几乎就在这个故事发生的同一时间，我们的导师之一塞姆 · 卡纳（Cem Kaner）博士，正在做一个关于“测试作为一门社会科学”的演讲（链接 0-1）。在那次演讲中，Kaner 博士是这样定义软件测试的：

- 技术调查；
- 旨在提供质量相关信息；
- 围绕软件产品；

- 面向利益相关者。

本书倾向于使用上述内容作为软件测试的定义。测试是指你试图找出你所构建的东西是否真的能完成你所要求它做的事情。虽然你可以通过时间表、糟糕的设计和无法运行的代码来自欺欺人，但测试是第一个旨在确保我们不被蒙蔽的流程。Kaner 进一步论证道："许多最重要的测试工作看起来更像是应用心理学、经济学、商业管理（等），而不像编程。"

这可能会让许多程序员，甚至一些 DevOps 人员感到不安。毕竟，21 世纪 20 年代测试的愿景是自动化所有检查工作。通常来说，这意味着快速运行所有检查，并自动报告结果，无需人工参与（No Humans Involved，NHI）。

我们并不是反对自动化或工具化，因为我们面临的问题是缺乏关于如何进行有效测试的信息。

例如，给定一个测试框架（或测试任务），我们应该先运行（或编写）哪个测试？测试结果能告诉我们什么？我们什么时候应该停止测试？当我们停止时，我们知道了什么？

这看起来像是一个交互式过程，因为首轮所选择的测试及其结果会为影响后续的测试决策。当然，我们可以从中选择部分环节，将其转化为算法，编写成代码，然后定期运行，以查看今天有效的方法明天是否仍然有效（这类测试通常被称为回归测试）。甚至，我们还可以在编写代码前就创建自动化检查，即所谓的测试驱动开发（TDD）。但即便测试实现了自动化，我们更关注的核心仍是"确定要运行什么测试，以及如何解读这些测试结果"这类过程。

有些人对"制度化的、每次都要运行的代码段"和"基于反馈驱动的探索过程"进行了区分。特别是，迈克尔·博尔顿（Michael Bolton）使用"检查（Checks）"一词来表示算法性的、无需思考的对比行为，而"测试（Testing）"则是一个更广义的活动，通常包括了检查。我们认为这种区分很有帮助，因为"自动化测试"失去了我们之前看到的 Kaner 博士所给出定义中的一些精髓。对此，我们想补充 Matthew 的第一条观察结果：在你第一次运行自动化测试以查看其是否通过之后，它实际上就不再是一个真正的测试了。相反，它变成了自动化的变更检测——而程序员的工作就是创造变更！

我们的目标不仅仅是让读者记住书中的内容，也不限于使用既定规则进行软件分析以得出测试思路。在本书中，我们整合了大量表面上看似相互矛盾的素材，通过我们的见解来对其进行诠释，提出了一些最有价值的测试方法，并给出了如何平衡这些方法的建议。当你读完这本书后，你应该能够通过审视用户界面或 API，识别出多种测试方法，并掌握合理分配有限时间的技巧，以确定各类测试方法的投入比重。同时，你还应该能够向他人描述这些测试方法。

这本书讲述了我们的故事，我们为此感到自豪。书中包含了我们如何测试、为何测试、影响我们对测试思考的因素，以及为你准备的一些练习。为了做到这一点，我们不得不做一些非常规的事情，比如在“我”“你”“我们”、Matthew和 Michael 之间变换叙述角度。我们不得不写一些自己的观点和经历，这些观点你可能不同意，这些经历对你来说或许也并不相关。我们面临的最大挑战之一是如何取舍内容，了解什么对读者最有价值。经过数百次播客采访、广泛的咨询以及参加了一百多场会议后，我们认为我们对读者的需求有了一些了解。不过，本书显然将让我们的读者群体变得更加广泛，因此我们期待听到你的反馈。我们希望你能告诉我们哪些内容我们应该更加谨慎地表达，以及我们应该增加、删除或修改哪些内容。

## 本书读者

本书适合任何想要了解软件测试过程和思维模式的人，将帮助他们更好地测试和理解所使用系统的理念和方法，并付诸实践，也适合那些在软件开发过程中无法为自己发声的人。注意，这并不意味着阅读本书的人必须是专业的软件测试人员。我们鼓励所有参与软件开发的人员，包括开发人员、产品经理和项目经理、业务分析师、系统管理员，以及任何对其所在组织创建的软件有既得利益的人，都应尽可能地掌握这些知识。

## 内容概要

第 1 章　测试与测试设计：本章将测试作为一种风险管理活动，重点对重要软件部分进行有力的测试设计。讨论了错误理论、非脚本测试以及包括模型驱动测试和浸泡测试在内的各种方法。

第 2 章　工具与自动化的基本问题：本章讨论了测试自动化中的常见陷阱，并分享了多年经验中的教训。涵盖了诸如雷区回归问题和海战棋问题等概念，并以解决这些自动化挑战的方案作为结尾。

第 3 章　面向开发人员测试：本章聚焦于开发者测试，包括单元测试、测试驱动开发和测试 Web API 等内容。最后演示了如何创建单元测试，并以 Ruby 为例进行说明，以一个实用的练习结束。

第 4 章　面向用户测试：本章探讨了面向用户测试自动化的精妙之处，讨论了 GUI 自动化模式、实例化需求以及低代码 / 无代码工具，旨在使读者能够分析和优化用户界面测试。

第 5 章　专项测试：本章深入探讨了测试的专业领域，包括性能和负载测试，安全性、无障碍性、国际化以及受监管的测试，每个领域都有其独特的挑战和方法论。

第 6 章 测试相关技术：本章超越了测试设计和执行的范畴，专注于识别bug、沟通问题、规划和记录工作以及度量等方面的能力，并提及了测试过程中所需的变革。

第 7 章 测试数据管理：本章解决了测试数据管理问题，并提供了创建、存储、编辑、删除和恢复数据状态的技术，以推动高效的应用程序测试和构建可靠的测试工具。

第 8 章 交付模型与测试：本章探讨了测试与瀑布模型、Scrum 和 DevOps 等交付模型之间的关系，旨在帮助读者理解测试与交付模型之间的互动，并进一步优化这些互动。

第 9 章 测试的构成元素：本章分解了测试的组成部分，如测试配方、覆盖程度和缺陷，并鼓励读者将这些元素重新组合成一个符合自身需求的整体测试策略。

第 10 章 制订测试策略：本章基于前一章的内容，指导读者分析当前的测试状态、划分风险优先级，以及沟通和实施一个全面的测试策略。

第 11 章 精益软件测试：本章介绍了精益软件测试，并将测试与运营管理技术相结合。涵盖了七大浪费、流程、约束以及精益度量与测量方法等主题。

第 12 章 案例研究和经验报告：本章从实际工作出发，通过案例研究和经验报告解析测试挑战，并提供针对性的解决策略。

第 13 章 测试活动和测试角色：本章探讨了不同角色执行测试活动的细微差别，讨论了文化冲突、风险管理团队以及测试左移和持续测试等不同的测试模型。

第 14 章 软件测试中的哲学与伦理：本章涉足测试的哲学和伦理维度。审视了测试的局限性、伦理推理的价值以及在测试过程中清晰沟通的重要性。

第 15 章 词语和表述：本章专注于沟通，并强调了准确的语言和语境的重要性，探讨了不同的测试学派以及流程和技能之间的区别。

第 16 章 测试策略应用：本章将书中的概念应用于实际场景，包括移动应用测试策略的案例以及对软件测试中应用人工智能技术的探讨，为测试策略的应用提供了全面的视角。

## 本书涉及的工具

本书中描述的大部分方法和技术都很少依赖特定的工具，而更多依赖于个人。然而，书中也有一些示例可能涉及某些软件或硬件。不过，大多数工具和技术与平台无关，或者有适用于所有平台的发行版本。本书中的一些示例基于

Ruby 语言，所以在你的系统上安装一个可用的 Ruby 版本将会很有帮助。在专项测试部分，有一个基于 JMeter 的示例，因此安装 JMeter 及其组件同样是有价值的。

| 本书涉及的软件 / 硬件 | 操作系统要求 |
|---|---|
| Ruby | Windows、macOS 或 Linux |
| JMeter | Windows、macOS 或 Linux |

我们建议你自行键入代码，或者从本书的 GitHub 仓库中获取代码（链接 0-2）。这样做将有助于避免与复制和粘贴代码相关的任何潜在错误。

## 拓展资源的链接等

读者可扫描封底二维码并关注官方公众号，通过回复关键字“软件测试策略”获取拓展资源的链接。

# 译者的话

置身于当今软件行业，我们正面临着前所未有的挑战。软件复杂度呈指数级增长，用户需求瞬息万变，AI 工具的涌现，极大地提高了软件的迭代速度，然而，这也对软件测试和质量保证工作提出了更高的要求。正如本书作者所言，如果测试活动不能找到一种方法或策略来适应不断加快的软件迭代速度，那么从事这项工作的人就可能会被淘汰。在有限的测试时间（测试活动的时间往往受到挤压）和大量缺陷可能直到项目后期才暴露的双重压力下，测试人员需要不断提升自身技能，才能有效应对这些挑战。

市面上不乏讲解专项测试技术的书籍，它们深入探讨了各自领域的具体技术和关注点，例如性能测试、安全测试、自动化测试等。然而，这些书籍往往局限于测试软件的某一个方面，缺乏一种全局性的指导方法论来帮助我们系统地、高效地完成测试工作。《软件测试策略》则弥补了这一缺憾，它不仅涵盖了丰富的测试实践技巧，更重要的是，它提供了一种全新的视角，将测试与整个软件开发流程紧密结合，旨在帮助读者构建和改进自己的测试策略。正如国内近年来不断强调的质量内建、测试左移和右移，本书也深刻地阐述了这些理念，并将其融入实际的测试策略中。此外，本书还关注沟通技巧和职场素养等软技能，这些都是测试人员在日常工作中不可或缺的。

本书作者 Matthew Heusser 拥有丰富的软件开发和测试经验，曾担任多家公司的测试教练，这使得他对软件测试形成了全面而独特的视角。本书并非空中楼阁，而是源于作者多年的实践积累，书中几乎所有案例都来自真实的项目经验。作者以风趣幽默的语言，深入浅出地讲解了各种测试策略和方法，我们在翻译过程中也尽力保留了这种风格，希望读者在阅读的同时也能感受到作者的热情和智慧。尤其值得一提的是，本书以循序渐进、极具可行性的方式指导测试策略的改进，为读者提供了丰富的实践工具和改进手段，例如第 1 章介绍的实用测试用例设计方法，以及第 10 章提到的精益测试画布、风险普查和思维导图等。

如此专业且风趣的书籍，是值得每一位软件测试人员花时间来研读的。

本书的翻译工作由许祥、杨定佳和金鑫共同完成。回顾整个过程，我们也从中学到了很多，这无疑是一次宝贵的学习经历。在此过程中，我们遇到了两大挑战。挑战一：语言及文化差异。这些差异不仅涉及语法和词汇，还包括语言中的隐喻、习语和幽默等表达方式，这些都增加了翻译工作的复杂性。挑战二：在保持原意的基础上尽量保持叙述风格。在翻译过程中我们尽可能还原了原作的风格和语气，以使中文读者阅读时能感受到作者的幽默和叙述逻辑。为了解决这两个问题，在充分理解原作意图和语境的基础上，我们对关键措辞进行了细致的推敲和润色，力求使译文准确传达原作的风格和情感。

除此之外，译稿还经过多次不同方式的审校，包括邀请测试窝网译文团队审校等。在此，我们特别感谢熊志男、赵强胜、谭增洁、任爱林、张顺媛和王奇东，各位老师经过细致审校，对译稿提出了许多宝贵的意见，帮助我们修正了多处翻译上的不足，极大地提升了译文的准确性和流畅性。

由于译者水平有限，加之时间和经验的限制，本书的翻译难免存在一些不足之处，恳请广大读者批评指正，以便改进。

我们衷心希望本书能够为国内的软件测试从业者提供一些帮助和启发，共同推动中国软件测试行业的进步。

许　祥　杨定佳　金　鑫<br>2025 年 10 月

# 目录

## 第一篇　软件测试实践

第3章

## 面向开发人员测试 052



第4章

## 面向用户测试 079



第5章

## 专项测试 102

# 第二篇　测试与交付

## 第8章
## 交付模型与测试　154



## 第9章
## 测试的构成元素　175



## 第10章
## 制订测试策略　193

## 第11章 精益软件测试 208



# 第三篇 职场实践

## 第12章 案例研究和经验报告 234

## 第16章 测试策略应用 298

# 第一篇
# 软件测试实践

本篇主要探讨测试人员如何开展测试工作。从一个真实的实践案例入手，展示测试人员该如何在缺乏项目背景知识的情况下逐步推进测试工作。我们希望为读者提供一个全面的视角，来说明通过检查可以降低哪些领域的风险，并提供实用且可操作的建议，帮助测试人员在几乎没有背景介绍、缺少文档支持、时间紧迫且充满不确定性的情况下，高效开展测试工作，同时确保成果经得起审查。本篇涵盖了各种类型的测试，包括开发人员测试和测试工具的应用，并以一种平衡的测试工具方法论为指导，力求在有限条件下实现最佳测试效果。

本篇主要内容如下：

- 第 1 章　测试与测试设计
- 第 2 章　工具与自动化的基本问题
- 第 3 章　面向开发人员测试
- 第 4 章　面向用户测试
- 第 5 章　专项测试
- 第 6 章　测试相关技术
- 第 7 章　测试数据管理

# 第 1 章 测试与测试设计

在前言中，我们提到了测试的三个层次——检查表面问题，深入且持续测试，以及将测试视为一种风险管理活动。本章将从检查表面问题层次入手，然后进行深入且持续的测试实践，最后探讨如何将测试视为一项风险管理活动，即使用最少的资源高效完成测试，保障产品质量，赢得用户信赖。在此过程中，我们将引导读者关注软件中最重要的部分，掌握一些非常实用的测试方法，并从中得到有价值的结论。当然，本章介绍的测试思路和得到的结论，并不能帮助发现软件中的所有 bug，还有许多其他测试方法需要我们去探索和总结，这些内容将在第二篇中进行详细讲解。

本章所介绍的测试思路适用于单元测试和面向用户测试，同时也适用于第 5 章讨论的专项测试。

本章重点：

- 理解不可能做到完全测试；
- 形成 bug 根因清单，以发现更多 bug；
- 如何分析一个需求不清晰的产品；
- 如何测试一个需求不清晰的产品；
- 学习测试方法，包括边界值、等价类划分及结对测试；
- 了解其他测试方法，例如模型驱动测试（Model-driven Testing）、浸泡测试（Soak Testing）、肥皂剧测试（Soap Opera Testing）以及其他替代测试方法。

## 1.1 开始测试

本节将从理想路径（happy path）概念开始。理想路径指开发人员期望应用程序遵循主要路径或工作流程，以实现其功能或提供结果（译者注：从测试人员角度来说，理想路径是指，在测试程序基本功能和主要流程时，软件在预设的环境下可以正确运行并给出预期结果，无需关注异常输入或特殊操作）。下面让我们通过一个 Web 应用程序示例来理解理想路径的概念，该 Web 应用可用来判断用户输入的文本是否为回文（链接 1-1，该应用在 2016 年的 Excelon 活动——教学测试设计研讨会上被提出，免费且公开，初始代码由 Justin Rohrman 和 Paul Harju 提供）。

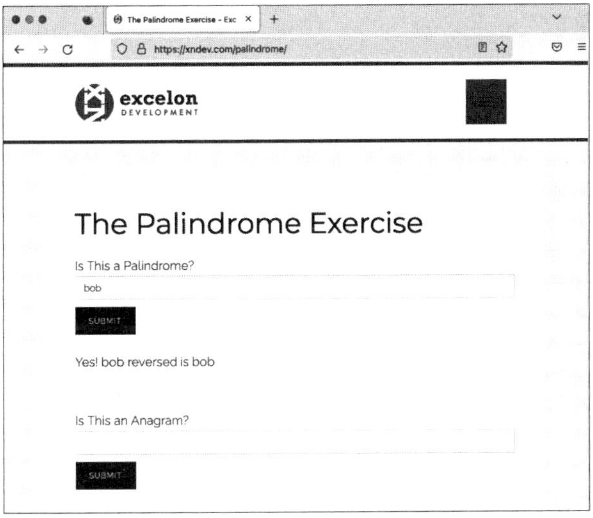


图 1-1　回文判定

回文指正向和反向拼写都相同的单词。例如 bob 是一个回文，而 robert 不是，因为 robert 倒过来写是 trebor。判断一段文本是否为回文的 Web 应用界面如图 1-1 所示，包含一个输入框、一个按钮和一个输出结果，在此界面中，我们首先输入了 bob，然后点击【SUBMIT】按钮，程序给出的结果是“Yes! bob reversed is bob”，表明输入的文本是回文。

在理想路径测试思想下，当我们输入 bob 后，程序判定是回文；接着输入 robert，程序判定不是回文。到此，程序的测试工作似乎就完成了。随即宣布测试完成。我们在数十次招聘中发现，即便是资深测试人员，也有约 10% 的人会止步于这种基础测试就草率收工——这些可都是简历上写着“具有多年的测试经验”。多数人的测试思想只停留在理想路径上，这或许是人们认为测试工作很简单的原因。因此，本书的重点在于如何将测试工作做得更好，并带领测试人员开阔视野，探索所有可能存在的 bug，然后寻找减少隐藏 bug 的方法。

## 1.2　完全测试?

假如你在一家开发回文软件的公司上班，公司的新业务执行副总裁（EVP）

说：“公司与甲方签订了一项重大合同，在众多软件中，此款回文软件将是第一个交付产品，因此，不能存在任何 bug。为了确保零 bug，必须对软件进行完全测试。”

### 1.2.1 EVP 需求

首先，我们来看经过理想路径测试后，回文判定程序可能存在的一个 bug：大写字母。在回文判定页面（图 1-1）输入框中输入 Bob，然后点击【SUBMIT】，程序给出的结果是“No! Bob reserved is boB”，Bob 不是回文，因为反转之后是 boB。对于文字工作者来说，这是一个很明显的 bug，因为 b 和 B 是同一个字母；但对于开发人员来说，功能运行正常，软件只是将输入的内容反转并进行比较，因此 Bob 和 boB 是不同内容。由此开发人员和部分客户对软件的理解就出现了分歧。此类问题在功能开发早期就应尽早解决，如果在功能开发后期才发现，则需要重新编写代码并测试。除此之外，后期讨论该问题时，可能会存在争论和冲突，甚至无法达成共识。一旦用户发现该问题，将会造成更大的负面影响。因此，尽可能早地对产品细节、工作方式等达成共识，对后期开发和用户体验都具有非常大的价值。

其次，我们在测试时还要关注移动设备，例如手机、平板电脑。在移动设备上输入单词时，首字母通常会被自动转为大写，用户为了使回文判定程序给出正确的结论，就需要手动将首字母小写，在某种程度上来说，这是一个 bug。因此，移动设备上的兼容性测试是非常有必要的。兼容性测试可能需要考虑四种主流的浏览器（Chrome、Firefox、Safari 和 Edge）、五种不同类型的设备（笔记本电脑、平板电脑以及 3～4 种不同的手机型号）、三种操作系统（Linux、Mac 和 Windows），排列组合后，每个测试用例就需要运行 60 次（4×5×3）。可以说，这些底层技术是标准化的，因此风险较小。然而，一旦你在一个地方注意到了组合问题，你就会发现它无处不在——例如，不同 Android 版本和移动设备的组合。

最后，我们还要思考语句中的特殊符号，例如空格（前空格、后空格、中间空格）、特殊符号（ !@#$%^&*()<>,/?[]{}|）、底层具有特殊含义的字符（SQL 语句、JavaScript 中特殊符号、HTML 中特殊符号）、浏览器可以接受的字符串长度，甚至代码能够接受的字符串长度。

为了确保回文语句的正确性，我们在 Google 搜索平台中搜索回文语句，下面是三条排名靠前的语句：

- Mr. Owl ate my metal worm
- Do geese see God?

- Was it a car or a cat I saw?

从此三条语句中可以看到，如果将大小写、标点符号、空格考虑进去，反转之后均与原语句不同。再综合其他文献可知，回文语句反转后，与原语句判断是否一致时，会忽略大小写、标点和空格。

至此，我们已经考虑到了回文判定程序的功能使用。除此之外，还要再思考其他一些特殊场景，例如移动设备屏幕分辨率低、断网、内存不足、低电量、发热等情况下程序是否可以正常运行。如果再进一步思考，本次运行成功，下次还会继续成功吗？下次使用时，开发人员对程序是否进行过优化，内存是否存在泄漏，如果测试结果显示失败，失败是否可预测等问题。这些都是值得测试人员认真钻研的问题。

我们再来看一下回文判定程序的核心代码：

```
original = document.getElementById("originalWord").value;
var palindrome = original.split("").reverse().join("");
if ( original === palindrome) {
    document.getElementById("palindromeResult").innerHTML = "Yes! " + original
+ " reversed is " + palindrome;
} else {
    document.getElementById("palindromeResult").innerHTML = "No! " + original
+ " reserved is " + palindrome;
}
```

从程序界面和核心代码中可以知道，回文判定程序是由一个文本框、一个按钮、六行代码和一个输出结果构成的简单功能，但需要考虑的测试场景却非常多。而大多数软件项目的复杂程度远远超过回文判定程序，额外的复杂性会带来更多的测试组合。一般来说，代码量增加一倍，需要测试的场景并不是简单地增加一倍，而是指数级增长。对于一个无限输入空间和无数种执行路径的动态应用程序，不同时间点进行相同的测试也会产生不同的结果，由此就产生了一个核心问题：完全测试是不可能实现的。

本书早期的一位审稿人，李·霍金斯（Lee Hawkins）博士认为，我们尚未充分证明完全测试是不可能的。故在此使用数学方法进行证明：

（1）假设软件在输入空间上的执行结果记为 f(x)。

（2）若 f(n) 未能发现缺陷，并不意味着当扩大输入空间时 f(n+1) 也是正确的。

（3）一项复杂的测试将尽可能扩大输入空间，即从 f(orig) 执行到 f(∞)。

（4）因为不能从 f(n) 的结论推断 f(n+1) 是否正确，所以无法通过归纳法进行证明。

（5）同时，当输入空间延伸到无穷大时，动态测试无法穷尽所有可能的输入。

因此，完全测试是不可能的。

完全测试是不可能的，但我们仍然努力地寻找方法做到完全测试。一些专家说道，无论通过什么途径，完全测试都是不可能实现的，测试人员能做到的仅仅是发现 bug 而已，测试人员最多只能说："软件在特定时间、特定环境下可以正常运行。"

如果仅做理想路径测试并给出这样的测试结论，那么这样的结论既不具备专业说服力，也无法体现真正的质量风险。从技术层面上讲，这也许是正确的，但这种测试往往是一种低价值的规避行为。

当 Matthew 还是弗雷德里克空军巡逻中队的一名学员时，学员办公室墙上挂着一幅画卷。上面写着这样一段话：

我们这群甘愿奉献的人，被那些不明就里的人指挥着，为那些不懂感恩的人做着不可能完成的事。我们用微薄的力量，竟也坚持了如此之久。如今，即使一无所有，我们也有信心完成任何事。

——康斯坦丁·约瑟夫·吉列克

我们的任务也是如此："Doing the impossible for the ungrateful."这就意味着我们必须探索出非常有效的测试方法，从而找出针对被测软件的尽可能多的使用场景，进而揭示出这些测试方法提供的价值。实现此目标的关键之一在于，探索我们项目中 bug 的出处，以便用最少的投入找到 bug 隐藏的地方。

> 思考题
>
> 通过案例思考"完全测试是不可能的"：一个计算器可能存在的测试组合数量。如果该计算器存在内存泄漏，请尝试通过测试来找出问题所在。

### 1.2.2 形成 bug 根因清单

我们在谈论 bug 时，首先想到的就是开发人员的代码问题。但通过上一节对回文判定程序测试思路的分析，我们可以总结出 bug 产生的原因，如下所示：

- 需求遗漏：越是简单的需求，越容易遗漏细节。例如，逻辑上想要执行某个非常简单的操作，但是没有提供对应的操作按钮。
- 多需求相互作用下产生的其他结果：例如，火星探测车项目中有两个输入框，一个单位是米（meters），另一个单位是码（yards），虽然两者都是长度单位，但在天体物理学中却是两个截然不同的概念。
- 设备或平台的影响：例如，在移动应用中，设备网络信号不佳或电池电量耗尽，都会影响程序的正常使用。

- 需求模糊或不明确：例如，需求仅表述为输入设备，但未明确具体设备类型，键盘、鼠标、游戏手柄都是输入设备。
- 清晰但不正确的需求：例如，从逻辑上来讲就是如此，但从实际效果上来说，这并非用户所喜欢的。
- 忽略隐性需求：理所当然的想法。例如软件菜单，文件菜单应该是第一个，然后是新建菜单，最后还应该有关闭菜单。
- 代码错误：代码错误也是我们通常理解和假设的一种错误。
- 未满足用户需求：例如我们开发了一款专为小学英语老师与学生设计的回文构词程序，然而该程序的实际用户群体却是极度讲究规则的专业拼字游戏玩家，反之亦然。如果出现此类情况，我们的产品将会使个别用户，甚至大部分用户感到失望。因此，需求和规格说明书应说明软件的功能和定位，并且在特定时间节点上，与相关人员达成共识。

实际上，即便只是列出以上非常简单且粗略的清单，在测试程度上，也会比理想路径测试更具有宽度和深度。上述清单看似草率，并非笔者不能详细阐述，更多的是希望测试人员自行构建并完善自己的 bug 根因清单。相较于 bug 根因清单本身，更为重要的是清单内容以及赋予每条 bug 根因的权重——即针对每个 bug 根因所投入的精力和资源比例。如果我们拥有了一份 bug 根因清单，那么在设计测试用例时，除了运用理想路径方法和基于需求的测试方法外，我们还可以根据 bug 根因清单创设一系列场景，用以测试软件可能发生故障的情况。

随着时间的推移，发现的 bug 数量会日益增多，技术人员、产品和平台也会发生变化，bug 根因清单也会愈发丰富，每条 bug 根因权重也会相应地调整。而本书的目的也正在于此，即加速测试人员的学习过程，并为其提供一些思路或建议，帮助测试人员生成和拓展有价值的测试想法。

### 1.2.3 一个测试案例

在许多书籍中，都建议测试人员尽早介入项目，以便尽早熟悉需求并有一定的认知。但是，本节中的案例却恰恰相反，研发团队没有制订“一致、正确、完整、清晰”的需求规格说明书，需求也未能很好地分解为具有明确验收标准的故事，更无法进行客观评估。同时，需求也没有交底，即开发人员、测试人员和产品经理对需求没有达成共识。

在测试人员没有参与需求讨论和计划制订，且对项目信息尚不了解的情况下，就被直接安排去测试该项目。例如旧版的大急流城机场停车费计算器程序（参见 Markus Gärtner 个人网站，链接 1-2），该程序可以让用户预估他们在机场停车场需要支付的费用，程序界面如图 1-2 所示。

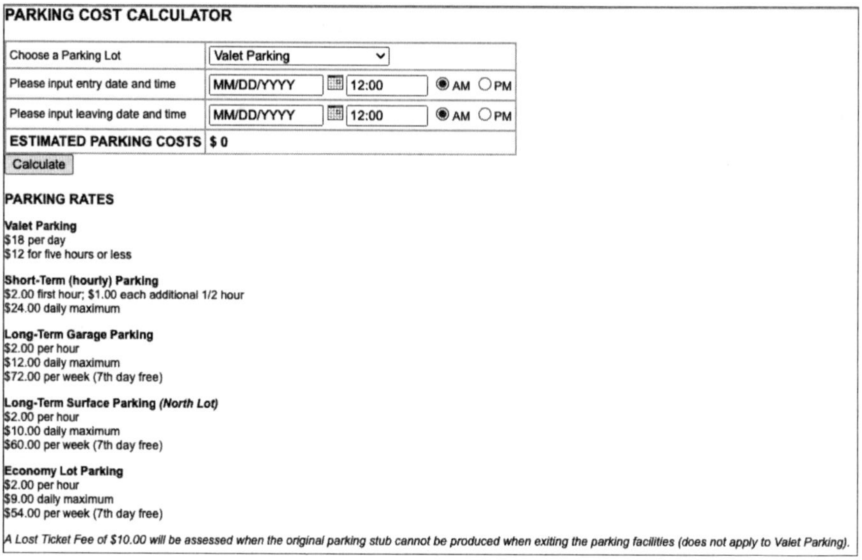


图 1-2　机场停车费计算器程序界面

本案例中，笔者将列出一些适用于单元测试、专项测试、接口（API）测试以及其他测试管理的技术或思想，通过连续提问的方式快速确定软件在不同条件下的响应。在测试过程中，此技术或思想就像法庭上律师审问嫌疑人一样，对软件提出问题，并根据得到的答案引出下一个问题，其目标是找出支持软件运行的关键因素。在此思维模式下，通过不断地质疑和探索，测试人员可以更深入地测试，找出软件的潜在问题和风险，从而提升产品质量。

## 测试记录

相较于回文判定程序，停车费计算器程序更为复杂，有更多的输入、输出以及等价类。等价类是指在功能上应被同等对待的不同情况，例如 2024 年 1 月 10 日下午 1:05 和 2024 年 1 月 10 日下午 1:07 是同一小时的两个不同分钟点，我们并不需要对每个分钟点都进行测试，而是从 1～59 分钟之内，选择任意一个分钟点测试即可。更多的是关注变量边界值，因为 bug 往往发生在变量边界附近，例如 59 分钟点，其边界就有 60 和 61。边界值问题多是由于开发人员在代码中使用了不正确的比较操作符导致的，例如本应是小于等于（<=），却误写成了小于（<），此类问题也被称为差一错误（off-by-one errors），在单元测试中需要重点关注，因为我们可以从根本上减少差一错误的出现。

在测试时，测试人员需要与产品经理深度沟通，理解客户的需求和期望。如果可以的话，也可以邀请客户参与进来，以获得客户的直接反馈。这些方法都非常有效，可避免跑偏。然而，本案例却没有产品经理和客户的支持，只能从最基础的理解上展开测试。此外，本次测试还存在一些问题，即我们不知道需要测试到何种程度，也不知道软件交付标准，更无法对软件是否达标进行评估。

尽管困难重重，但作为测试人员，我们仍需完成领导安排的任务，保证产品质量。

对于停车费计算器程序，我们仅知晓其是一个单页面和一次计算交互操作，再没有其他关键信息。接下来就需要通过不断深入地探索，寻找关键因素。在测试工程师看来，探索的过程就是一个世界，就像表 1-1 中的那样。

表1-1　测试人员眼中的世界

| 一个软件测试工程师进入酒吧： | 点单： | 宣布测试完成 | 一个客户进入酒吧并询问洗手间： |
|---|---|---|---|
| 跑进去<br>爬进去<br>跳舞进去<br>飞进去<br>跳着进去 | A 杯啤酒<br>两杯啤酒<br>0 杯啤酒<br>999999999 杯啤酒<br>一杯装有金鱼的啤酒（测试是水还是啤酒）<br>-1 杯啤酒<br>一杯“qwerty”啤酒 | | 酒吧炸了 |

回到停车费计算器的案例中，当前情况下，用户界面就成了我们最好的切入点。从界面中可以看到，Markus 在创建页面时，给我们提供了停车费率的一些信息。

**停车费率**

代客泊车：18 美元 / 天；5 小时或 5 小时以内收费 12 美元。

短期 ( 按小时计费 ) 停车：第一个小时 2.00 美元，之后每半小时收费 1.00 美元，每天最高收费 24 美元。

长期车库停车：2.00 美元 / 时，每日最高 12.00 美元，每周 72.00 美元 ( 第 7 天免费 )。

长期地面停车场 ( 北段 )：2.00 美元 / 时，每日最高 10.00 美元，每周 60.00 美元 ( 第 7 天免费 )。

经济型停车场：2.00 美元 / 时，每日最高 9.00 美元，每周 54.00 美元 ( 第 7 天免费 )。

注意：离开停车场时，如果停车卡丢失，将收取 10.00 美元工本费（代客泊车除外）。

## 测试一：输入变量测试

对于该界面，笔者倾向于在软件使用过程中，向输入框输入无效、空格、超出范围或无意义值的测试策略。如此，在兼顾覆盖率（检查所有可能的组合情况）和速度（快速获取测试结果）的同时，可快速实现初步评估。故笔者测试了如表 1-2 所示的测试用例。

表1-2　代客泊车测试用例

| 序号 | 停车类型 | 开始日期 | 结束日期 | 开始时间 | 结束时间 | 预期收费 |
|---|---|---|---|---|---|---|
| 1 | 代客泊车 | 7/29/22 | 7/29/22 | 2:00 P.M. | 3:00 P.M. | 12.00 美元 |
| 2 | 代客泊车 | 7/22/22 | 7/22/22 | 2:00 P.M. | 7:00 P.M. | 12.00 美元 |
| 3 | 代客泊车 | 7/22/22 | 7/22/22 | 2:00 P.M. | 7:01 P.M. | 18.00 美元 |

当然，输入的时间也可选择其他值，例如表 1-3 所示的时间。

表1-3　代客泊车其他测试用例

| 序号 | 停车类型 | 开始日期 | 结束日期 | 开始时间 | 结束时间 | 预期收费 |
|---|---|---|---|---|---|---|
| 4 | 代客泊车 | 7/29/22 | 7/29/22 | 2:00 P.M. | 2:59 P.M. | 12.00 美元 |

## 测试二：程序页面测试

首先是选择停车场（Choose a Parking Lot）下拉框。当进入主页后，便发现了一个 bug，选择停车场（Choose a Parking Lot）下拉框的默认值是代客泊车（Valet Parking），此默认值很容易让人误解为代客泊车服务，而非停车类型。

然后查看日期，点击日历图标打开日期选择器，如图 1-3 所示。

图 1-3　日期选择器

日期选择器有一个提示信息“about:blank”，即有一个 about 可选参数需要用户设置值。除此之外，当点击日期选择器外的其他区域时，焦点会落于页面之上，致使焦点无法始终维持在页面最上方。在最新版本中，该问题虽已得到修复，但又产生了另一个异常的问题，即浏览器最大化状态下点击日历图标后，会开启一个新的浏览器标签页，并且日期选择器会铺满整个页面，可读性非常差，如图 1-4 所示。

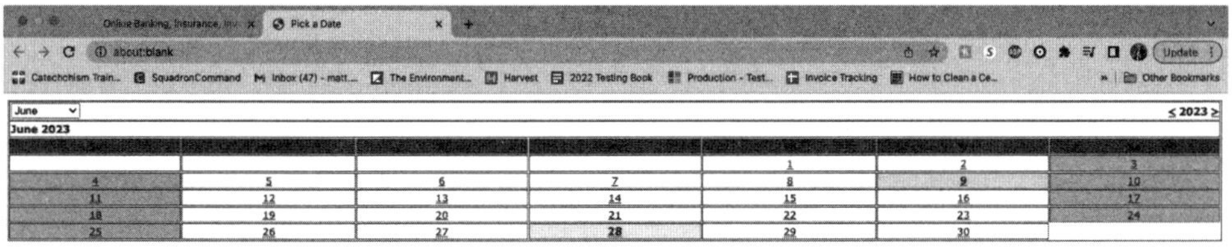

图 1-4　浏览器最大化下的日期选择器

### 测试三：需求测试

针对停车费率展开分析并实施测试，即进行需求测试。从程序页面可知，每种停车类型都有很多种测试组合，理论上来讲，我们可以将所有可能的组合都列出来，但在实际操作中，组合列表规模过大，耗时耗力，是非常不明智的一种做法。如果再深入分析停车费率，便会发觉有效组合数量有限，如下所示：

```
30 minutes, 60 minutes, 90 minutes, 120 minutes, 121 minutes, 119 minutes
23 hours and 59 minutes, 24 hours, 24 hours and 1 minute
```

### 测试四：特殊时间和时间计算测试

在时间计算方面，还要考虑一些特殊时间。以闰年为例，有三个点值得关注：一是日期选择器上 2024 年 2 月应该有 29 日，但 2023 年和 2022 年的 2 月不应该有 29 日；二是 2023 年 2 月 28 日至 2023 年 3 月 1 日的时间差是 1 天，而 2024 年却是 2 天；三是关注硬编码，例如日期输入框输入 2023 年 2 月 29 日，程序是否会给出错误提示。特殊日期考虑后，还要关注时间差值的计算，例如程序显示从 2023 年 2 月 29 日 14:00 到 2023 年 3 月 1 日 13:59 的时间差是−1 天 23 小时 59 分钟，如图 1-5 所示，与 2023 年 3 月 1 日 14:00 至 2023 年 3 月 1 日 13:59 的计算相同，于是猜想软件可能是以某个固定的时间点作为起始时间来计算天数的，对于月份边界的处理很模糊。从计算结果中我们也可以看到，−1 天加上 23 小时 59 分钟就等于 0 天 0 小时−1 分钟。对于需求不明确的测试工作来说，并不能简单地将其看作一个 bug，也许需求就是如此。但遇到此种情况，测试人员可以依据提示信息来报告 bug，例如提示“离开日期不能早于到达日期”，用户就可以非常明确地知晓，输入日期存在错误。

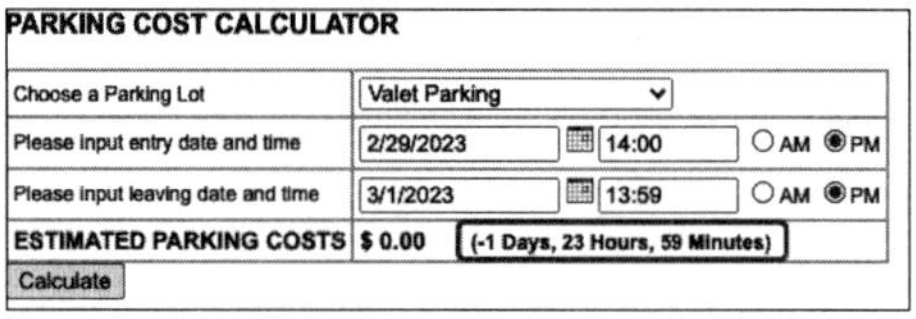


图 1-5 时间差计算

### 测试五：火狐浏览器测试

切换火狐浏览器开展测试。笔者切换到火狐浏览器打开日期选择器弹窗，弹窗确实显示在第一块屏幕的中心位置，但字体大小却好像错误地依据第二块屏幕的分辨率进行了适配。同时，也复现了浏览器最大化后，点击日期图标会打开一个新的浏览器标签页的问题。

### 测试六：查看打开日期选择器函数

在操作过程中，还发现了一个问题。日期选择器中，当天会显示为黄色背景，但如果某月有 31 天，那么最后一天的背景也会是黄色，目前尚不明晰如此设计的缘由。于是，笔者打开开发者工具，然后将鼠标悬停在日历图标上，看到了是一个名为 NewCal() 的 JavaScript 函数，通过阅读源码发现该函数所在的源文件：

```
<script language="JavaScript" type="text/JavaScript" src="datetimepicker.
js"></script>
```

查看源文件（链接 1-3）可知，这是一个自定义日期选择器，而非系统内容，如下代码是源文件的部分头部内容：

```
//Javascript name: My Date Time Picker
//Date created: 16-Nov-2003 23:19
//Scripter: TengYong Ng
...
```

此文件写于 2003 年，并且好像很久没有维护更新了。当笔者试着用 iPhone 打开该程序时，界面简陋，阅读困难，日期选择器更是很难操作。

在没有明确工作量和测试目标的情况下，日期选择器可以作为一个测试目标去探索。当然，产品经理可能根本就不在乎这些细节，其目标或许仅为程序能够正常使用即可。因此测试人员需要与产品经理（如果没有产品经理，则可找产品研发负责人）进行讨论，获取软件更详细的内容和期望值，进而展开测试。如果产品经理不太重视某些 bug，那么测试人员在此方面的测试力度亦可视情况减小。一旦产品经理做出了一个常见且合理的决定，测试人员则可以先花费 1 小时进行问题排查。在这 1 小时的排查过程中，不要局限于某一具体的点，而应依据已确定的内容全面展开，然后根据发现的问题再安排下一步测试方向。

将工作时间按 1 小时进行规划后，对停车费计算器程序的排查可以做如此安排：停车类型下拉菜单，检查一个选项大约需要 3 分钟，总计 15 分钟；兼容性（不同浏览器、不同分辨率、不同设备）分配 15 分钟；探索输入字段异常数据再分配 15 分钟；最后 15 分钟用于复查并记录发现的问题。

### 测试七：异常数据测试

用例一：短期停车从 2022 年 10 月 32 日至 2022 年 11 月 3 日，代客泊车从 12:00 P.M. 至 70:00 P.M.，以上时间均可以被软件处理——即将复杂的日期时间转换为简单格式并相减计算出经过的时间（例如将 1:00 P.M. 转为 13:00 A.M.，以便于软件进行相减得出时长）。但在实际时间上，10 月 32 日和 70:00 P.M. 均不是一个正常时间，软件应该提示输入的时间是一个无效时间。

用例二：短期停车从 12:00 A.M. 至 13:00 A.M.，应该是停车 1 小时，收费 2 美元。但软件却显示费用为 24 美元，按照一天的最高收费计算。查看时间后发现，软件理解的是 12:00 A.M.（午夜）至 1:00 P.M.，即停车 13 小时，每小时 2 美元，每日最高 24 美元——即 12:00 A.M. 是在午夜，然后是 12:01 A.M.，1 小时后是 1:00 A.M.。

### 测试总结

本例由于没有明确的测试目标和产品细节，测试内容比较发散。由于篇幅原因，在此仅介绍部分内容，但实际执行的测试场景远多于此处所介绍的。下一节，笔者将带领读者对测试步骤进行深入剖析，并分析为何以及如何执行列出的测试项。

## 1.3 软件测试方法

回顾上一节对机场停车费计算器的测试记录，显然极为混乱，毫无章法。在未制订测试计划的情况下就开始探索性测试，对于笔者来说，只计划测试 1 小时且在 15 分钟后就开始。开始测试后，也是快速的跳跃式测试，测试要点也主要集中在用户体验、平台场景错误和无效输入三点上。

如果要测试所有的点，那么测试内容将非常多，例如下拉列表中的每一项都要涉及，每个字段也都需进行无效值 [ 包括越界数据（例如 10 月 50 日）、错误格式（例如日期为 HELLOMA）、空白、空格等 ] 的测试，乱序测试（不按照正常的顺序操作，例如在一台设备上删除评论，于另一台设备对已删除的评论进行回复）。

有时候无效值测试会被视作“无效的输入，得到的是无效输出，所以没有必要进行无效值测试”，但无效值测试能提供许多有价值的信息。开发人员在处理输入数据时，如果忽视这些细节，在逻辑上就可能出现重大的漏洞。后续章节将会讲解无效值可能会引发的安全漏洞。

如果在快速测试中发现了大量 bug，那么就需要仔细检查程序中的有效异常条件，确定什么是有效的。此时，与技术人员讨论是确认需求的一种方式。例如，询问开发人员：“软件在某种情况下应该产生什么样的结果”，当开发人员回复“之前没有考虑到此种情况”，就表明这是一个未考虑的场景或与期望结果不符的 bug。

综上，如何在被“空降”至项目时高效完成测试，是所有测试人员都需掌握的技能。此外，测试人员还需掌握软件测试用例的设计方法，这也是本节的重点内容。

### 1.3.1 快速测试：空降测试员

通过之前的测试案例和讨论，可见在没有软件说明文档和测试规划的情况下，测试通常会变得很随意，甚至变成简单的页面浏览。如果测试人员严格遵循用例设计、执行和过程文档记录的测试方式，实际上会使测试过程变得更加无序，因为没有测试计划与软件结构作为支撑。对此，探索性测试就显得更为实用，通过上次测试结果指引下步测试方向。首先需要明确“应该先测试什么？”接着获取“从测试结果中可以得到哪些信息？”然后计划“下次该测试什么？”虽然没有制订计划，但每次测试实则都在规划。就像国际象棋等策略游戏，随着局势的发展，资深玩家会根据当前情况随时调整自己的策略。这种测试策略，其实在本章之前就有所提及，在探索性测试输入变量和软件程序的同时，探索用户体验，如果有团队、平台、软件历史信息或其他信息的辅助，测试人员将会更出色地完成测试。

在外行人眼中，一盘国际象棋是混乱的，难以察觉其中的战略，更别提整体布局和规划了。如果过程没有记录，就是一种不负责任的表现。然而，在每次测试时，我们面临的实际情况却是，代码在不同方面都会发生变化。与工厂的流水线不同，流水线上，每个产品都有相同的规格和尺寸，质量控制人员可以采用相同的方式监测每一个部件，甚至开发一款工具进行标准化检测。但在软件开发中，每一次构建都是不同的，存在的 bug 也是不同的，考虑到有限的测试时间和无限的 bug 可能性，对我们来说，制订一个测试计划以获得最大价值是非常有意义的。本书第 9 章会重点讨论如何通过制订测试计划、方案等指导并记录测试过程，这对大型软件项目更具价值。本节讨论的是空降测试人员，在对系统知之甚少的情况下，如何迅速适应并高效工作。

我们曾经在会议中进行过一场空降测试人员的挑战和模拟实验，大多数人认为自己可能无法胜任。对于大多数测试人员来说，他们会尝试找一些资料来支撑测试的推行，例如请求提供软件相关的文档、与产品经理沟通、向客户了解需求等，这些策略和方法都是可行的。但此后，对于空降测试人员来说，需要具备的是：在没有任何支持的情况下，独立开展工作的能力。

接下来，笔者分享一些自己作为空降测试人员的一些经验。

首先，测试人员需要把自己当作一个局外人进行测试。例如，某公司内部员工每年都要填写一份样式相同的表格，并且员工都知道电话号码要按照如 (888) 868 7194 的格式填写。但若测试人员作为一个刚接触系统的人，并不知道这些规定。因此，测试人员在填写时没有添加括号，从而导致在提交时报错。此类错误，我们称之为顾问策略：受公司文化的影响，内部人员习惯性地忽略，外部人员却容易出错的操作。

下面介绍一些容易被忽略的时间和日期测试点：

- 无效时间（Timeouts）;
- 不同机器之间的时间差异；
- 跨越时区；
- 闰年；
- 不存在的日期（例如 2 月 30 日、9 月 31 日）;
- 非闰年中的 2 月 29 日；
- 不同日期格式（例如 2001 年 6 月 5 日、06/05/2001、06/05/01、06-05-01、2001 年 5 月 6 日 12:34），包括国际化日期格式，如 dd.mm.yyyy 和 mm/dd/yyyy；
- 24 小时制下的上午和下午，A.M./P.M.；
- 夏令时：全世界有很多国家每年实行夏令时，开始时将时间提前 1 小时，结束后将时间恢复标准时间。

对于任何输入字段，都要尝试测试一些无效的日期数据。例如在停车费计算器程序中，可以将停车时间设置为非常久远或非常超前的时间，因为大多数变量在存储时，设置了数据类型（如整型、浮点型）和大小。在停车费计算器程序中，最快捷的测试方法是选择增长最快的停车类型（代客泊车），并设置一个尽可能长的停车时间，检查程序是否会由于结果太大而无法处理，过大的结果是否会超出屏幕显示范围、是否超出格式化工具的处理范围、是否会在网络传输中丢失。由于浮点型的结构特性，测试值中包含过大和过小的数字时，是否会出现精度问题。例如 C++ 中的浮点型只能保留 6～9 位的精度，即存储 0.0025 或 25000 不会出现问题，但是存储 25000.0025 就会出现问题。虽然今天大多数编程语言支持更长的数字，但也有大量软件仍然是在旧版系统上构建的，可能会存在精度问题。

再来看顾问策略的另一种应用，通过改变使用方式进行测试。如果团队成员都是在手机上操作和测试移动程序，那么我们就需要补充在平板上的测试，且在横屏模式下开展测试；如果所有开发人员都是在网络稳定的环境下开发，那么我们就需要在弱网环境下进行测试。经过诸多类似的测试后，当项目经理对我们反馈的问题回复“不需要深入测试，用处不大”时，其实我们对软件和用户需求已经有了深入的了解，我们也不再是项目的“空降兵”了。

Matthew 从事软件测试工作已经十多年了，他总能够在产品上线的当天发现一些 bug，阻止产品发布。当团队成员在紧锣密鼓地修复 bug 时，Matthew 却在深入研究其他重要的内容，例如了解需求、与客户沟通、与团队交流、收集旧版测试文档等。

通常来说，业务软件都是获取输入信息，然后进行一系列处理，最终将结果输出。例如停车费计算器程序中就隐藏着许多规则，如连续停车满 7 天，第 7 天就免费。如果主页面中没有提及这些规则，那么在测试时，就很难判断程序计算的结果是否正确。由此，也隐藏了一些测试点，例如 6 天、7 天和 8 天。如果没有这些需求，我们就不会清楚计算逻辑是什么，也不知道测试如何进行。

在找到几个重要的 bug 后，开发人员在修复的同时，我们可以收集足够多的文档来理解软件的工作方式，此后的工作重心便转为分析并生成更深层次的测试思路。

接下来，我们将带领读者了解，如何设计覆盖输入组合的测试。

### 1.3.2 测试设计：输入值覆盖

Matthew 在刚接触编程时，写了一个小程序，其功能为：当用户输入自己名字后程序便会回应一句“你好”。此程序作为入门级教程，也经常出现在许多计算机编程杂志的封底。有时候，程序员们也会对此程序做一些修改，例如输入特定内容时，程序会做出指定的应答。如下代码，即为稍加修改后的版本：

```
print "Enter your name "
propername = gets.chomp()

if (propername == "victor")
  puts "Congratulations on your win!"
else
  puts "hello, " + propername + "\n\n";
end
```

对于该程序，有两个非常明显的测试场景——输入 victor 和其他内容。当依次输入 victor 和 Matthew 后，程序也正确地给出了应答，到此，许多人就认为测试已经完成。但这种测试方式是粗浅的，因为它仅仅覆盖了最简单、最直观的场景。对于其他场景并没有覆盖，例如 Victor 或 VICTOR，对此，我们就需要修改代码并延伸测试范围。修改代码如下：

```
propername = gets.chomp().downcase()
```

代码经修改后，测试场景就至少有三个，输入值分别为 Victor、victor 和 Matthew。对于专业测试人员，我们还要考虑一些特殊值，例如空格、长字符串、特殊符号、外语。我们可以看到以上测试场景是凭借经验写出来的，但这种方式是没有上限的。反过来想一想，如何将数量无限的测试点予以缩减并整理为可管控的数量？这就是等价类测试方法的核心内容，如果测试了 Matt，就不需要再测试 Matthew、Robert 或除 victor 外的任何人名。查看代码可知，输入值有三个等价类，分别是 victor（包含大小写的不同字母）、Matt 和特殊符号（包含长字符串、短字符串、外语、emoji 符号和 ASCII 码）。

在软件开发的早期阶段，由于程序无法处理非标准字符编码，程序员还需要关注输入文本的长度和占用内存情况。如今，诸如 Ruby 之类的编程语言，已经可以自动管理内存和数据结构，无须再担心此问题。尽管如此，仍有许多应用软件是在旧系统上构建的，尤其在数据结构大小对性能有直接影响或在显示空间有限（如手机屏幕）的情况下。故而了解代码和编程语言，可以减少（或增加）许多测试工作量。此外，理解实际使用场景也可以帮助我们优化测试策略，例如商业正式交流中，用户几乎不太可能会使用 emoji 符号表达情感，即便用户发送了 emoji 符号，客户也不太会将支持 emoji 符号视作一个 bug。

上述虽然提及三个测试场景，但都未触及业务的关键所在，下面通过两个场景进行说明。

场景一：从代码的 else 语句中可以看到，语句末尾是“\n\n”回车符，对于 victor 将输出如下内容：

```
mheusser@Matthews-MBP-2 Chapter01 % ruby TestDesign01.rb
Enter your name victor
Congratulations on your win!
mheusser@Matthews-MBP-2 Chapter01 %
```

然而，对于 Matt，输出的内容却是不一样的：

```
mheusser@Matthews-MBP-2 Chapter01 % ruby TestDesign01.rb
Enter your name Matt
hello, matt

mheusser@Matthews-MBP-2 Chapter01 %
```

"\n"符号表示回车，自动进入下一行。但两个"\n\n"就表示在换到下行后，会多一个空行，这是不正常的。

场景二：在 propername 中，使用了 downcase() 方法将大写字母转化为小写，例如输入"Matt"，输出将变为"Hello, matt"，输入和输出不一致。因此，downcase() 方法应该写在 if 语句下的比较条件中，如此才能确保输出内容与输入的名字完全一致。

综上，我们可以总结出测试文档的 Heusser 准则：在手动完成每个预先设计和文档化的测试用例时，都隐藏着一个预期——不会发生其他异常情况。

在本书第 2 章，将重点介绍为什么测试人员不太愿意写测试用例、测试计划以及思考测试方法。在软件越来越复杂的情况下，列出输入和预期结果其实是非常有必要的。当测试人员只集中精力在某个细节上时，就会忽略软件的整体情况。特别是在验证 bug 时，就只关注修复的地方而忽略周围其他的内容。如此操作四五次后，测试人员就会陷入惯性，导致之后的测试越来越关注修改的代码，而忽略其他内容。故像示例中的大小写问题就很容易被忽略。此类问题，将会在第 2 章中介绍，如何通过开发人员测试、验收测试（可自动化）和探索测试来避免。

查看代码时，我们可以通过语句覆盖的方法测试程序，语句覆盖指以百分比的形式度量测试执行的代码行数。例如测试 matt 和 victor 后，语句覆盖率就达到了 100%，但这种方法并没有测出大小写的问题，此种通过查看代码和了解代码运行逻辑的测试称为白盒测试或透明盒测试。如果我们只关注白盒测试，会将我们的思想局限在内部盒子中，而忽略其他的一些使用场景，例如浏览器窗口大小的调整、表单提交时使用快捷键 Enter。从白盒测试的角度来看覆盖率对测试有帮助，相关内容将在本书第 3 章中介绍。

一般来说，我们在代码创建之前或创建过程中便能萌生测试思路，从此种角度来说，使用黑盒或白盒测试方法并不是很重要。接下来，本书将会通过一些示例说明这一点，与此同时，也会介绍一些经典的测试方法。

### 1.3.3 等价类划分与边界值

本节将通过一个计算车辆保险费用的应用程序进行讲解等价类划分和边界值测试思想。

#### 示例一：最低保费计算程序

该软件是为美国潜在客户提供的一项自动计算车辆保险费用的服务，此软件仅设有一个年龄（Age）输入框和一个计算或提交按钮（Submit）。界面如图 1-6 所示：

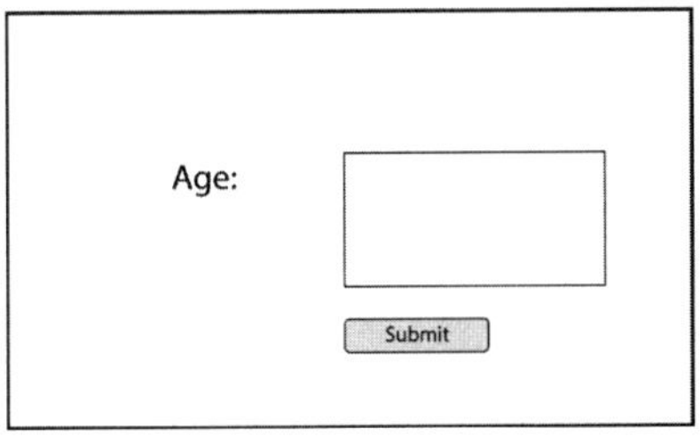


图 1-6　车辆保费计算程序

表 1-4 列出了年龄与车辆保费之间的对应关系。

表1-4　年龄与车辆保费对应表

| 年龄 | 车辆保费 |
|---|---|
| 0～15 | 不提供服务 |
| 16～20 | 800 美元 / 月 |
| 21～30 | 600 美元 / 月 |
| 31～40 | 500 美元 / 月 |
| 41～50 | 400 美元 / 月 |
| 51～70 | 500 美元 / 月 |
| 71～99 | 700 美元 / 月 |

现在，请设定一个时限，并根据所提供的车辆保费计算程序信息，在有限的时间内写出自己的测试思路。然后尽快执行测试，并完成自己测试想法的验证。在此，不做任何限制，读者投入的时间和测试的深度取决于读者可支配的时间、期望测试的方面和对引入 bug 的重视程度。完成测试后，请保留测试清单并检查是否有漏测之处。在学习完本书第 9 章和第 10 章权衡风险与工作量之后，根据所在团队的具体情况，请再次开展此项练习，并对比两个测试清单，也可以与其他人员的测试清单进行对比。

接下来，介绍一些测试思路。首先，第一个问题就是需求不明确。30 岁用户的车辆保费究竟是每月 600 美元还是 500 美元？根据年龄段划分，应为 21～30 岁以及 31～40 岁，则 30 岁用户的车辆保费应该是每月 500 美元。当明确了这个问题后，我们继续明确需求：100 岁用户该如何收费？假如系统已经解决了该问题，对超过年龄范围的用户提示 Error。基于此，我们就可以思考，对于同类的输入只做一次测试即可。例如输入 45 岁，程序返回 400 美元，测试通过。那么就无需再测试 44 岁、46 岁或 47 岁。根据此思路，将其呈现在图 1-7 所示的数轴上，就会生成八条测试用例，上面的数字表示年龄，箭头表示年龄段中选取的测试值。

此测试方法其实并不是很全面，最大的问题就是会出现差一错误（off-by-one error）——对变量的最大值或最小值处理存在问题，假如代码如下所示：

```
if (age<16)
      puts "Unable to purchase insurance";
elsif (age>16 && age<20)
      puts "$600/month";
elsif (age>=20 && age<30)
      puts "$500/month";
```

此代码存在两个问题。第一个问题是对于年龄为 16 岁的情况没有处理，因为第一个 if 的判断条件是小于 16，第二个 if 的判断条件是大于 16，导致 16 岁被遗漏。第二个问题是对 20 岁的处理错误，根据需求，20 岁应该属于 16～20 岁年龄段，然而在代码中却被分配到了 20～29 岁年龄段。因此，在代码中使用大于或小于符号时，是否包含等于符号，很容易引发边界错误，进而可能导致计算结果的错误。例如将华氏温度转换成摄氏度时，一个四舍五入的错误便可能致使冰点或沸点的结果出现偏差，假如正好 100 摄氏度计算成了 99.999 摄氏度，沸腾的水便会被视作未沸腾。同样地，打印 99.999 时，原本经过四舍五入后应该打印 100，却因为 99.999 被截断打印成了 99。在循环语句中也会遇到类似的问题，例如由于边界错误导致循环次数过多或过少。

加上边界值的测试后，再次于数轴上表示测试用例，如图 1-8 所示。

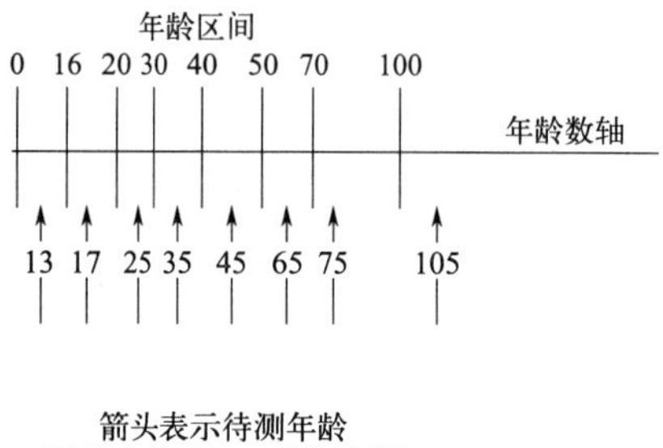


图 1-7　年龄测试值

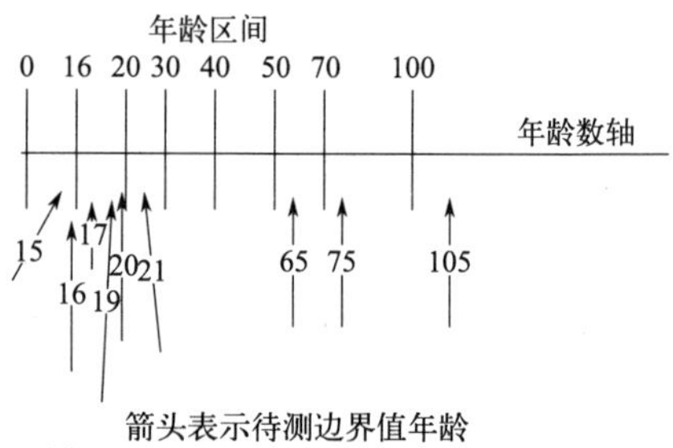


图 1-8　包含边界值的年龄测试值

综上，我们将可能的 85 种输入缩减到 22 种，并结合至少四种测试方法：

- 等价类划分：在每个年龄段中选择有代表性的值。例如 25 岁、35 岁和 45 岁。
- 边界值：不同年龄段的边界情况。例如 20 岁与 21 岁、40 岁与 41 岁。

- 健壮性边界值：边界值上方和下方各取一个临近值。例如 19 岁、22 岁、39 岁、42 岁。
- 魔法数字：从逻辑上讲，测试 100 岁后，101 岁就不需要再测试。同理，21～29 岁也不需要再测试。但是，我们还是测试了 101 岁和 29 岁，这些测试不仅体现了健壮性边界值，而且也考虑了逻辑意义上的边界，就像示例代码中遗漏的 16 岁。

除上述测试值外，还应该考虑无输入、空格、输入文本（例如特殊字符、30.5）、非常大的数字、非标准字符等情况，甚至安全性问题。最佳的解决方法是对输入框进行限制，仅支持输入 16～99 之间的整数。但要确保每一个输入，系统都能正确处理，唯一的方法就是对 16～99 之间的数值逐一测试。尽管如此，也不能完全保证在输入某个组合后，不会出现内存泄漏或触发隐藏问题。例如，电子游戏玩家可能会尝试一些组合键，比如某些主机游戏中的“上上下下左右左右 BABA”。简单的功能需求分析方法往往难以发现这些边缘场景。

### 1.3.4 决策表

本节将在车辆保费计算程序中添加保险类型后，通过设计测试用例来介绍决策表的使用。

#### 示例二：车辆保费计算程序中添加保险类型下拉框

保险类型下拉框中有三个选项，如下所示：

- Comprehensive /w No Deductible 3x Cost（无免赔额的全面保障，费用为基本成本的 3 倍）
- Comprehensive /w Deductible 2x Cost（有免赔额的全面保障，费用为基本成本的 2 倍）
- Minimal Coverage 1x Cost（最低限度保障，费用为基本成本的 1 倍）

添加保险类型后，车辆保费计算程序界面如图 1-9 所示。

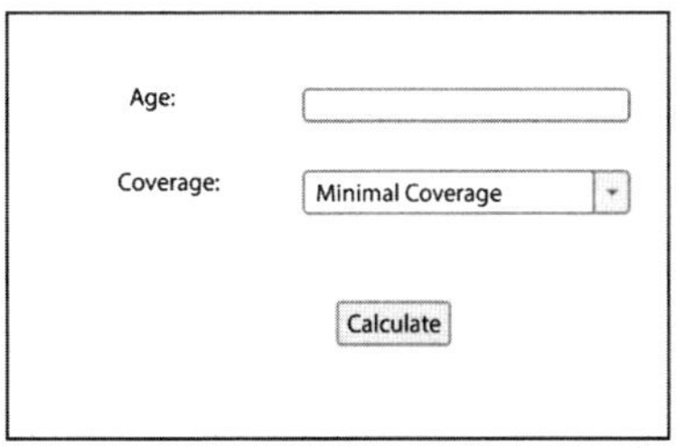


图 1-9　添加保险类型后的界面

从图 1-9 中可以看到，UI 发生了一些变化。按钮由之前的 Submit 变成了 Calculate，并且没有居中显示。Age 和 Coverage 的布局也不协调。也不知道该软件是一款 Windows 应用还是 Mac 应用，或者 Web 应用，又或是移动应用。如果是 Windows 应用，UI 界面也没说明窗口是否有最小化、中等大小的按钮或可调整窗口大小。如果我们只关注算法，上述的 UI、窗口等测试点便难以被顾及。然而，在我们之前的一个实际项目中，就非常注重字体大小，需要精准匹配到某个像素点上，因此，确保软件外观与原型图一致也是测试的一部分。例如 Matthew 曾参与的一个电子商务网站项目，由于右侧的迷你购物车位置过高，当用户尝试向下调整时，迷你购物车内的按钮就会被遮挡。

如果我们关注于计算的准确性，之前的数轴表示法显然无法满足当下的测试需求。接下来，我们采用等价类划分方法，通过表格的形式记录测试值，如表 1-5 所示。

表1-5　等价类划分设计测试用例

| 年龄 | 保险类型 | | |
|---|---|---|---|
| | 最低限度保障 | 全面保障，有免赔额 | 全面保障，无免赔额 |
| 0～15 | N/A | N/A | N/A |
| 16～20 | 800 | 1600 | 2400 |
| 21～30 | 600 | 1200 | 1800 |
| 31～40 | 500 | 1000 | 1500 |
| 41～50 | 400 | 800 | 1200 |
| 51～70 | 500 | 1000 | 1500 |
| 71～99 | 700 | 1400 | 2100 |
| ⩾ 100 | N/A | N/A | N/A |

此表也称决策表。如果每个组合都是一个测试点，那么组合数将会从 8 增加到 24。根据决策表生成测试用例，将实现 100% 的需求覆盖率。我们还可以更专业一些，即将决策表置于在线电子表格中，如果测试通过就将对应的单元格标记为绿色，反之标记为红色，如此便会形成一个呈现即时状态的测试仪表板。

但是，当我们在决策表中再添加边界值、健壮边界和魔法数字测试值后，就会发现实际测试的组合有 22（年龄）×3（保险类型）=66 种。决策表将会变得极为冗长，且杂乱无序，致使测试难度增大。

### 1.3.5　决策树

本节将在车辆保费计算程序中再添加车辆价值，进而通过设计测试用例来介绍决策树的使用。

## 示例三：车辆保费计算程序中添加车辆价值

用户会使用一个离线工具来计算车辆当前的价值，然后根据表 1-6 所示的指示调整保险报价。

表1-6　车辆价值与报价百分比对应表

| 车辆价值 / 美元 | 报价百分比调整 |
| --- | --- |
| 小于 2000 | +10% |
| 2001～10000 | −10% |
| 10001～50000 | 不调整 |
| 50001～70000 | +10% |
| 70001～90000 | 不调整 |
| 90001～200000 | +20% |
| 大于 200000 | +100% |

对于价值比较低的车辆会增加 10% 的保险费，因为历史数据表明：廉价车辆发生事故的概率非常大。增加车辆价值后，二维表格已经不能满足测试用例的设计需求了，因此我们要使用另一种方法——决策树。如图 1-10 就是一种决策树方法，在决策树中，如果采用健壮性测试，则会有 198 条测试用例；而如果只使用等价类设计，那么就只有 76 条测试用例。

上面决策树中还存在一个问题——车辆价值是否也需要使用健壮性边界值进行测试？如果考虑，那么每一条测试用例都会扩展到 20 条，总用例就会达到 22（年龄）×3（保险类型）×20（车辆价值）=1320 条，单单编写测试用例可能至少就需要 30 分钟。

在实际项目中，Matthew 会建议将车辆价值设置为下拉框，而不是输入框。如果使用等价类方法设计测试用例，将车辆价值设置为下拉框将减少测试工作量。但是，如果让 Matthew 来介绍本节，他还会添加驾驶记录（四个选项）和无事故年数（五个选项）两个下拉框。如此，通过等价类设计的测试用例就有 1520 条，若还采用健壮性边界值，测试用例就会多达 26400 条。这种随着变量增多而致使测试组合呈指数级增长的现象，我们称之为组合爆炸问题。如果我们关注此问题，就会发现它存在于各个领域。例如 Android 设备刚出现的时候，制造商经常对操作系统进行 fork 操作，这就使得原生应用需要在已有测试基础上进行数百种不同情况的测试。当平板电脑问世后，屏幕分辨率的测试也出现了爆炸式激增。

上述示例是虚构的。在实际开发中，开发人员可能仅采用一种模式，每次添加的需求都可独立于其他需求运行。测试人员如果了解代码的运行机制，可能就只需要测试每次添加的需求，从而测试组合可能呈现如下形式：

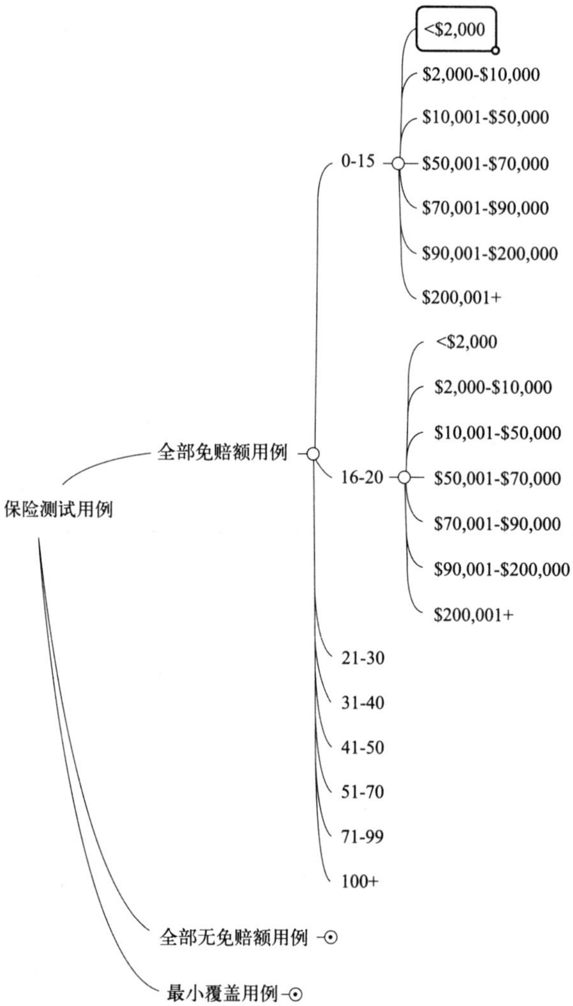


图 1-10　决策树设计测试用例

- 所有年龄都进行了一次健壮性测试（测试 22 次）；
- 所有保险类型测试一次（测试 3 次）；
- 所有车辆价值测试一次（测试 7 次）；
- 所有驾驶记录测试一次（测试 4 次）；
- 所有无事故年数测试一次（测试 5 次）。

一共是 41 次测试。细心的读者可能已经发现，实际上每个年龄段都可以与一个保险类型、一种车辆价值范围、一项驾驶记录选项和一种无事故年数选项进行组合。进行 7 次测试后，理论上来说，就只剩 15 次年龄段的测试，其余测试都已通过组合测试完成。

有些公司在处理此类复杂组合时，会使用表格的方式，并将测试组合放在第一列，等价类放在其他列，每一行代表一条测试用例，如果组合已被测试就使用“X”标记，此方式被称为可追溯性矩阵。在复杂的设备或系统中，需要花费大量时间和成本来测试不同组件交互下可能产生的bug，此方法将特别实用。如果示例程序的代码使用了大量的if语句，并多采用复制粘贴的形式编写而成，那么使用可追溯性矩阵也是非常重要的。作为一名测试人员，需要明确程序的本质风险在哪里，哪些内容可以适当跳过测试，这是非常重要的。

实际上，当组合测试用例过多时，我们可以采用两两组合的方式来创建一组更易于管理的参数集，即结对测试。下一节，将会为大家详细介绍结对测试。

### 1.3.6 全对偶和结对测试

上一节提到的大型决策树方法，隐性地传递出我们需要测试所有可能的组合。因为年龄、保险类型、车辆价值、驾驶记录和无事故年数可能还存在其他组合，因此，理论上需要测试所有9240种组合（对每个选项和其他所有选项进行穷举测试，即可能出现的测试用例总数）。但是，实际上没有人会执行这么多的测试，即使我们执行了9240种组合测试，并发现了3个bug，这些bug也只影响0.03%的场景。如果以每个场景至少覆盖一次的方式进行测试，则只需要执行22条测试用例。在本书第7章，会为大家介绍如何衡量各个场景的权重，优先执行最可能出现问题的场景。

2001年，美国国家标准与技术研究所(NIST)对医疗设备软件中的组合问题开展了一项研究。该研究表明：通过结对测试可以发现66%的bug；若对三个组件之间的所有组合进行测试，则可以发现99%的bug；如果开展四个组件之间的所有组合测试，则可以发现100%的bug。如表1-7就是他们于2004年在IEEE学报上发表的部分研究结果。

表1-7 不同组件数量可触发的bug百分比

| 组件数量（FTF No.） | 医疗设备（Medical Devices） | 浏览器（Browser） | 服务器（Server） |
|---|---|---|---|
| 1 | 66% | 29% | 42% |
| 2 | 97% | 76% | 70% |
| 3 | 99% | 95% | 89% |
| 4 | 100% | 97% | 96% |
| 5 | | 99% | 96% |
| 6 | | 100% | 100% |

数据来源：IEEE TRANSACTIONS ON SOFTWARE ENGINEERING, VOL. 30, NO. 6, JUNE 2004.

这项研究给测试界带来了非常大的影响，当时研究的是覆盖操作系统、浏览器、是否启用 JavaScript 等各种组合的测试实验，但随着手机和平板的普及，组合情况更加复杂。通过结对或全对偶（All-pair）的测试方法，可以显著减少组合数量。一些数学家通过对组合问题深入的研究，开发出了正交组合的表格方法，用于识别给定交互集合中的所有结对组合。2006 年，詹姆斯 · 巴赫（James Bach）在 GNU 通用公共许可协议下发布了一款开源且免费的全对偶生成器工具。

2009 年，贾斯汀 · 亨特 (Justin Hunter) 成立了一家名为 Hexawise 公司（现在已成为 Idera 集团下的一个子公司），专门研究全对偶组合的生成，其研发的 Hexawise 工具可以通过浏览器访问。后来，还拓展到三元组、四元组，最高可达六元组的组合。笔者使用 Hexawise 工具，仅仅花了不到 10 分钟就完成了对车辆保险费用元素组合的建模，部分截图如图 1-11 所示。

| Age (in Years( (8) | 0-15 | 16-20 | 21-30 | 31-40 | 41-50 | 51-70 |
|---|---|---|---|---|---|---|
| Deductible type (3) | Comprehensive /w No Deductible | Comprehensive /w Deductible | Minimal Coverage | | | |
| Vehicle Value (7) | Less than $2,000 | $2,000 to $10,000 | $10,001 to $50,000 | $50,000 to $70,000 | $70,001 to $90,000 | $90,001 to $200,000 |
| Accident Record (5) | None in 2 years | 1 in 2 years | 2 in 2 years | 3 in 2 years | 4 or more in 2 years | |
| Traffic Ticket Compos... | 0 | 1 to 3 | 4 to 7 | 8 or higher | | |

图 1-11　Hexawise 建模示例

建模后将组合结果进行输出，如图 1-12 所示。

Search... 57 scenarios and 283 2-way interactions

| # | Age (in Years) | Deductible type | Vehicle Value | Accident Record | Traffic Ticket C...7 years) |
|---|---|---|---|---|---|
| 1 | 15 | Comprehensive /w No Deductible | Less than $2,000 | None in 2 years | 0 |
| 2 | 20 | Comprehensive /w Deductible | Less than $2,000 | 1 in 2 years | 1 to 3 |
| 3 | 30 | Minimal Coverage | Less than $2,000 | 2 in 2 years | 4 to 7 |
| 4 | 36 | Comprehensive /w No Deductible | Less than $2,000 | 3 in 2 years | 8 or higher |
| 5 | 1 | Comprehensive /w No Deductible | $2,000 to $10,000 | 1 in 2 years | 4 to 7 |
| 6 | 0 | Comprehensive /w No Deductible | $10,001 to $50,000 | 2 in 2 years | 1 to 3 |
| 7 | 15 | Minimal Coverage | $50,000 to $70,000 | 3 in 2 years | 0 |
| 8 | 1 | Minimal Coverage | $70,001 to $90,000 | 4 or more in 2 years | 8 or higher |
| 9 | 50 | Comprehensive /w Deductible | Less than $2,000 | 4 or more in 2 years | 0 |
| 10 | 19 | Comprehensive /w Deductible | $10,001 to $50,000 | 3 in 2 years | 4 to 7 |
| 11 | 16 | Comprehensive /w No Deductible | $50,000 to $70,000 | 2 in 2 years | 8 or higher |
| 12 | 21 | Comprehensive /w Deductible | $2,000 to $10,000 | 3 in 2 years | 1 to 3 |
| 13 | 51-70 | Minimal Coverage | Less than $2,000 | None in 2 years | 1 to 3 |
| 14 | 70-99 | Comprehensive /w Deductible | Less than $2,000 | None in 2 years | 4 to 7 |

图 1-12　Hexawise 输出结果示例

Hexawise 工具中，还有一个非常有价值的滑块功能，如图 1-13 所示。用户通过滑块可以选择一定数量（最多 57 个）的全对偶组合，并以可视化的形式展示测试覆盖情况。通过调整滑块，能够直观地看到一些深色块（未被覆盖元素），然后根据它们的重要性调整评级。

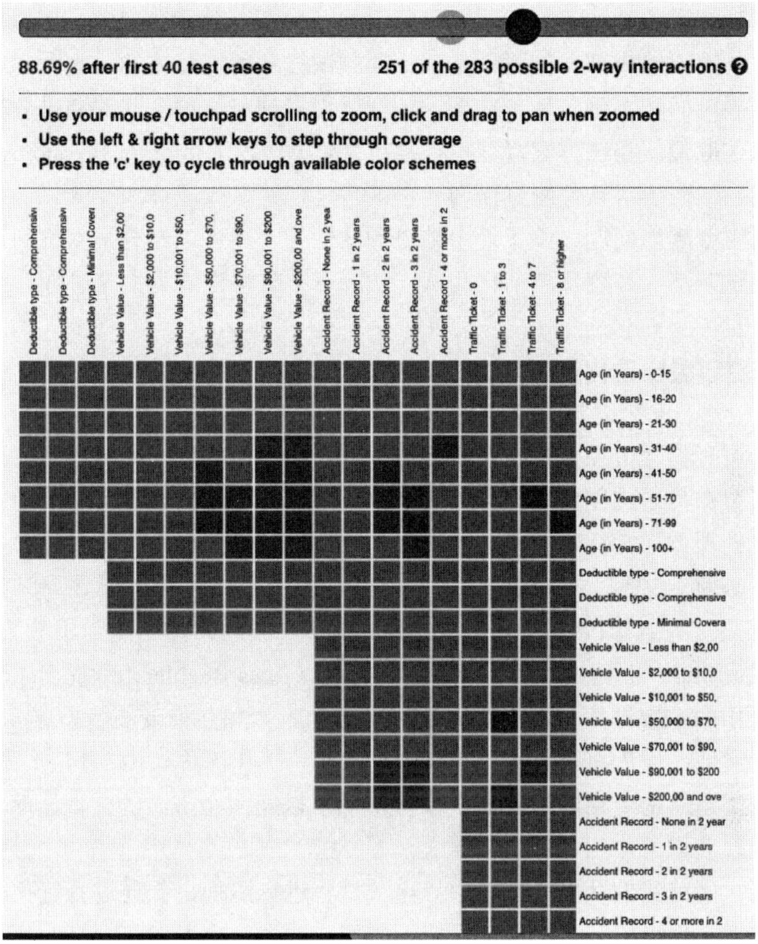


图 1-13　可视化展示测试覆盖情况

任何测试技术都有其特定的应用场景和局限性，结对测试作为一种基于组合优化的测试策略，特别适用于输入参数多且需要高效覆盖各种可能交互的场景，例如金融服务和社交媒体。但结对测试也不是万能的，对于复杂、动态交互性强的应用程序，由于用户行为路径多样、事件驱动逻辑复杂，单纯地依赖结对测试可能无法全面覆盖所有重要的使用场景和异常条件。

在 *Software Testing: A Craftsman's Approach* 的第 4 版中，Paul C. Jorgensen 博士也论证了这一观点。在静态应用程序（输入一个值-进行处理-输出答案）中，结对测试效果显著。但在诸如网站的动态应用程序（用户可以发帖、滚动、评论、上传图片）中，使用结对方法进行测试的情况却非常少。

此外，关于测试自动化与人工测试的选择、如何将测试工作与开发流程紧密融合、新功能引入时如何重新测试以确保不影响既有功能等问题，都属于测试策略和管理的重要组成部分，而不是某一项测试技术所能解决的。因此，本书着重强调在有限时间和不确定性条件下，综合运用多种测试理念，并通过分析、综合和评估来选取最佳测试方案，这也符合布鲁姆分类法 (Bloom's Taxonomy) 的认知层次结构，体现了对软件测试作为一个工艺过程的深入理解和实践。

面对组合爆炸问题，除了使用结对测试之外，还可以结合不太常用，但同样有效的测试方法：高容量自动化测试方法。下一节将详细为大家进行介绍。

### 1.3.7 高容量自动化测试

A 公司有一套历经大量修改且问题频发的系统，就连用户的使用方式都难以确定，其数据是通过创建文件导入数据库，或直接对数据库进行修改而得。该系统采用批处理方式运行，它会抓取新用户数据并将其放入第二个数据集，这种类型的工作被称为提取、转换、加载（ETL）。由于测试过程需要数周时间，就导致公司在进行大量修改后，很少开展测试工作。其结果便是更新不频繁、缓慢，且存在很多 bug。于是技术负责人罗斯 · 比勒（Ross Beehler）就提出了一个解决方案：采用两个数据库，两个版本软件（上一版本和当前变更版本），然后运行大量数据文件，最后将两者输出结果进行对比。工作流程如图 1-14 所示。

首先，建立两个相同的源数据库 A 和 B，以及两个下游的空数据库 a 和 b。

然后，获取一个可用于导入数据库的大型文本文件。数据库系统具有导出 / 导入功能，因此我们从生产环境中导出数据、进行清理，并通过几行代码将其导入。该文本文件可以包含非真实环境下的用户数据，也可以包含真实环境下经脱敏处理的数据。当然，也可以随机生成数据，不过随机数据相较于真实数据，测试结果精准度欠佳。本次案例中，我们预计花费 3 个小时，使用实际用户在一个月内产生的数万条数据进行测试。

最后，运行 ETL 流程。此过程将会遍历数据库 A 和 B 中的数据，并将处理结果保存至下游数据库 a 和 b。数据库 A 采用生产版本的软件运行，结果保存至数据库 a 中。数据库 B 采用测试版本的软件，结果保存至数据库 b 中。接着通过对比数据库 a 和 b 的差异，就可以有效地验证 ETL 的正确性和一致性。

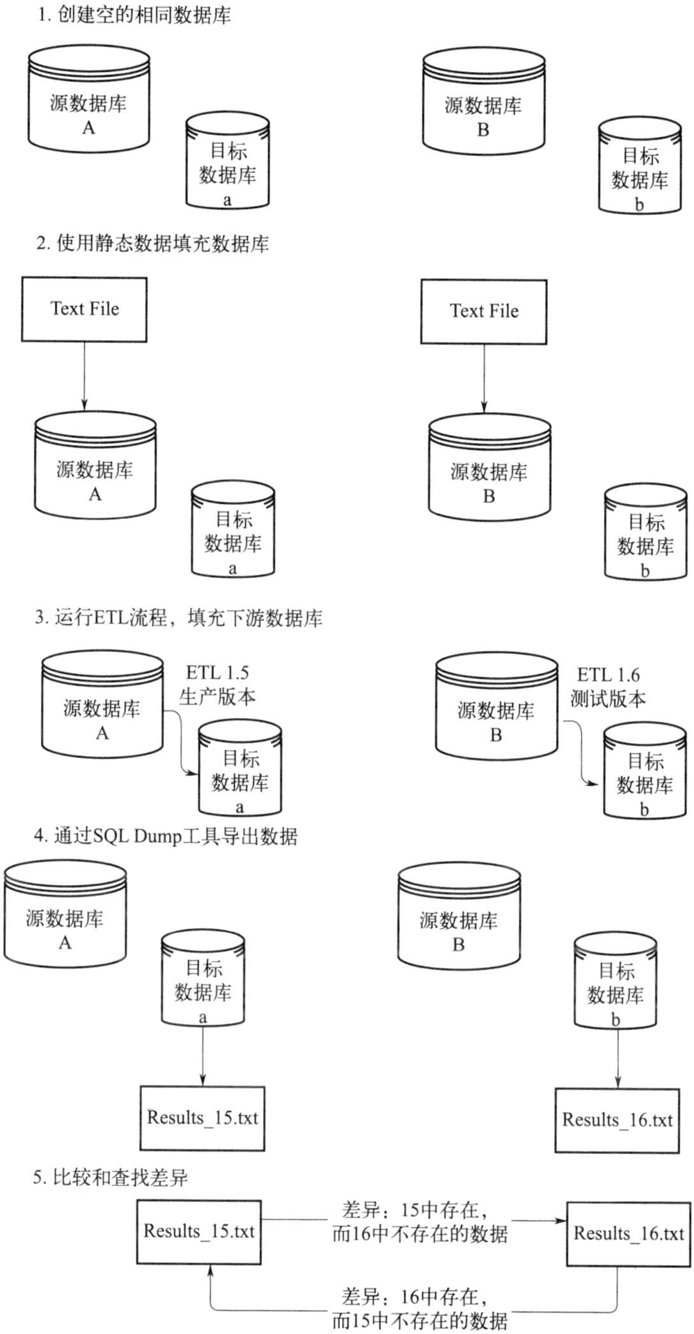


图 1–14 结果对比处理流程

在进行结果对比时，我们使用数据库工具将结果 a 和 b 数据库导出为文本文件格式，然后采用一个简单的文本差异对比工具比较两个文本文件的内容。对比的预期结果是，差异应该与当前变更的内容一致。

例如，为了支持法国用户，我们对系统进行了更新，新增了法语识别功能。原系统将所有法语用户归类为“999”（不支持的类别），而更新后的系统会将他们识别并归类为“6”（法语）。为了验证更新是否成功，我们使用了现有数万名用户的数据进行了测试。测试结果显示，有一小部分用户的识别代码为“6”。为了进一步确认，我们从数据库检查了这些用户的详细信息，发现他们的国家语言确实都是法语，国家代码也被正确设置，并且和先前的记录对比，这是唯一的变化。当然，可能会存在一些特殊的数据组合，触发未知的系统变化或错误。但是通过大量的真实用户数据测试，团队成员可以拍着胸脯说：如果存在特殊的数据组合，在近一个月处理数万用户的数据时，早就发现了此问题。如果管理层希望看到更全面的验证结果，团队可以提取更早时间的用户轨迹，并进行测试验证。如此便能更好地展示测试投入与系统风险之间的关系，也为管理层提供数据决策依据。

在进行此类测试时，使用真实数据具有显著的优势。企业通过少量的时间对用户出生日期、姓名以及重要的识别代码等信息进行脱敏处理，便能得到大量的测试数据。然而，由于法律法规要求，部分公司需要严格保护用户个人信息，脱敏过程可能需要较大成本的投入。对于此问题，将在第 5 章中进行讨论。如果无法直接使用真实数据，就需要测试人员模拟生成真实场景数据。特别是在面对基于事件驱动和动态变化的系统时，通过生成随机操作序列来进行测试，此测试方法我们称为基于模型测试。

### 1.3.8 其他测试方法

除前面介绍的测试方法外，还有许多其他测试方法可以帮助我们更好地设计测试用例，开展测试工作。

- 模型驱动测试（Model-driven testing），对于像 wiki 那样的可编辑页面的动态系统，因包含多种操作项，如新增、编辑、保存、评论和设置标签等，可以使用模型驱动测试方法。通过使用圆圈和箭头等符号绘制功能之间的关系和状态间的切换，然后在不太影响用户的夜间，使用工具自动执行测试，并记录每一步操作及其结果，最后与预期结果进行对比。
- 浸泡测试（Soak testing）是一种性能测试，是让系统在一定的时间内持续运行，观察系统在长时间高负荷下的表现和稳定性。通过自动化工具驱动用户界面反复执行相同的操作，例如循环 10000 次，检测系统在长时间运行后，行为是否与第一次一致。但是，如果出现问题，定位问题的根本原因却很困难。

- 数据流图和控制流图（Data flow diagrams and control flow）用来绘制出系统中数据如何从输入源流向输出源，并表示出程序或系统内部的逻辑控制流程，类似于没有随机化的模型驱动测试。该方法可以确保覆盖所有可能的状态转换路径。例如，有些软件中，用户输入信息后离开，再次返回时需要重新输入，开发人员可能并未考虑到这种状态转移的场景，通过数据流图和控制流图就可以很好地发现该问题。

- 肥皂剧测试（Soap opera testing）是一种组合极端边界且强大的场景测试方法，它模拟了一系列复杂、戏剧性的事件组合以检验系统的响应。例如，Matthew 在一家保险公司工作的时候，曾测试过以下复合场景：事件发生在保险年度截止前 1 天，而理赔申请在事件发生后 21 天提交；同时该家庭在次日因资格变更失去索赔权限，子女年满 27 岁导致保险失效，且账单金额刚好使家庭自付额超出年度限额 2 美元。此外，他还测试了恰好被拒赔的场景，并深挖背后的拒赔逻辑。这种详尽地探索所有可能边界情况的测试方式，被汉斯·布瓦尔（Hans Buwalda）形象地称为肥皂剧测试。

- 正 / 反案例测试（Use/Abuse case testing），正案例测试是一种记录需求的方法，它描述了客户如何正常使用软件。反案例测试则从另一个角度出发，假设用户可能会误用或恶意使用软件，并提前设计软件应该如何响应。

- 探索性测试（Exploratory approaches）是本章反复提及的一种测试方法。本章在提出一些测试想法后，会先对其进行探索，然后再回到这些想法上，同时在提供更多的相关信息。因此，本章在叙述上非常跳跃，可能不太利于阅读，易使读者产生困惑。但经验表明，测试的最佳实践往往源于探索性测试。几年前，我们是这样进行课程培训的：将学员分为三个小组，为第一组提供一份需求文档并要求其设计测试用例；为第二组提供了需求文档和用户界面预览；而第三组则需要根据自己的认知，自由设计用例和测试系统。最终结果却是第三组做得最好，他们结合了测试设计、执行、报告和学习的内容，不仅产生了新的测试思路，而且发现了许多重要的 bug，对工作的满意度也是最高的。详尽的需求文档告诉测试人员应当测什么，但是当测试人员发现一些异常情况时，往往会“脱离剧本”。一旦发现问题，他们便会从不同角度重新审视问题。因此，优秀的测试工程师一定要有探索精神。

## 1.4 数据和可预测性：“先知”问题

在软件测试中，当面对像维基百科这样动态生成内容的页面时，验证其正确性尤为复杂，因为没有固定的预期结果。正如 Cem Kaner 博士对“先知”（oracle）的定义：是一个辅助判断程序是否通过测试的工具或方法（链接 1-4）。

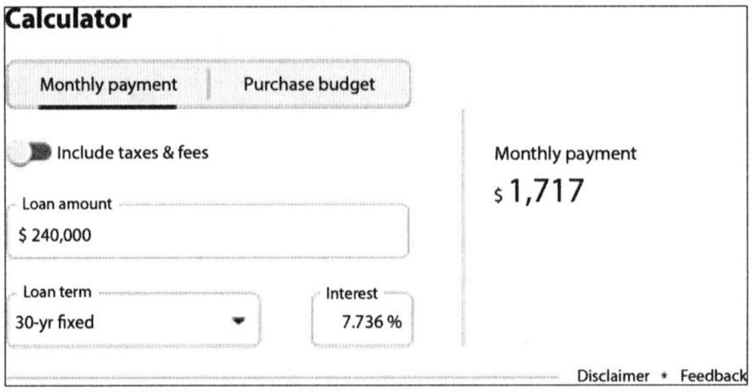


图 1-15　谷歌的房贷计算器系统

例如，谷歌的房贷计算器系统，其界面如图 1-15 所示。根据输入的贷款金额、贷款期限、利息和是否包含税费计算出每月还款金额的过程，可能需要对输入进行成千上万次循环计算。为了验证计算结果的正确性，可以让其他人编写该系统的第二个版本，虽然对比两个系统的输出结果并不能绝对证明系统计算的正确性（因为没有任何方法能完全确保软件的绝对正确），但至少可以表明，如果存在错误，那么这种错误是合理的或容易发生的。

在构建自动化“先知”时，我们应尽量使其与被测软件相互独立。例如，邀请一位背景不同且使用其他编程语言的人员编写“先知”代码，避免在同一逻辑或计算误差上犯相同的错误。经验显示，当“先知”和被测软件出现相同错误时，往往都是对需求理解有误。采用真正随机生成的数据进行测试有助于发现数据中隐藏的等价类。

“先知”可以来自任何地方，比如专业知识、字典拼写规则、菜单顺序约定（例如编辑菜单应位于文件菜单右侧）、历史经验以及产品规格说明书等。但是，“先知”也可能是错误的。例如，受到良好教育的测试人员在测试回文时，经常会使用一些包含空格和标点符号的句子，且其在判定预期结果时也会忽略空格和标点符号，如“Was it a car or a cat I saw?”在他们看来就是一个回文句子。但用户可能只是希望直接将文本反转后就进行对比，因此“Was it a car or a cat I saw?”就不是一个回文句。这意味着，测试者的“先知”可能合理且符合一定的语义理解，但在实际应用中，其正确性还需要与客户的实际需求或软件的预期行为保持一致。

这些通过不完全可靠的方法来解决问题的思想被称为启发式方法。启发式方法是测试中不可或缺的一部分，因为我们需要结合多种技术和时间因素来评估软件是否正确。

接下来介绍本章要讨论的最后一个点：测试数据。执行测试通常会对数据库造成影响，导致第二次测试同一用例时，产生的结果可能会有所不同。最直接的解决方法是在每次运行测试用例前，对数据库进行一次清理，这也是单元测试和微测试中常用的方法。但是，许多问题都是随着时间增加和数据积累后才出现的，为了节省时间，有些公司就喜欢同时运行多个测试，或者多个测试人员并行工作，但这样会造成不同测试场景之间相互干扰。因此，在测试过程中，对测试数据进行隔离并跟踪管理，在简单 / 重复、复杂 / 长时间两种测试之间寻找平衡点，是一项非常重要的工作。至于测试数据的讨论，请阅读本书第 7 章。

## 1.5 本章回顾

本章首先解释了完全测试是不可能的，然后以案例的形式介绍了一些非常实用的测试用例设计方法。在案例中，也讨论了几种看待测试的不同视角，当测试人员找到了自己的测试领域后，就需要进行深度钻研。本章只是简单地介绍了测试内容的一些皮毛，并为读者提供一些有价值的测试方法。测试之路漫漫，内容也很丰富，还需要读者悉心探索。

在本章中，虽然提到了用户界面测试的概念，但没有详细展开说明。如果你对用户界面测试感兴趣，则推荐阅读迈克尔 · 亨特（Michael Hunter）写的测试 Windows 应用程序的论文 *You Are Not Done Yet*。由于亨特曾在微软工作，他参与了被数亿人使用且更新成本高昂的系统。

# 第 2 章 工具与自动化的基本问题

在我们的咨询业务中，经常会遇到这样一个现象：从未开展过测试自动化的团队，都会说自己对测试自动化非常了解。同时，在我们主持过数百次播客访谈后，也认识到测试自动化对他们来说，往往只是一个概念，一种基于信念的概念。我们在一年、两年，甚至五年后，再次回访这些团队，发现那些曾被指导过的团队要么终于领悟了我们给出的建议、经验和教训（但当时未能践行），要么由于某些原因最终失败了。

事实证明，使用测试工具的一些思路，只能通过实践经验来学习。如果没有前辈、文档、视频教程等资料的引导，团队成员可能会重复犯同样的错误，甚至周而复始。就像一些团队，没有地基便建造桥梁，桥梁最终会垮塌。因此，建议不要重蹈覆辙，而是从实践经验中学习。故本章以笔者多年经验为框架，将讨论以下内容：

- 没有银弹：没有任何一种技术或方法可以从根本上缩短测试 / 修复周期。
- 雷区回归问题：传统的自动化测试只在第二次及之后的运行中才有价值，且价值非常有限。
- 海战棋问题：当发现 bug 时，无法改变策略的自动化工具是有局限性的。
- 测试维护成本问题：只关注特定变更（可能会遗漏一些隐藏变更）与每次变更后脚本报错之间如何把握平衡。

最后，针对这些挑战，我们将给出一些解决方案。

## 2.1 技术要求

本章主要包含一系列概念，如此设计的目的是使任何受过高中教育、了解互联网、有抽象思维能力的人都能够理解。本节通过比喻的方式展开论述，并从网格坐标和游戏等概念中汲取测试灵感。读者可以打印表格，并与其他人员一起用铅笔和纸张进行实际操作，如此有助于理解本章讨论的概念。例如海战棋（Battleships）游戏，读者可以通过谷歌、百度等搜索引擎搜索海战棋相关文档，了解海战棋棋盘和规则，以便在阅读本章时能够容易理解。

提示：海战棋（Battleships）是一款模拟海战的棋类游戏，它包括布阵和对战两个过程。玩家必须在规则范围内布阵，通过分析和判断来确定对方战舰的准确位置并将其摧毁。首先将对方所有战舰全部摧毁的玩家获胜。游戏采用回合制，每回合玩家有一次点击格子的机会，如果未能点中敌方战舰，将轮到对手回合；如果点中了敌方战舰，将继续点击。

## 2.2 没有银弹

Fred Brooks 在 1975 年出版了一本《人月神话》，这可能是最早面向大众，且至今仍在印刷的一本软件工程书籍。其内容可能有些过时，但书中的三个观点至今仍具现实意义。观点一：增人不能增效，向已经延期的项目投入更多的人力会使项目进一步延期。随着项目的扩展，团队成员之间的沟通成本会呈指数级增长，从而导致成本重心从实际工作转向沟通与协调。下一节将会讨论如何保持有效沟通，降低沟通成本；观点二：Brooks 提出了“第二系统效应”，可以理解为只有从客户需求的角度做出尝试，才能真正了解什么对客户有益。这一观点也促进了快速原型设计和其他应对措施的发展；观点三：没有银弹，没有任何一项技术或方法可使软件工程的生产力在十年内提高十倍。正如 Brooks 所说：“做好舍弃第一个原型的准备，你往往需要这么做”（Plan to throw one away – you will anyway）。并且，本节的核心内容也来源于 1995 年他在第二版增加的一篇名为《没有银弹》的文章。

Brooks 博士在《没有银弹》这篇文章中指出，软件开发由一系列明确的阶段组成，例如规划、需求分析、设计、编码、测试和运维等，每个阶段可能只占总工作量的六分之一。因此，即使通过一些人工智能技术使编程变得简单，甚至完全靠它生成，从而压缩这一阶段工作量，理论上，时间和成本最多也只能减少六分之一，约 16%。但在实践中，任何阶段的工作量都不可能完全压缩为 0，即使依靠一些技术减少 75%，放置于整个软件开发中，体量依然很小。故 Brooks 博士提出，没有任何一个“银弹”可以解决失控软件的开发问题，而建议采用多个“铜质子弹”——尝试多种方式逐步减少工作量，产生累积效应。本书正是我们尝试打造多个“铜质子弹”的一次实践。

接下来，让我们尝试通过自动化测试来缩短测试周期。

大多数团队执行自动化测试后，都需要对结果进行检查，确保测试报告都是系统功能问题，而非是受脚本、网络等其他因素影响而出现的问题。对于一个测试人员来说，每个结果都需要依据数据或逻辑进行判断。但对于自动化测试来说，是按照一定的顺序直接执行操作并检查结果的，更多的是检测变化而非测试。因此，运行自动化测试就会出现失败或错误，但这也可能意味着自动化工具正在按照预期的方式运行。测试人员除了检查结果外，对一些失败的用例可能还需要深入研究。借助自动化工具测试复杂场景发现的问题，往往比手工测试发现的问题更难复现和定位。一旦可以稳定复现后，就需要提交 bug，然后等待开发人员修复，接着对程序重新构建和发版，最后执行自动化测试脚本，用例通过。

所有上述讨论都基于一个假设，即自动化测试不需要成本，并且能够立即完成。然而自动化测试的实施和运行都需要投入成本，包括编写、调试、执行以及维护等。

在我们合作过的团队中，多数情况下，自动化测试工具能减少的测试工作量也不到 50%，何况自动化测试工具并非免费和无限快的。即使是在每年耗资数千万美元的测试项目中，仍非常重视手工测试，因为其比工具更能快速地给出有意义的反馈，即对于程序变更的地方，手工测试可以迅速开展并提交 bug，当开发人员开始修复问题时，依靠工具测试的项目可能报告都还没有出来。我们并不是反对自动化测试，自动化测试也有自身的价值，例如持续交付的实现就需要工具辅助测试。本书所要表达的是：在没有找到一个普适的解决方案（涵盖产品研发的整个过程）前，不能盲目地“一切皆可自动化”。

如果你执意践行一切皆可自动化的理念，当你在搜索引擎中输入“软件测试自动化如何实现”时，很可能会踏上一条艰辛的道路。虽然通过自己的钻研，也能有所收获。但这并不是本书所希望的，本书的目的是加速读者的学习过程，即不必花费数年时间在黑暗中摸索笔者曾经蹚过的泥坑，而直接掌握这些经验教训。本章剩余部分就将引导读者摆脱宗教式的一切皆可自动化理念，提供更健康、更实际的选择。

## 2.3 雷区回归问题：覆盖模型

我们现在讨论的自动化测试是点击式的检查性测试，通过工具模拟并执行用户操作，检查操作过程中可能出现的问题。当然，对于没有太多随机变化元素的测试，单元测试和脚本测试也可以完成。模型驱动和其他一些测试方法好像可以应对随机变化元素的测试，但这些方法因为存在一些弊端，最终并没有得到广泛应用。

当前，也有一些人编写了他们所谓的测试代码，我们暂且不论他们是如何实现的。假设有一个电子商务系统，测试肯定需要模拟用户的一系列行为，例如创建账户，商品搜索，找到产品，将其添加到购物车，付款购买。

但对于搜索功能，早期的自动化测试并不能直接带来价值。对于多数自动化工具而言，在大部分时间里由于各种原因，搜索功能可能会出现搜索按钮找不到、搜索引擎本身存在bug、搜索结果不一致或结果数据不断变化等问题，此时就需要和开发人员不断沟通和调试。直到这些问题都被修复，搜索功能稳定运行后，自动化测试才真正开始发挥作用，在此之前，它并不能提供有效的价值。故自动化工具的真正价值是从开发人员修复完所有问题后开始的，即回归测试。而回归测试的目的就是检查原有功能是否可以正确运行。例如点击第一页面上的元素A跳转到第二页面；第二页面中有元素B，点击可跳转到第三页面。在某次迭代中，第三页面正在开发时，元素A突然消失，导致无法再进入第二乃至第三页面。

在自然增长的代码库中，代码之间相互影响，甚至破坏逻辑是一件很常见的事情，此现象也被称为“大泥球”（big ball of mud）现象，关于大泥球现象可阅读Brian Foote和Joseph Yoder在20世纪90年代末发表的文章（链接2-1）。同一代码库中，不同程序员在同一区域进行开发，大泥球现象是避免不了的。

在第3章，本书会简要介绍现代工程实践对于降低回归问题发生频率的益处。本节讨论的是自动化测试对于回归测试的价值。接下来，我们通过探索狗狗公园并清除狗狗粑粑的示例进行说明。

本书第1章就提到，不可能做到完全测试，因此也不可能创建一个输入空间映射所有可能的输入变换组合。俗话说，地图并非疆域（The map is not the territory）。模型也是一种地图，其试图以一种近似的方式反映出实际状况，在构建时，就需要做出一定的取舍，为了可理解性而牺牲全面性。正如乔治·博克斯(George Box) 所说：“所有的模型都是错误的，但有些确实有用”。

在本节示例中，我们将可能的输入空间构建成一个二维网格模型。你可将其想象为一片雷区，在此雷区内，我们可以做的事情就是软件的各种操作，而地雷就是软件bug。或者也可以将二维网格模型想象成一个有很多人遛狗的公园，随着时间的推移，遛狗人次一直在增加，未被清理的“粑粑”也在增加，于是公园里留下了很多狗狗粑粑。软件测试就好比是探索这个公园，然后发现并清除狗狗粑粑。公园就是被测软件，狗狗粑粑则是软件bug。

因此，我们手里拿着铲子在公园里行走，行走的区域就是软件可能的输入。在此过程中，我们看不到全局。此想法来自软件质量方法公司的Doug Hoffman，如图2-1所示。

在20世纪80～90年代，软件测试深受制造业的影响，非常注重稳定性、可预测性和可重复性。人们讨论的重点是如何创建测试用例，并将这些测试用例整合到一个用例库中。当涉及自动化时，人们会将用例库转换为一套可以反复执行的测试套件。类比到在公园里清理狗狗粑粑的示例中，测试套件就是在公园里预先计划好的行走路径。由于是预先计划好的，且无法做到完全测试，因此只能覆盖相对较小的区域。故首次执行测试套件，可能得到的结果如图 2-2 所示。

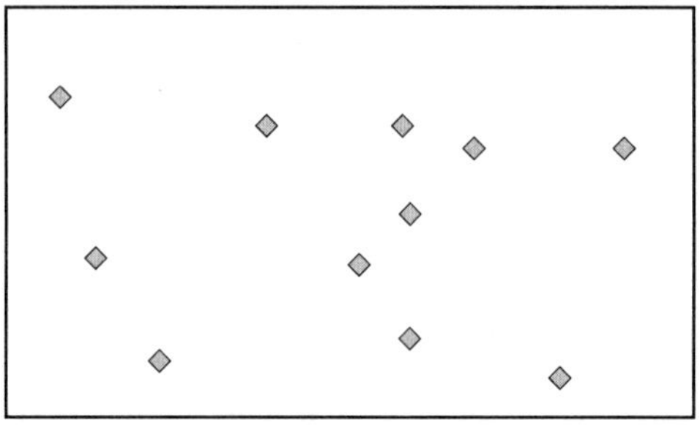


图 2-1　狗狗粑粑位置 ( 来源: D. Hoffman)

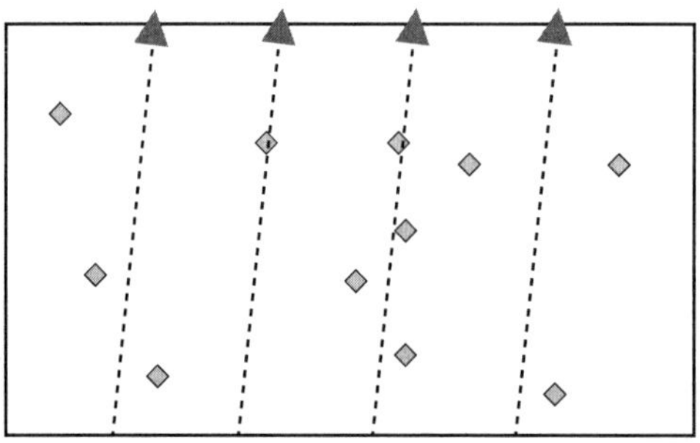


图 2-2　检查路径上的粑粑

首次执行测试套件，可以发现几个 bug。在之后的测试中，它会不断地重复执行同样的操作，具有高度的可重复性。与人的探索行为不同，一旦存在 bug，测试脚本就会被阻塞，无法执行。如果使用录制 / 回放的方式实现测试自动化脚本，在功能正确运行之前，自动化脚本可能会被阻塞，甚至不能实现。例如添加购物车功能存在 bug，则自动化运行就会被暂停，直到 bug 被修复。故此种风格的自动化测试，唯一的价值在于回归测试。

修复完 bug 后，再次运行测试套件，结果如图 2-3 所示。

从图 2-3 中可以看到，已经修复了四个 bug，重复执行测试套件不会再发现新的 bug。故回归测试的价值在于，确保先前已修复的问题不会再次出现，以及已覆盖的路径上不会出现新 bug。如果可以跟踪项目 bug 并统计回归测试中发现的 bug 量，你会发现回归测试所能发现的 bug 量占比非常小。这也正是 Heusser 关于（传统，预定义）自动化测试的准则：100% 自动化测试团队中，大多数 bug 不是通过运行回归测试工具发现的，而是由人类执行其他活动（包括在创建自动化测试脚本时，被 bug 阻碍的活动）发现的。换言之，如果团队致力于实现 100% 的自动化测试，那么大部分 bug 将会以低效、手工或偶然的方式发现。此时，就需要立刻停止这种不切实际的做法，转而深入研究和改进测试方法，以提高测试的整体效率和质量。

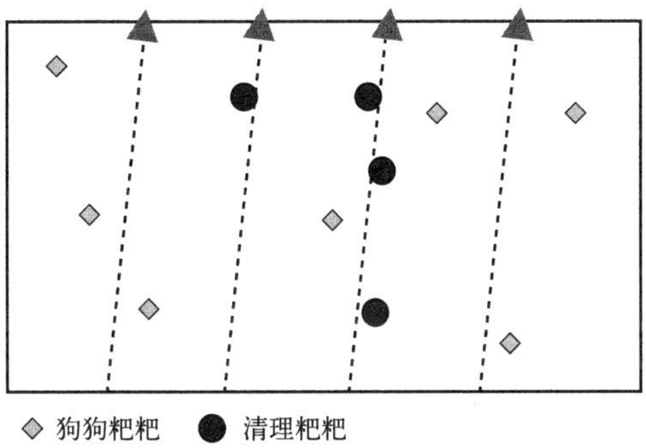


图 2-3　清理过狗狗粑粑的区域

Lisa Crispin 曾经对“100% 测试自动化”作出过宽泛且合理的解释：这是一种策略，如果需要每次都遵循固定步骤，那么这些操作应该交给计算机来执行，让人力专注研究和探索可能只需要运行一次的事情，或者每次运行都略有不同。这种工作方式可以看作探索性测试，我们也曾采用类似的做法，即仔细考虑哪些测试适合自动化，哪些适合保持手工，然后只将一小部分真正需要在每次构建时运行的核心测试纳入自动化测试套件。

至此，希望读者可以对重复执行相同测试的做法持有适度的怀疑态度。下一节，将通过海战棋游戏，探讨如何根据输入空间的变化调整自动化测试策略。

## 2.4　海战棋问题：测试 VS 检查

海战棋游戏是一款网格游戏，我们可以将输入空间看作二维平面，有 X 轴（左右方向）和 Y 轴（上下方向）两个维度。为了方便理解，我们可以将 X 轴视为软件中的各项活动，比如搜索功能、产品信息展示、购物车、创建 / 编辑账号等，Y 轴则代表在这些活动内部的具体输入空间。这种比喻可能不是很贴切，因为二维平面毕竟只是一个模型，不可能非常完美地适用于任何情况。在童年时期玩的海战棋游戏中，X 轴由数字（1～10）表示，Y 轴由字母（A～J）表示，左上角的坐标就是（1,A），如图 2-4 所示。

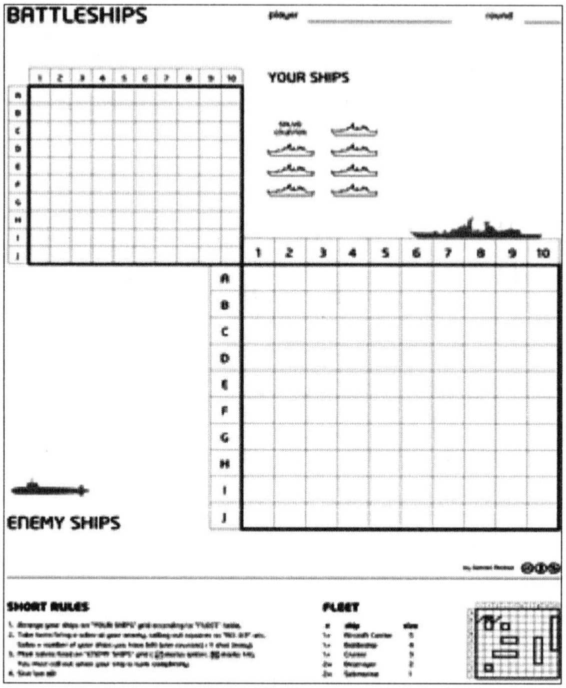


图 2-4　海战棋游戏

海战棋游戏已有近 100 年的历史，比版权法出现得还早。在游戏中，两位玩家首先会在棋盘上按照以下规则布置各自的舰队：

- 一艘航空母舰（占 5 个格子）
- 一艘战列舰（占 4 个格子）
- 一艘巡洋舰（占 3 个格子）
- 两艘驱逐舰（每艘占 2 个格子）
- 两艘潜艇（每艘占 2 个格子）

玩家可以将这些战舰纵向或横向布置在棋盘上，但是不能斜向布置。

### 2.4.1　将战舰看作 bug

我们将海战棋游戏中的战舰看作软件中的 bug，此游戏映射出了一种现象——bug 倾向于在模块中聚集，虽然没有数据来佐证，但这一现象确实符合我们的日常工作体验。

不同版本的海战棋，战舰类型、战舰数量、棋盘大小等可能有所不同，但玩法是相通的。玩家在小表格上标记好（隐藏）己方战舰的位置，然后双方轮流出击（交替猜测对方战舰的坐标），防守方宣布“未命中”或“命中”。但是，在使用海战棋游戏教授软件测试时，笔者会要求一半学员（玩家）提前规划他们的行动。这也是传统自动化测试所做的事情，提前定义好软件运行的步骤，这些步骤既可以作为可执行的规范在编写代码前预先设定，也可以作为测试过程的一部分在代码完成后编写。同样地，人工编写的脚本化测试（包含测试用例、步骤和预期结果），本质上也是如此。

故在此教学中，我们会要求一支队伍模仿自动化测试的方式，将他们的行动计划详细列出，而另一支队伍则无需事先规划，可以随意行动。

如此一来，原本简单的游戏将会变得十分有趣。高度配合的小组至少会尝试玩一下，以观察整个游戏的变化。那些喜欢规划的人，尤其是有后续步骤测试经验的人，非常乐意参与其中，他们会制订大的 X 形、星形或对角线策略来寻找对方的战舰。然而，那些个性较强、智商较高的人，特别是对“计划型”测试不太熟悉的人，可能会表现出对规划的抵触。因为他们认为，一旦被锁定在某一策略上，就无法在命中目标后灵活调整，无法围绕已命中的位置快速判断并找出剩余船只的确切位置，进而将其击沉。

从结果来看，不受既定行动计划约束的团队往往会击败那些严格按照计划行事的团队。在开展了数百场双人团队的对抗模拟实验后，我们发现按照计划行事的团队仅有寥寥几次首先击沉对方舰队并赢得比赛。而且即使是在他们获胜的比赛中，也多数是因为对方玩家来自不同的文化背景或不熟悉基本的游戏规则，甚至没有意识到当他们击中目标时，应该及时调整策略。

将此模拟实验对应到软件测试，我们可以看到的是：首先，测试受文化差异的影响，就像回文问题一样，有些人虽然写了测试用例，但受自身文化、工作等属性的影响，一些场景不能充分考虑到；其次是覆盖率，本书第 9 章会重点讨论；最后，也是本节最重要的教训，计算机（自动化测试）无法自行调整测试策略，相反，它们往往只会对要求检测的内容进行检查。此行为带来的局限性，将会在“2.5 维护问题”中进行探讨。

### 2.4.2 自动化 VS 人工

在海战棋模拟实验中，许多人会对完全遵守计划行事的规定提出意见，他们希望借助人工智能（AI）改进测试代码，以在发现 bug（战舰）时进行自我调整。

笔者并不反对这种做法。如果团队成员能在他们的项目中落地这项技术，或知道某个团队的测试工具具备这样的能力，笔者当然乐见他们去使用。但这并不完全属于模型驱动测试的范畴，模型驱动测试更倾向于全面检查所有可能的情况。迄今为止，笔者还没有发现有人在测试工具中应用这项技术，以在发现 bug 时可以像人一样进行灵活调整和响应。

概要总结一下，人类探索与计算机测试自动化存在着根本区别，因为人类可以根据上一个测试结果来规划下一次测试。在 2009 年敏捷大会上，迈克尔·博尔顿（Michael Bolton）做了一场闪电演讲，他试图区分“人类能做什么”（带着发现意图去调查产品）和“计算机能做什么”（检查预先定义的场景）。为了突出两者区别，他选择了“testing”和“checking”两个英语单词。根据迈克尔·博尔顿的观点：“测试（testing）是通过体验、探索和实验来了解产品，从而评估产品的一个过程，在一定程度上包括提问、研究、建模、观察、推断等活动。”(引用自迈克尔·博尔顿的文章 *Testing and Checking Refined*，链接 2-2)。迈克尔·博尔顿对测试的定义与本书引用 Kaner 博士的观点是一致的。博尔顿将检查（checking）定义为“……通过将算法决策规则应用于对产品的具体观察来进行评估的过程。”

用博尔顿的话来说，检查是测试的一部分，是我们测试过程中的一项活动，并且在降低风险方面具有一定价值。理论上，让一台计算机在角落里独自执行检查是完全可以实现的，但其价值却很有限。本书的重点是帮助读者强化风险意识，以及如何通过测试降低风险，毕竟检查只是完整风险管理策略的一个组成部分。对于动态机制（人类发现 bug 的方式与计算机所能完成的任务之间）的误解，往往是软件交付过程中许多问题的根源。所以，不妨邀请一位朋友一起玩海战棋，然后，思考自己正在开发或想要开发的工具是否能够发现边缘场景下的 bug。

## 2.5 维护问题

根据本章所述，我们可以得出一个结论：比起每次构建都改变测试策略，重复执行相同的测试所覆盖的被测程序范围显然更小。我们通过海战棋案例证明了这一观点，但并未讨论如何适时调整测试策略以提高覆盖率。

### 2.5.1 构建自动化测试

我们模拟了一个重复执行自动化测试的实验，很显然这种方法发现 bug 的效率依旧较低。而且，实现自动化测试还需要花费更多的精力。

我们看一个测试场景：进入 Excelon Development 网站主页，然后点击【Consulting】咨询菜单，接着点击【Contact Us】联系我们按钮，最后填写联系我们表单。使用 Selenium IDE（Selenium IDE 是一个记录和回放测试的开源工具）录制测试步骤，脚本如图 2-5 所示。

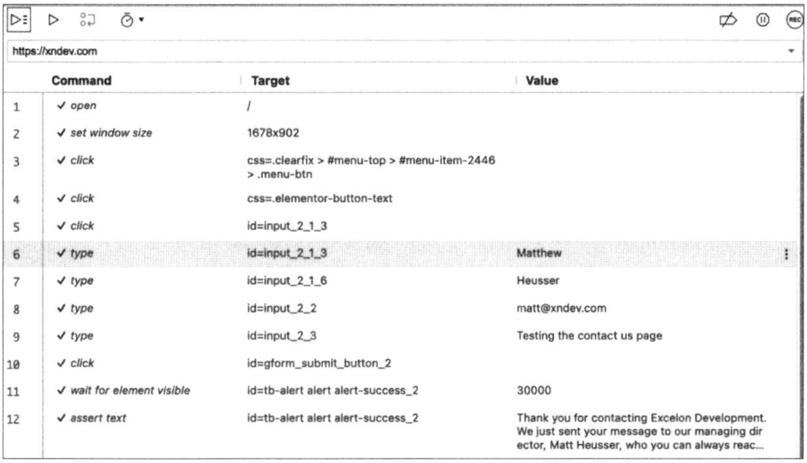


图 2-5　Selenium IDE 实现的测试脚本

表单提交成功后，检查页面如图 2-6 所示。

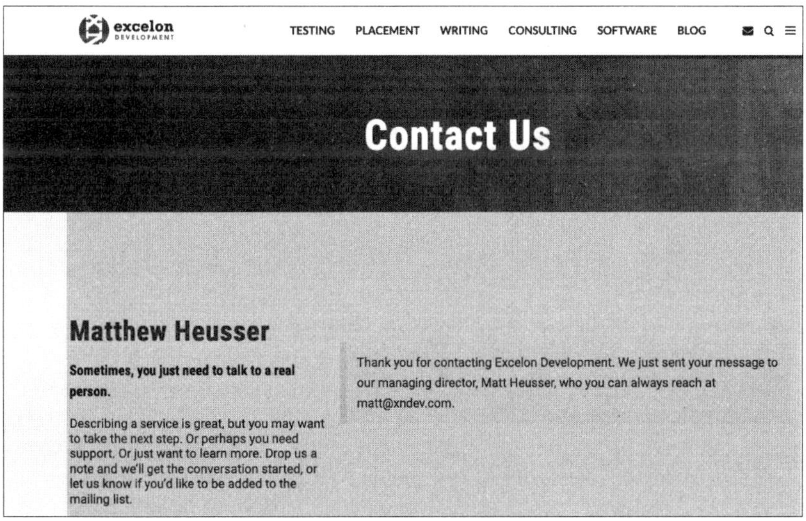


图 2-6　Excelon Development 网站 Contact Us 页面

值得注意的是，当前的脚本测试仅仅检查了消息发送成功后提示信息的正确性，没有进入邮箱确认消息是否真正发送到目的邮箱（这是一种常见的测试工具问题）。更重要的是，录制的脚本没有对其他任何内容进行检查，例如字体大小、表单提交时 Enter 键是否生效、左侧文本内容、字体类型或其他相关元素和功能。

正如第 1 章中所说，在完成每个测试用例后，都隐藏着一个预期结果——不会发生其他异常情况。上面的案例并不具备验证这一预期结果的能力。用迈克尔·博尔顿的观点来说，这种检查或许有所帮助，但它并不能算是真正的测试，仅仅是“将算法决策规则应用于对产品的具体观察”。简而言之，这类工具化测试会遗漏各种类型的 bug。

针对缺少检查的问题，我们可以通过其他一些方法进行解决。其中一种方法就是对页面进行截图，然后与基准图进行对比。但当内容有细微变化时，图片对比就会失败，此时就需要手动查看对比结果并重新设置基准图。更极端的情况下，所有内容都发生变化时，脚本就需要重新录制。如图 2-7 和图 2-8 是雅虎财经网站上关于苹果公司股票（AAPL）的两张截图，分别截取于 2022 年 11 月 2 日和 11 月 14 日，相隔不到两周。

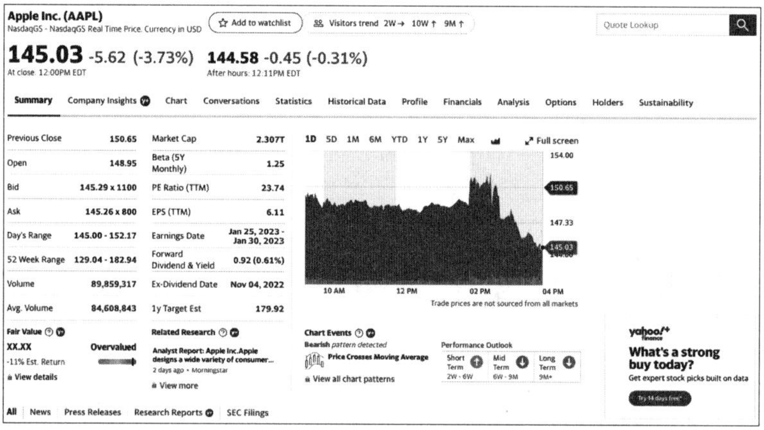


图 2-7　2022 年 11 月 2 日在雅虎财经网站截取的 AAPL 股票

注意，图 2-7 中包含 16 个指标，包括市值（Market Cap）、市盈率（P/E Ratio）和交易量（Volume）等，而图 2-8 中只显示了 8 个指标，并且这些指标的位置和样式等都发生了变化。

暂且不讨论界面的检查，我们先聚焦于 Matthew 提出的三条准则：

（1）文档化测试原则：每个由人工执行的、预先设计好的、有文档记录的测试，除验证产生期望结果外，还隐含着不发生其他异常的预期。

图 2-8　2022 年 11 月 14 日在雅虎财经网站截取的 AAPL 股票

- 推论一：“不出现其他异常”的预期尤其难以实现自动化验证。
- 推论二：如果尝试借助自动化工具验证“不出现其他异常”这个隐含的预期，而且不借助 AI 技术，那么很可能会产生大量的假错误。[ 在此，我们采纳 Danny Faught 的建议，采用假错误（false errors）替代误报（false positive）和漏报（false negative），因为后者容易引起混淆 ]

（2）测试自动化原则：即使一个测试可以被自动化，当第二次运行时，就不再是测试自动化，而是变更检测。当然也存在例外情况，例如高容量自动化测试，以及基于模型测试。此类测试必须依赖某种自动化“先知”来判断结果是否正确。例如，一种常用的方法是将软件的前一个版本作为“先知”。

（3）自动化决策困境：工具要么检查所有可能的错误，但这样往往会产生假错误；要么只检查特定内容，但又可能忽略其他异常。要实现真正准确的测试，就需要事先知道哪些变化是错误的、哪些是正确的，而这在实践中非常困难。

当前所面临的问题是，测试维护困难，或维护跟不上程序的变化。仔细思考一下维护问题，大多数团队之所以选择进行测试自动化，是因为人工测试不能跟上频繁变更的节奏。然而，任何测试自动化工作的开展都需要重新录制脚本并通过验证，这就导致了所有交付工作暂时停滞。在最理想的情况下，这是一个跨团队协调合作的过程，通过迭代完成，总体上只会让交付速度放缓大约 10%。但在最糟糕的情况下，所有测试工具都失效，并且不会被使用。此时，将不再运行自动化测试，而是进行潦草的手工测试，随后便匆忙发布。6 周或 6 个月后，当有新的自动化测试需求时，企业便会请求咨询顾问协助。在咨询顾问问起上次的自动化测试是在哪里完成时，团队没有一个人记得。这不是一个理论性的陈述，而是真实发生过的事实。

## 2.5.2 全面自动化测试的风险

越全面的测试自动化，可能会带来更多的问题，因为自动化脚本更容易受到频繁变更需求的影响，而造成测试延期。代码提交后，自动化测试执行越晚，代码引入的变更就越多，就越容易出现问题。这就造成了我们所说的自动化延迟问题。自动化延迟是指自动化测试失败后，需要对其进行检查、修正并重新运行而带来的延迟。

当公司花钱引入测试工具后，最不希望看到的就是“为了运行测试，需要花费半天时间进行调试、修复和重新运行，之后才能给出测试结果”。在某些团队中，这一过程花费的时间可能远远大于半天。

此外，使用自动化工具进行测试还可能会遗漏一些错误。如图 2-9 是几年前一个真实客户的截图。在离线模式下，软件会提示“offline retry in X seconds”（离线状态，等待 X 秒后请重试）的消息，其中 X 会在一段时间后翻倍显示。但是由于程序员输入错误，原本应该显示数字的地方却出现了“%ss”。有趣的是，只有移动设备的菜单中才会出现该问题。如果使用自动化工具来检查该消息，那么测试人员很可能只会关注消息是否显示，而非确认其是否正确显示。遗憾的是，许多测试工具都未必能发现这类错误。

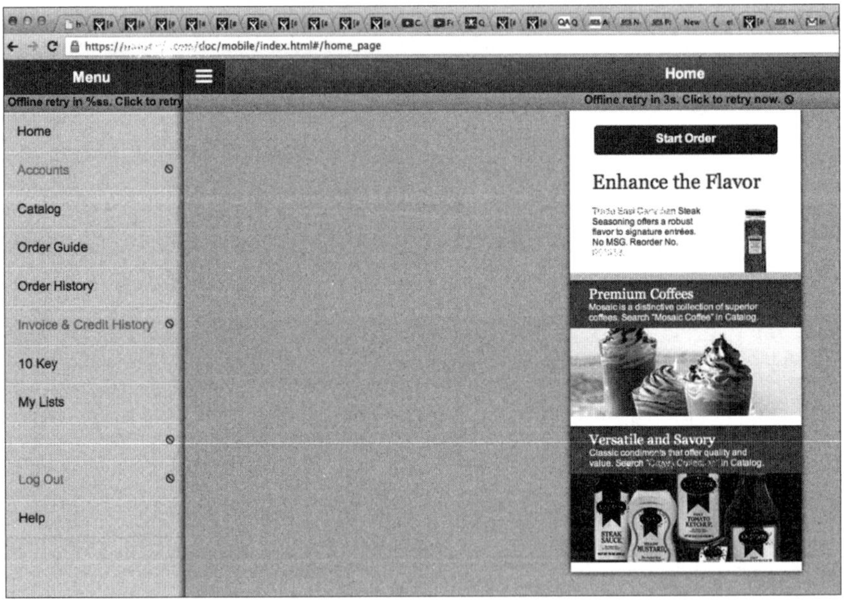


图 2-9　某咖啡产品主页

其实，市面上存在一些解决方案能够在一定程度上缓解这些问题，本书将在自动化动态检查规则时进行说明。

提到解决方案，接下来我们来谈谈成本问题。

## 2.6 成本问题

试想一下，你正在领导一个尚未采用任何自动化测试工具的软件团队，当前人工测试效率低、耗时长，每一次迭代都需要耗费两周时间测试。因此，版本发布节奏缓慢，到了回归测试阶段，待测内容也往往处于非常糟糕的状态。或许你所在的团队在这方面做得很好。在我们接触过的所有团队中，都能够实现一天完成一次手工回归测试，尽管看起来非常不错，但一天一次的测试频率仍可能无法满足快速迭代的需求，也许团队希望在每次构建后就可以得到测试结果。

于是，你决定使用某些测试工具进行自动化工作，如通过用户界面实现。此想法非常不错。但是，谁来做这件事呢？

如果让当前的测试人员挤出一半时间来做，那么想要在工具化进程上取得有意义的进展将需要很长的时间。与此同时，原有的测试过程也将会加倍延迟。你最初就是因为现有的测试过程耗时太长，所以为了解决该问题，方案就是让团队成员减少在测试工具上的投入。但根据我们的经验，如果团队在测试工具化上投入的时间少于一半，那么自动化工作几乎不可能取得实质性的进展。

让测试人员来开发自动化工具还存在另一个问题，测试人员一般都不是专业的开发人员。如果工具涉及代码，测试人员编写的代码可能杂乱无章、不稳定且难以维护。在遇到难以自动化测试的内容时，如果不对脚本进行 review，他们很有可能会跳过测试这些内容。经验表明，测试设置项和条件越难，人们越倾向于跳过测试，这也意味着其中隐藏 bug 的可能性更大，这是因为越复杂的事情越难弄清楚。如果测试人员使用工具难以模拟测试，那么开发人员在开发代码时可能会更难弄清楚。难以理解的事物往往带有意外的副作用和规则，从而导致 bug 的出现。

未受过编程和设计模式培训的测试人员，很可能会创建出“大泥球”（Big Ball of Mud）般的测试代码。这些测试代码运行一段时间可能不会有问题，但是一旦需要重大变更，更新这些测试代码就会变得缓慢且痛苦不堪。此时，团队可能会倾向于抛弃这些代码，或者将其搁置一旁。

## 2.7 谁来做自动化测试？

你可以让开发人员编写自动化测试项目的基础版本，有了正确的测试框架和符合项目的用例开发思路，这通常是一个好的开端。在我们见到过的成功案例中，团队会采用与产品代码相同的语言编写测试脚本，版本迭代也会与产品代码版本保持一致，在版本控制系统中的某个具体版本下，会同时看到产品代码和测试代码。不同的版本在构建时，会运行对应版本的自动化测试用例，当所有的测试用例都通过后，再进行人工探索性测试。

自动化测试谁来做，其实是要根据项目实际情况进行权衡的。正如第 1 章回文问题的介绍，许多开发人员表现得并不是很理想，我们认为其主要原因是建设性思维（如何做？）与批判性思维（可能出现什么问题？）之间的差异所致。我们也相信，通过适当的培训可以使开发人员同时具备这两种思维方式，笔者也希望读者通过阅读本书在此方面有所收获。

遗憾的是，并非所有团队都愿意或能够接受让开发人员去创建自动化测试。首先，会影响开发人员正常的开发进度，有些管理人员可能不会考虑这一点；其次，也有一些开发人员对此并不感兴趣；最后，在某些情况，编程语言和构建过程也未必支持我们上述所说的自动化测试开发和构建流程。至此，我们也不难想象管理人员会说："你还没弄清楚，我们需要自动化测试是因为人工测试效率低、耗时长，严重影响了交付进度。你所提出的解决方案会影响开发人员的进度，这样肯定是不行的。"这是我们之前听到过的一句话。

为了不影响测试和开发进度，你便雇用其他团队来完成自动化测试脚本的开发，如此产品代码就可以在没有（那么多）人工探索的情况下尽早发布。这些人一般是开发人员 / 测试人员，我们也称为软件测试开发工程师（SDET），测试开发工程师编写代码的能力通常不足以胜任软件开发工作，因此常常作为合同工被聘用。一般情况下，他们入职初期，进度会稍微放缓，然后花费 3～6 个月时间构建一套自动化测试工具，最后完成冒烟测试用例。冒烟测试用例会覆盖重要的业务流程和主要的功能模块，并发现一些明显的 bug。Matthew 曾经合作过的一家公司就采取了这样的方式，经过 9 个月的努力，最常见的问题是诸如"测试环境无法访问""数据库服务器宕机"这类任何人在几秒内都能发现的基本问题。

### 2.7.1 何时能看到结果？

经过一年的努力，管理层才可能看到构建 / 测试 / 部署过程用时显著减少，然而年底成本统计后，开发成本上升了 20%，测试成本上涨了 50%。曾经要求团队实现自动化测试，并为此争取资金的高管问道："如果我们当初只花一半的钱，多招几个测试人员，会怎么样呢？"这还是一个相对乐观的情况。若遇到更糟糕的局面，一年后高管看不到显著成效，便转去别处宣扬自动化新理念，而接任的开发副总裁则为了节省开支，决定裁掉软件测试开发工程师，并声称可以为公司每年节省一百万美元。几周后，自动化测试逐渐无人维护，最终被遗弃、遗忘。

其实事情大可不必发展到如此境地。通过上述讨论，读者可以清楚地看到可能出现的种种挑战。本书剩余内容将帮助读者规避这些雷区。

### 2.7.2 不被理解的自动化测试

在任何场景下，自动化测试都会创建大量的测试代码，这些测试代码不仅仅是简单的查找元素 / 点击 / 查找文本操作，而是涉及许多算法的实现。例如，一本书预计在 4 个工作日内交付，测试工具不仅要查找系统时间 +4 的日期，还要考虑排除周末和节假日的情况，找出实际 4 个工作日后的日期。最终需要考虑的条件会非常多，以至于必须借助编程来实现。编程的实现就需要思考条件语句、循环语句、日期、周末、节假日、新账户创建、服务器名称、变量和税款等所有隐含的内容。

当测试发现错误时，我们还需要找出根本原因以及具体的复现步骤，原本直截了当的线性测试流程，现在也需要调试。突然间，你会意识到测试脚本也需要被测试。对此，一种普遍观点认为自动化测试应该简洁明了，遵循“步骤—步骤—步骤—检查”的线性方式，不断重复这个过程。

## 2.8 自动化测试思想

本章示例大多以端到端测试的方式展现，即把所有组件作为一个整体进行测试。在第 4 章中，我们将讨论如何构建易于调试、结构清晰、维护方便，甚至能作为文档辅助的端到端测试项目。本节的重点是探讨如何克服其他弱项。

诚然，我们很容易耸耸肩就说，仅依靠工具对软件开展测试，得到的软件质量将会非常糟糕，故就此罢手，不再涉及自动化测试。业界也有一些同行持有类似的观点，有人将他们称为“反自动化阵营”。读到此处，你应该意识到，在某些具体情境下，关于自动化测试优劣的辩论的确具有价值。

关于自动化测试优劣的辩论也能促使我们探寻一些基本问题的解决方法，这些方法如下所示。

- 视觉测试：视觉测试（Visual Testing）是一种比较流行的测试方式，它通过对比屏幕部分区域的截图，并辅以简单的操作（如点击 A 标记 bug，点击 B 标记非 bug，并将当前屏幕设为新的标准），从而实现快速识别界面问题。
- 众包测试：众包测试（Crowdsourced Testing）是一种利用大量人员解决

大规模组合问题的测试方式。例如，开始测试后，将任务分配给 100 位测试者，他们在 1 小时内完成测试并给出测试结果，这其实与自动化测试的效果相差无几。

- 无代码自动化测试：无代码自动化测试（Codeless Test Automation）起初是通过录制 / 回放工具被人们所知，如今随着 API 新标准的发展，这项技术有望迎来真正的成熟时期。
- 多独立部署点：多独立部署点（Multiple Independent Deploy Points）的引入消除了组件间的不必要耦合，使得大规模回归测试成为过去式。
- 浏览器兼容性测试：浏览器兼容性测试（Browser Compatibility Tests）允许软件在多种不同的浏览器和模拟设备上运行，测试人员可以在短时间内轻松查看大量屏幕截图，从而快速识别并定位渲染问题。
- 网格化测试：网格化测试（Grid-Based Testing）也称分布式测试，允许同时运行多个测试用例。为了实现这一目标，测试用例需要具备独立运行的特性。这一点我们将在第 4 章详细讨论。
- 插桩测试：插桩测试（Test Instrumentation）技术可以将代码与其相关的测试关联起来。当代码发生更改时，只需运行受影响的少量测试即可。

上述提到的不同测试方法都能在各自的方面解决自动化测试中的一些基本问题。然而，即便最大的测试团队，也很难同时实施所有的测试方法，主要是因为在自动化测试工具 / 项目开发的过程中，开发人员会识别所面临的问题，并及时调整，使之与团队现状和需求相匹配。

迈克·科恩（Mike Cohn）是敏捷开发 Scrum 理念的早期主要倡导者之一，被广泛认为提出了自动化测试金字塔模型。该金字塔模型是一个三角形结构，底部是大量的单元测试（底层测试），中间层是较少的集成测试，顶部是非常少的端到端测试。该模型的两边没有固定的倾斜角度，也没有给出量化测量的标准，更多的是用来强调一个观点：端到端测试执行速度慢、脚本脆弱、编写成本高且存在较多问题，而开发人员编写的单元测试则相对容易编写和维护。

近年来，自动化测试金字塔模型受到了一些质疑，人们开始寻找更精确的测试策略模型。诺亚·苏斯曼（Noah Sussman）是 Etsy 的 DevOps、CI 和测试自动化的早期实践者之一，提出了测试漏斗的概念。图 2-10 便是诺亚对该概念的解释。

诺亚的观点与本书第 1 章探讨的组合测试不谋而合。开发人员编写的单元测试和集成测试旨在验证软件是否按照开发人员的预期运行。而端到端测试，通常由团队共同定义，用于展示和界定需求。因此，通过自动化测试未发现，而由人工测试发现的问题，往往是未定义的、意外的、罕见的、未曾考虑到的等情况。

测试漏斗思想是最理想的状态，许多团队都有不同层次的实现，有的团队实现的漏斗模型底部存在一个巨大的漏洞，导致很多问题（bug）从这个漏洞中溜走。而我们的工作就是堵住漏洞，即通过加强和完善各个层级的测试，确保软件质量得到充分的验证和保障。

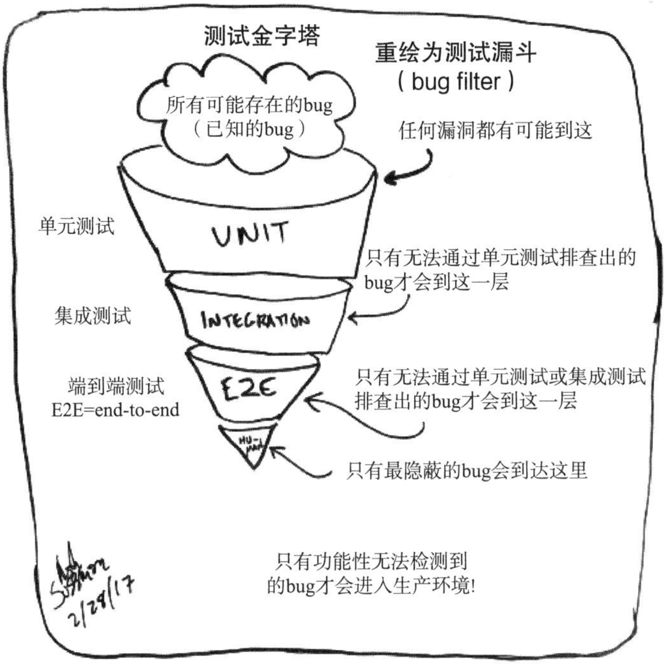


图 2-10　诺亚·苏斯曼的测试金字塔（图片已得到使用许可）

## 2.9　本章回顾

本章并未详细探讨如何进行测试工具化和自动化，而是讨论了新入门的自动化测试人员，在最初几年的工作中可能会遇到的问题——至少是笔者希望他们能够发现的一些问题。俗话说："十年的经验和一年的经验重复十次是有区别的。"这些问题包括自动化测试的深度（我们往往只是自动化部分工作量）以及 bug 的独特性（意味着重复的回归测试只能提供有限价值）。此外，我们还讨论了测试维护作为一项隐性成本以及测试工具可能误报或漏报 bug 的现象。

最后，我们介绍了几种模式，即便未能完全解决问题，但至少能减轻这些问题所带来的困扰。本章主要介绍从较高层面检验软件，而下一章我们将从底层细节开始，并逐步向上推进。我们将这种从开发人员视角出发，关注程序内部细节及底层结构的测试方法称为面向开发人员测试或开发人员视角的测试。

第 3 章

# 面向开发人员测试

开发人员测试也称开发自测，意在确保软件至少能够实现开发人员预期的功能。这种测试除了测试代码之外，还可以对软件设计、创建有效的用户界面、软件维护等提供帮助。为了深入解析面向开发人员的测试，本章将从以下内容进行详细介绍：

- 开发人员视角；
- 单元测试；
- 测试驱动开发；
- 单元测试代码设计；
- 变异测试；
- 测试 Web API ；
- 从开发人员角度看功能性代码和遗留代码的测试。

本章将以一个实用练习，或者说“Kata”（源自日语，指武术中的套路练习）结尾，读者可以使用自己最擅长的语言编写单元测试。本章示例使用的是 Ruby 语言。

## 3.1 技术要求

本章并不要求读者具备编程能力，非开发人员阅读本章可能会收获更多，因为在学习完本章之后，他们将会了解到许多编程相关的概念。而对于开发人员来说，阅读本章可以帮助他们深入理解测试相关的各项编程内容，如果熟悉 Ruby 语言，则可跟随示例敲写代码并执行。本章示例代码已上传至 GitHub 仓库的 Chapter 3 文件夹中。

读者可以根据需要选择深入或浅显的示例练习，希望大家能有所收获。读者在练习时，建议跟随示例动手编写代码，这样更有助于理解。

在进行示例的实践练习时，读者需要使用合适的编程语言编译器、解释器、文本编辑器等工具。虽然本章会尽量介绍各种概念，但如果你事先了解 REST

API 的基本原理，以及掌握 HTML 和 JavaScript 知识，都会让功能测试变得更加轻松。

## 3.2 开发人员视角

通常情况下，开发人员眼中的（自动化）测试是单元测试（最小组成部分）、集成测试（组件间交互）以及系统测试（整个应用程序或业务流程），被测对象越小，自动化测试运行往往越快，所需的设置项越少，变更频率也更低，并且问题更容易复现。

21 世纪初，Mike Cohn 和 Jason Huggins 就分别提出了一个关于自动化测试结构的设想，即测试自动化金字塔模型。Seb Rose 在其文章 *Eviscerating the Test Automation Pyramid*（链接 3-1）中描绘了这一模型，如图 3-1 所示。

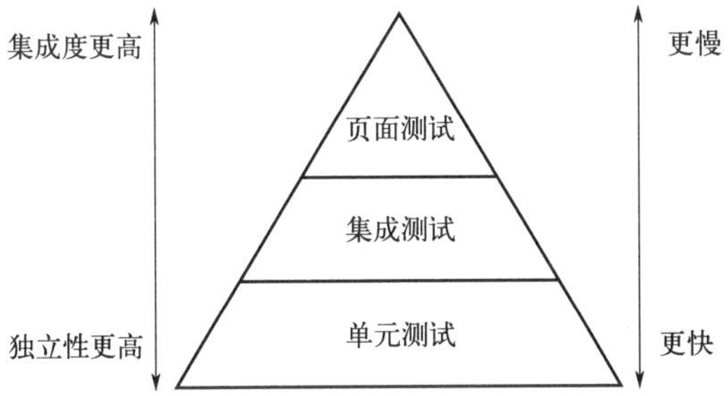


图 3-1　传统测试自动化金字塔

根据 Cohn 的观点，金字塔模型的目的是将测试的重点从端到端用户界面测试转移到更适合计算机快速且独立执行的测试上。但该模型并未提及具体的度量标准，也没有讨论金字塔两边的斜率或角度。即便我们根据此模型构建自动化测试，将仅检查几行代码的单元测试与在浏览器网页中完成整个订单流程的端到端测试进行比较，似乎也是一项艰巨无比的任务，试图精确地比较它们如同西西弗斯式的任务一样艰难。

> 在希腊神话中，西西弗斯是冥界中受到诅咒的人，他被罚每天都要把一块巨石推上山顶，然而每当夜幕降临，这块巨石又会滚落回山脚。因此，在日常表达中，西西弗斯式的任务（Sisyphean task）常用来形容那些重复而无法完成、令人精疲力竭的工作或挑战。

我们可以把金字塔模型当作一种示意，它敦促我们首先要做好的是单元测试，这才是金字塔示意图的用意。

### 3.2.1 测试和可靠性

试想一下，有一种方法可以量化衡量某个方法或单元的可靠性，此处单元指能够独立进行测试的最小代码块，可靠性指该方法被调用时产生正确结果的百分比。暂时不必考虑如何实现这种方法，而是设想我们确实有能力实现。

假设一个组件的可靠性是 90%，意味着调用该方法 10 次就会有一次出现某种类型的故障，情况相当糟糕。现在，再来看一看端到端测试的情况。典型的端到端测试可能会调用 20 个不同的单元，根据工程学思想可知，系统的总可靠性是单个组件可靠性的 20 次方，即 $0.9^{20}$。故该系统的净可靠性为 12.15%。读者可以设定不同的假设条件，并在电子表格中进行计算。如此便会发现，即使一个非常优秀的单独单元，在大量重复组合后，也会产生一个不可靠的系统。故解决系统不可靠性问题的方法就是大幅提升各个单元的可靠性。若每个单元的可靠性提升至 99%，则 20 个单元组合起来的系统可靠性将达到 82%；若进一步提高到 99.5%，则系统可靠性可达到 90%；如果提升至 99.9%，系统的可靠性则能达到 98%。当然，尽管提升了单元级别的可靠性，但在组件之间可能存在对接口的理解错误（集成问题），或者对客户需求的理解错误（系统层面问题）。所以，我们仍需要采用一些方法来检测和降低这些风险。

在深入探讨单元测试之前，我们先换个视角，从架构层面理解开发人员编写测试的方法。然后，研究一个“难以测试”的程序，并探讨如何将其分解为可测试的单元。

注意：本书的评审员之一阿米特 · 沃瑟海默 (Amit Wertheimer) 指出，软件并不会像实体产品那样磨损或损坏。本书以百分比的形式表示软件可靠性，这并不是指像汽车那样的物理损耗，而是指在一定比例的时间内，用户在使用软件过程中，会遇到阻碍他们顺利使用的 bug。

### 3.2.2 六边形架构

有些程序没有明确的单元，相反，它们更像是一个“大泥球”。阿里斯特·科伯恩（Alister Cockburn）在六边形架构思想（链接 3-2）中提出了一种防止泥球化的软件架构思考方式，同时也为我们提供了一种思考测试的方式。

图 3-2 展示了应用程序的代码实际是运行在机器内部的实体。与应用程序交互的外部元素 ( 如屏幕、数据库或 web 请求 ) 通过端口进行交互，开发人员编写

适配器来接收输入或发送输出，例如数据库适配器，我们可以用一个预先设定好结果的简单类来替换该适配器。在测试术语中，单元测试就像是一个点，它针对应用架构内部可测试的最小单元进行工作；集成测试则是一条线，可能触及，也可能不触及外部边界。如果代码本身实现了这种隔离，其他组件很可能被mocked、stubbed 或 faked。如果其他组件没有被 mocked、stubbed 或 faked，我们则称其为系统测试或端到端测试。

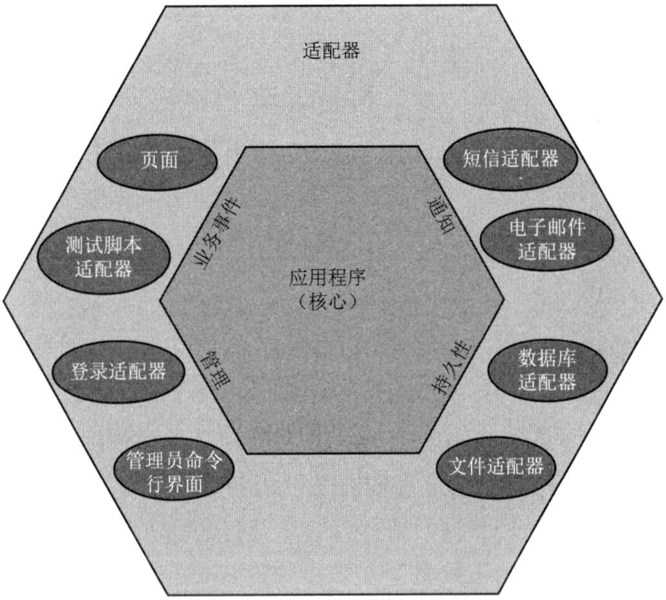


图 3-2　阿里斯特·科伯恩的六边形架构

如果读者了解网页（HTML、JavaScript、CSS）和现代移动应用创建的原理，就会意识到六边形结构是一个模型。所有的模型都有其局限性，但有些模型却很有价值。开发人员可以借鉴六边形模型来编写代码，这样做会使代码变得更加可测试。在微小的单元级别上，可测试的代码可能是保证系统可靠性的关键要素之一。由于六边形架构非常有用，因此，我们在此展示一张早期的六边形架构，如图 3-3 所示，该图同样出自阿里斯特。

在此需要注意，适配器可以拥有自己的单元测试。本章剩余内容中，将讨论mock、stub、fake 以及服务虚拟化。现在，我们来看一个很难实现单元测试，但非常简单的程序，然后讨论如何使其实现单元测试。

提示：接下来的内容将提供一个用 Ruby 编写的示例。Ruby 语言可在 Unix、Linux 和 Mac 系统上运行，在命令行工具中输入“ruby (filename).rb”即可运行

Ruby 脚本，Windows 系统则需要预先安装 Ruby 环境。本章 Ruby 代码是使用 Ruby 3.0.6 版本编写并运行的。

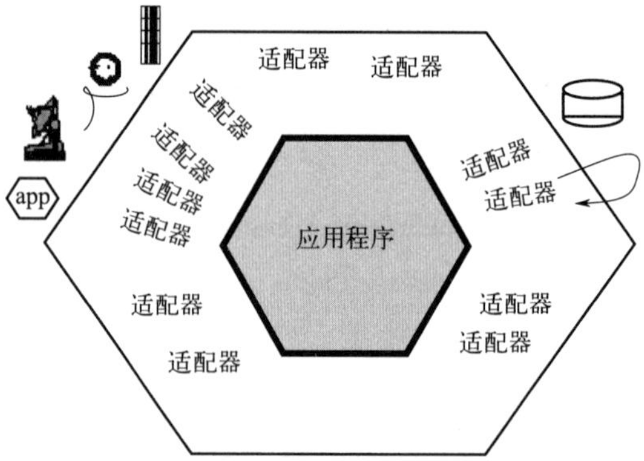


图 3-3 早期的六边形架构

## 3.3 FizzBuzz

我们在面试需要具有代码能力的测试人员时，经常使用 FizzBuzz 编程题作为考核手段。该编程题需要面试者理解条件语句（if 语句）、循环结构以及取模运算（除法中的余数）。下面我们来看一个常见的 FizzBuzz 练习题目。

在 FizzBuzz 游戏中，从数字 1 开始，玩家轮流报数。如果一个数字能被 3 整除，则玩家要说 Fizz；若能被 5 整除，则说 Buzz；若既不能被 3 整除也不能被 5 整除，则说出该数字。本次目标是编写一个能在命令行工具中运行的程序，程序接收一个上限数字，然后打印从 1 到这个数字的 FizzBuzz 游戏结果。

Matthew 使用 Ruby 语言实现了一个 FizzBuzz 程序，为了尽可能让所有读者都能读懂，他没有使用一些高级语法，而是采用最容易阅读和理解的语句，本书其余内容的示例也尽可能地保持这种风格。如果读者想要了解 Ruby 风格编程和测试相关的内容，则推荐阅读 Sandi Metz 的 *Practical Object Oriented Programming In Ruby*。对于 FizzBuzz 程序，本书除使用 Ruby 语言实现外，也使用 Python 语言进行了实现，读者可在本书 Github 仓库的 Chapter 3 中查看。

FizzBuzz 程序接收命令行中的一个参数，用于指定计数的上限，然后检查该参数是否有效，最后输出相应的数字。程序的核心部分是九行代码，如下所示：

```
count_to = ARGV[0].to_i;

if !defined?(count_to) or count_to<1
```

```
    puts "Use: FizzBuzz01.rb (count)\n"
    puts "Where count is a round number of value one or higher"
    abort("");
  end

  for count in 1..count_to do
    if count % 3 == 0
      puts "Fizz"
    elsif count % 5 == 0
      puts "Buzz"
    else
      puts count.to_s();
    end
  end
```

注意：Matthew 在编写代码时，埋藏了一处错误。图 3-4 是该程序在 Mac 上运行并输出 1～12 的结果。

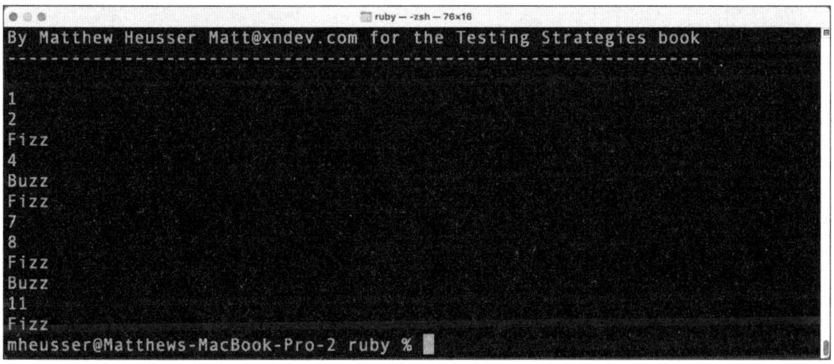


图 3-4　Mac 上运行并输出 1～12 的结果

通过阅读代码和图 3-4 的结果输出，正在阅读的你，是否找到了这处错误？

15、30、45 和 60 都能被 3 和 5 整除。上述程序遇到 15 时，首先会除以 3，判断可以整除并输出 Fizz，然后退出当前循环，因此不会继续判断是否也能被 5 整除。故此程序需要添加能同时被 3 和 5 整除的场景的处理逻辑。

FizzBuzz 问题显而易见的一个挑战在于它可能存在多种情况。开发人员需要编写好程序，然后运行并检查输出结果。如果发现了问题，还需要再次运行代码，这种修改-运行-检查的动态过程被称为调试。这是运行程序并验证结果的唯一方式，因为业务逻辑计算、输入数据处理以及打印输出全都在一个单元中。

有些人持有这样的观点：如果一个程序脱离了用户界面就不能独立测试，它便是不可测试的。但本书并不认同这种极端的观点，因为即使没有自动化测试，人们依然可以通过手动操作和观察程序输出来完成测试。

对于 FizzBuzz 这类问题，唯一的测试方法就是从最终用户的视角出发，直接运行程序并检查输出结果。虽然对于只有数行代码的小程序来说，通过调试来验证非常容易，但随着程序规模的扩大，代码量的增长，单纯依赖调试来测试会变得愈发痛苦和低效。更好的解决方案是将软件架构分解为若干个小型、独立的单元，并使这些单元都具有很高的可靠性。此时，单元测试的重要性就凸显出来了。但是，为了使其能发挥作用，我们就需要构建出可以独立进行测试的代码单元。通过单元测试，对每个小的代码单元进行单独验证，从而提高软件的整体质量。

确实，单元测试可以深入到程序内部，以便我们可以定义它应该如何工作，单元测试就像组件预期行为的生动文档。正如之前讨论过的，一个程序由 20 个单元组成，若每个单元的可靠性达到 95%，那么整个程序的可靠性将会远高于那些单元可靠性仅为 70% 的程序。

FizzBuzz 程序确实需要进行单元测试。

## 3.4 单元测试

Michael Feathers 在他的一篇博客 (*A Set of Unit Testing Rules*，链接 3-3) 中阐述了何为非单元测试。根据 Feathers 的说法，如果一个测试涉及数据库交互、网络通信、文件系统的访问、需要特定的系统配置，或者不能与其他测试同时运行，那么这个测试就不能算是单元测试。按照该定义，单元测试运行将会非常快。因为可以只运行在内存中且并行执行，甚至有些测试框架会检测代码是否有变更，一旦检测到相关代码进行了变更，就会重新运行对应的单元测试。

为了帮助读者学习独立执行单元测试，我们将使用 Ruby 语言和由 Ruby 语言开发的 MiniTest 测试框架来编写 FizzBuzz 程序及其单元测试。

首先，Matthew 使用了他自己编写的一个开源工具 KataGenerator（链接 3-4）进行测试，对该工具输入一个用以描述程序的单词，便会自动创建单元测试项目结构，创建的项目包含一个主程序文件、一个库目录和一个测试目录，库目录下有库文件，测试目录下有测试文件。例如创建 FizzBuzz 单元测试项目，结构如图 3-5 所示。

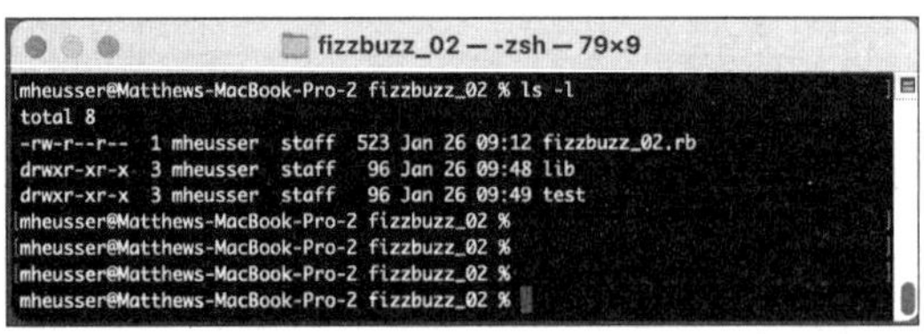


图 3-5 FizzBuzz 目录结构

主程序文件 fizzbuzz_02.rb 代码如下：

```
#fizzbuzz_02.rb

require_relative 'lib/fizzbuzz_02_lib.rb'
fizzbuzz_02=Fizzbuzz_02.new()
```

如主程序 fizzbuzz_02.rb 文件所示，这是一个空壳文件。KataGenerator 工具只是调用 new() 方法创建了一个名为 fizzbuzz（首字母小写表示实例，首字母大写表示类）的对象。接下来，我们可以从两个方向继续完善单元测试项目，一个方向是尝试执行一些操作，另一个方向是构建一些业务逻辑。在下面示例中，本书将遵循开发人员的经典做法，先让程序运行起来。

现在，我们来构思 FizzBuzz 单元测试项目，包含三个部分：

- 主程序流程：主要用来创建一个 Fizzbuzz 对象，并接收命令行传入的参数，最后将结果输出。
- 库文件：有 calc_invididual_buzz_result 和 get_total_result 两个方法，calc_invididual_buzz_result 方法接收一个数字参数，并根据 FizzBuzz 规则返回对应的文本；get_total_result 方法循环遍历从 1 到设定的最大值 loop_max，每一个循环中调用一次 calc_invididual_buzz_result 方法，最后将所有循环产生的结果拼接在一起，形成完整的 FizzBuzz 序列文本。
- 测试文件：包含对单个方法 calc_individual_buzz_result 和整体生成方法 get_total_result 的单元测试用例。

初始阶段，我们先来写一个程序只处理数字 1 的结果，主程序 fizzbuzz_02.rb 文件代码如下：

```
#fizzbuzz_02.rb

require_relative 'lib/fizzbuzz_02_lib.rb'
fizzbuzz_02=Fizzbuzz_02.new()
output = fizzbuzz_02.get_total_result(count_to);
puts output
puts "\n";
```

lib/fizzbuzz_02_lib.rb 文件的核心代码如下：

```
class Fizzbuzz_02
  def initialize()
  end
  def get_total_result(loop_max)
    return "1\n"
  end

  def calc_individual_buzz_result(input)
    return "1\n"
  end
```

test/fizzbuzz_02_test.rb 文件的核心代码如下：

```
#test/fizzbuzz_02_test.rb

require_relative '../lib/fizzbuzz_02_lib.rb'
require 'minitest/autorun'

class TestFizzbuzz_02 < MiniTest::Test
  def test_init
    playing = Fizzbuzz_02.new()
    assert(playing!=nil,"Created object")
  end

  def test_calc_individual_fizzbuzz
    playing = Fizzbuzz_02.new()
    result = playing.calc_individual_buzz_result(1);
    assert_equal("1\n", result);
  end

  def test_entire_result
    playing = Fizzbuzz_02.new()
    result = playing.get_total_result(1);
    assert_equal("1\n", result);
  end
end
```

test/fizzbuzz_02_test.rb 文件中的测试用例代码，首先会在内存中创建一个 FizzBuzz_02 对象，然后调用对应的方法，最后断言输出结果。其中 assert_equal 方法用于检查第一个值（实际输出结果）是否与第二个值（期望输出结果）相匹配。

下面，在命令行运行 fizzbuzz_02_test.rb 文件，结果如下所示：

```
➡  test git:(main) ✗ ruby fizzbuzz_02_test.rb

Run options: --seed 52435

# Running:

...

Finished in 0.001213s, 2473.2069 runs/s, 2473.2069 assertions/s.
3 runs, 3 assertions, 0 failures, 0 errors, 0 skips
```

从结果中可以看到，运行了三次，且全部通过。结果中的点（.）表示用例测试通过。

在此，根据 Michael Feathers 提出的概念，在应用程序中创建了缝合点（seams）。缝合点指对象之间分离的地方，使得各个对象都可以被单独测试。在六边形架构中，这种设计被称为端口与适配器（ports and adapters）。在 FizzBuzz 小节示例中，由于没有缝合点，想要测试程序，就必须对整个程序进行测试。现在通过 MiniTest 等测试框架，只运行程序中一个很小的子方法，并对输出结果进行检查，就能够了解程序内部的实际运作情况，类似于检查输出的汇编代码是否正确一样。这个比喻可能不是很贴切，但非常能说明问题的本质。通过运行程序的一个小方法并查看内存中的变化，能够更好地隔离问题和定位问题。这正是我们要做的事情。

前面我们已经完成了基本组件，接下来就是编写实际功能。

编写 get_total_result 方法，内容如下：

```
def get_total_result(loop_max)
  result = "";
  for count in 1..loop_max do
    result = result + calc_individual_buzz_result(count);
  end
end
```

编写 calc_individual_buzz_result 方法，内容如下：

```
def calc_individual_buzz_result(input)
  if input % 3 == 0
    return "Fizz"
  elsif input % 5 == 0
    return "Buzz"
  else
    return input.to_s();
  end
end
```

目前测试用例中仅包含一个足够简单的测试场景。理论上讲，上面的改动不会影响测试结果。再次在命令行运行 fizzbuzz_02_test.rb 文件，但是用例并没有全部通过。结果如下所示：

```
.F

Failure:
TestFizzbuzz_02#test_entire_result [fizzbuzz_02_test.rb:20]:
--- expected
+++ actual
@@ -1,2 +1 @@
-"1
-"
+1..1

bin/rails test fizzbuzz_02_test.rb:17

Finished in 0.015063s, 199.1635 runs/s, 199.1635 assertions/s.
3 runs, 3 assertions, 2 failures, 0 errors, 0 skips
```

失败的用例期望有个换行符，在末尾有 \n。如果数字不能被 3 或 5 整除，代码需要返回 input.to_s()+"\n"。get_total_result 方法中也有一个错误，缺少一个返回语句。测试时，出现了这两个问题。

修改代码后，笔者继续编写更多的测试。接下来对程序输入 12，检查结果是否正确。如果正确，再反过来将其作为一条测试用例。结果如下：

```
➡  fizzbuzz_02 git:(main) ✗ ruby fizzbuzz_02.rb 12
FizzBuzz02.rb
By Matthew Heusser Matt@xndev.com for the Testing Strategies book
-----------------------------------------------------------------

1
2
Fizz
4
Buzz
Fizz
7
8
Fizz
Buzz
11
Fizz

➡  fizzbuzz_02 git:(main) ✗
```

将结果复制，并将换行符替换成 \n，添加的代码如下：

```
test_string = "1\n2\n\Fizz\n4\nBuzz\nFizz\n7\n8\nFizz\nBuzz\n11\nFizz\n"
result = playing.get_total_result(12);
assert_equal(test_string, result);
```

再次运行测试代码，结果全部通过。结果如下所示：

```
Finished in 0.001051s, 2854.4244 runs/s, 3805.8991 assertions/s.
3 runs, 4 assertions, 0 failures, 0 errors, 0 skips
```

我们再来添加一个失败的测试用例，或者为了使测试内容更丰富，添加更多的测试，其中一些结果是失败的。代码如下：

```
def test_calc_individual_easy
  playing = Fizzbuzz_02.new()
  result = playing.calc_individual_buzz_result(1);
  assert_equal("1\n", result);
  result = playing.calc_individual_buzz_result(8);
  assert_equal("8\n", result);
  result = playing.calc_individual_buzz_result(301);
```

```
    assert_equal("301\n", result);
  end

  def test_calc_individual_fiz_or_buz
    playing = Fizzbuzz_02.new();
    result = playing.calc_individual_buzz_result(3);
    assert_equal("Fizz\n", result);
    result = playing.calc_individual_buzz_result(5);
    assert_equal("Buzz\n", result);
    result = playing.calc_individual_buzz_result(6);
    assert_equal("Fizz\n", result);
    result = playing.calc_individual_buzz_result(10);
    assert_equal("Buzz\n", result);
  end

  def test_calc_individual_fizzbuzz
    playing = Fizzbuzz_02.new()
    result = playing.calc_individual_buzz_result(15);
    assert_equal("FizzBuzz\n", result);
    result = playing.calc_individual_buzz_result(300);
    assert_equal("FizzBuzz\n", result);
  end
```

然后，修复 calc_individual_buzz_result 方法代码，内容如下：

```
  def calc_individual_buzz_result(input)
    result = ""
    if input % 3 == 0
      result = result + "Fizz"
    end

    if input % 5 == 0
      result = result + "Buzz"
    end

    if result == ""
      result = input.to_s();
    end

   result = result + "\n"
  end
```

最后，重新运行测试用例文件，测试用例全部通过。

Matthew 在编写上述示例代码的过程中，犯了三次严重的错误。首先，将 buzz 和 fizz 的首字母以小写形式编写，但在标准的 FizzBuzz 问题中，通常是大小写敏感的，如果要求使用大写字母则需要修正。其次，在 if 条件语句（if result = ""）中，将双等号写成了单等号，单等号就变成了赋值，而非比较操作。最后，在测试前，忘记了保存文件，导致更改未生效。

对于追求纯粹的测试驱动开发（TDD）方法的人员，可能会主张每个测试用例方法中应该只有一个断言。在 Minitest 框架中，如果一个测试用例方法中有多个断言，就会出现这样一个问题：当任意一个断言失败时，该测试用例方法就会立即退出并报告失败，之后的其他断言将不会继续执行和报告。如果之后的断言也存在失败，在代码修复完成之前，我们将不会得到这部分失败的断言。为了避免此种情况，我们需要将代码拆分成几个不同的测试方法，编译器或测试框架就会自动识别并运行所有以 test_ 开头的方法。

测试文件本身也是一个类，带有一个 init 方法，我们可以让一个类级别的变量只被初始化一次，这样可能更有意义。

在相对较短的时间内，我们创建了一个用于执行测试的类，并且实现了单元测试方法。下一节我们将讨论如何通过测试驱动开发的方式实现。

## 3.5 TDD

使用 KataGenerator 工具生成的单元测试项目会带有部分测试内容。Matthew 编写了基础代码以返回最简单的结果（比如“1”，即向 FizzBuzz 程序传入参数 1 后的结果），接着编写了 FizzBuzz 可以正常运行的代码，最后编写了测试用例进行验证，但这些测试用例并不能确保软件的所有重要组合都被覆盖。对于像 FizzBuzz 如此简单的程序，代码非常直观，只有 get_total_results 和 calc_individual_buzz_result 两个方法，get_total_results 方法只有一个循环语句，一条测试用例可覆盖所有语句。calc_individual_buzz_result 方法有三个 if 语句，三条测试用例可覆盖所有语句。故整个程序使用四条测试用例便可覆盖所有可能的组合。

### 3.5.1 TDD 编程

在 TDD 编程规范中，在编写任何新代码之前，开发人员会先创建一条失败的测试用例。例如 FizzBuzz 程序，为输入参数 2 写一条测试用例，编写程序代码并使其通过测试；接着为输入参数 3（应输出 Fizz）写一条测试用例，编写程序代码并使其通过测试；接着为输入参数 5（应输出 Buzz）写一条测试用例，编写程序代码并使其通过测试；然后是 15（应输出 FizzBuzz），以此类推，不断地扩展各种输入情况的测试，并编写代码实现。

TDD 来源于 xUnit 单元测试框架家族，“x”通常代表所使用的编程语言。xUnit 来自面向对象编程方法，意味着开发人员针对每个对象都需要编写一组测试，测试名称是对测试功能的描述，每个测试都有一个断言。编写出来的 TDD

风格代码如下所示：

```
def test_calc_fizz
  playing = Fizzbuzz_02.new();
  result = playing.calc_individual_buzz_result(3);
  assert_equal("Fizz\n", result);
end

def test_calc_buzz
  playing = Fizzbuzz_02.new();
  result = playing.calc_individual_buzz_result(5);
  assert_equal("Buzz\n", result);
end

def test_calc_fizzbuzz
  playing = Fizzbuzz_02.new();
  result = playing.calc_individual_buzz_result(15);
  assert_equal("FizzBuzz\n", result);
end
```

在 TDD 编程中，会遵循一个红-绿-重构循环，红条表示测试失败，绿条表示测试通过。开发人员首先会为尚未实现的功能编写测试用例（例如当输入参数除以 3，余数为 0 时，增加预期结果是 fizz 的用例），此时测试用例的结果是失败。接着，开发人员编写程序代码，测试用例运行通过。一旦代码通过了测试，开发人员便可以进入重构阶段，优化现有代码设计。例如代码中有一个 get_total_results 方法，该方法是循环遍历数组并对数组中的每个元素执行相同的操作。随着开发过程的推进，开发人员可能会意识到重复的逻辑可以抽象出来成为一个独立的方法。于是，在确保所有测试都能通过的前提下，开发人员将内部循环的代码抽取成单独的方法，从而提高代码的复用性和可读性。

多年来，越来越多的集成开发环境（IDE）逐渐集成了单元测试和重构工具。只需右键单击高亮代码，然后在弹出的菜单中选择对应的选项，即可使代码变得更简洁、模块化且易于测试。除此之外，市场上也涌现了一批流行 IDE（Visual Studio、IntelliJ IDEA 等）的插件工具，用于支持单元测试和重构。如今，大多数 IDE 的开发者已经接纳并实现了这些理念，一些诸如编译和语法类型的错误，IDE 都可快速解决。作为这一领域的咨询人员，让我们感到惊讶的是，这些功能并未得到广泛应用，应用水平也普遍不高。这些功能并非简单的开关式操作，而是需要一定技巧才能熟练运用。

TDD 也是如此，想要运用得好，就需要一定的技巧或下一番功夫。全面介绍 TDD 可能需要写一本书，市面上也已经有几本专门探讨此主题的著作。此处的目标是向读者传达 TDD 的基本理念，并提供学习所需的相关工具。另一个目标则是帮助读者理解纯粹的 TDD 所带来的影响及其必然产生的结果。

### 3.5.2 TDD 编程结果

在 FizzBuzz 示例中，为了让代码具有可测试性，我们将代码分解成一个个单独的方法，每个方法都执行特定且定义明确的操作。测试用例正是为实现这样的目的——给定特定输入，预期得到确定的输出。这些测试用例必须都能独立运行，不依赖于某一时刻数据库中的特定内容，更不能过于复杂或需要大量的设置。通过每次只编写一个经测试用例验证的小功能，使开发人员形成一套有序的，可以促使复杂软件开发的体系。对于如何让 TDD 适用于现有代码，稍后我们会讨论。目前，理解 TDD 会促使开发人员编写小而独立的模块即可。

使用 TDD，意味着开发人员要写更多的测试代码、更多的程序代码。

经过单元测试的 FizzBuzz 程序包含 37 行源代码，而这仅仅是一个代码库。与之对应的，未采用单元测试版本的核心实现仅需几行代码。类似地，Matthew 基于测试驱动开发模型实现的康威生命游戏（Conway's Game of Life，链接 3-5）大约有 280 行代码，而使用 Ruby 实现一个精简版的康威生命游戏可能只需要约 140 行代码。此外，为了编写 280 行的康威生命游戏代码，Matthew 必须编写 50 个单元测试，其中包括大约 70 个断言，总计超过了 600 行代码。

通过此示例可以看到，采用 TDD 模式开发程序，生产代码量会是精简版代码量的两倍，外加近四倍的测试代码量。

总的来说，这是一种非常有益的做法。从长远来看，清晰、分离良好且能够独立运行的子组件可以节省维护成本，也可提高系统的可维护性。但这种做法也会出现更多的测试问题，当解决了单元测试，接下来就需要处理集成测试、系统测试以及其他层面的测试需求。

以上示例均是单元测试，是六边形内功能点的测试。六边形外功能点的测试，集成测试会涉及内存中的对象交互，甚至连接到实际系统，比如数据库；端到端测试可能需要驱动 Web 浏览器，这会进一步增加代码量。在某些场景下，像华氏到摄氏温度转换器这样纯业务逻辑类的软件，其功能会被冗余地进行三到四次测试。换句话说，通过 TDD 单元测试，我们已经对每个小方法及其所有合理组合都进行了测试，而集成测试又会通过 API 接口再次测试相同的内容，端到端测试又会通过 web 浏览器再次验证同一功能。这样的测试策略在某些时候会表现得非常冗余。

TDD 最早是在 1995 年，由 Kent Beck 在为 Smalltalk 编写的 sUnit 框架中提出。后来，Kent Beck 创建了极限编程，并将 TDD 作为核心实践。到了 2010 年，在积累了15年的经验之后，Kent Beck为Pragmatic Programmers录制了一段视频，他没有建议为每一次代码变更都编写新的测试，而是提倡通过少量关键测试来引导类的设计。另一位早期对极限编程产生影响的是Ron Jeffries，在10年前讨论此话题时，Matthew指出Kent Beck已不再教条式地执行红-绿-重构循环。对此，Ron Jeffries的回答是："也许如此，但请自问一下：你是Kent Beck吗？"

换言之，要想掌握TDD，就需要大量实践。在本章最后一节，设置了一个练习——罗马数字Kata。读者需要通过阅读本章，了解如何在已有代码中采用TDD风格编写代码，并多次练习罗马数字Kata，不断地提升代码质量。经过不断地磨炼，你就会在开发过程中自然而然地将代码与测试穿插在一起。

## 3.6 单元测试与单元代码设计

在"3.3 FizzBuzz"中，编写的FizzBuzz程序会从命令行中获取数值，然后将结果打印出来。如果要测试此程序，就必须将它作为一个完整的系统进行测试，假如要将此测试过程通过自动化脚本实现，该如何操作？可能你会想到将输入值和预期结果写入文件，并编写一个程序在命令行中调用FizzBuzz程序，然后读取文件中的输入值，最后将输出结果写入文件并与预期结果进行对比。这也是大多数面向用户测试自动化的形式。然而，此类自动化过程往往会很笨拙、难以处理且困难重重。

或者你也可以采用六边形架构模型，将FizzBuzz程序的逻辑拆分成相互独立的组件，然后分别进行测试。在"3.4 单元测试"中，可以看到FizzBuzz程序实际上有三条主要逻辑流程：

- 接收输入值，调用get_total_result方法，然后打印结果；
- get_total_result方法，从1到输入值循环，依次调用calc_individual_buzz_result方法获取结果，并将结果拼接，最后返回最终拼接结果；
- calc_individual_buzz_result方法是FizzBuzz的核心逻辑，即判断数字是否能被3整除、被5整除，还是两者皆不能整除，并将结果返回。

采用六边形架构模型的测试方法，对于从零开始编写简单示例非常有用，但对于遗留代码却有些吃力。遗留代码往往具有以下特点：

- 全能对象混合数据和算法；
- 硬编码数据库连接；
- 对文件系统的写入操作；
- 调用外部API；
- 极度难以初始化的对象；

- 从数据库加载数据对象。

综合考虑这些特点，将遗留代码拆分成相互独立的组件就会变得非常困难，甚至不可能实现。

Michael Feathers 在 *Working Effectively with Legacy Code* 中提出了寻找代码缝合点——通过逻辑方式将方法分解开来。最常见的做法就是在遗留代码中添加新的独立方法，并只测试新增方法。当涉及到写入文件系统、屏幕输出等操作时，可以参考 FizzBuzz 示例，将具体操作封装成一个独立的函数，然后对其测试。若程序需要与数据库交互，并根据查询结果执行不同的操作，这时应该如何处理呢？

Erlang 的创建者 Joe Armstrong 曾经解释过，这是一种天真的采用面向对象编程（OOP）的结果。正如 Armstrong 所说："面向对象语言的问题在于，它们随身携带所有隐式环境。你想要一根香蕉，但是你得到的却是一只拿着香蕉的大猩猩和整个丛林。"（引自 *Banana Gorilla Jungle - OOP*，链接 3-6）

在实际开发中，当遇到上述问题时，开发人员往往会选择放弃 TDD。尤其是在团队中，并非所有成员都参与 TDD 实践时，放弃 TDD 的情况更为显著。因为非 TDD 成员开发的代码不需要进行单元测试就可提交，这就导致依赖于测试的同事会频繁遭遇构建失败。随着代码库中的测试代码比例越来越小，调试工作就会越来越多，代码实际执行情况的不确定性也会随之增加。最终，团队可能会采用端到端的测试方式来保证产品质量。

软件质量专家常说："你无法在质量上进行测试。"严格来讲，这是事实，因为测试只能找出（部分）错误。然而，在实践中，有一种常见的软件开发模式："编码—测试—调试—修复—重新编码—重新测试—重新调试—重新修复……"，也称为"编码(至少)两次"。这种模式可能会导致交付延迟，并且质量勉强合格。其原因主要有两点：一是组件设计糟糕，二是需求理解不明确。

另一种解决方案是尽可能在组件之间划清界限，减少不必要的耦合。这也是早期传统的面向对象编程经常失败的地方。试想一下，你想测试一根香蕉（独立的代码单元），但最终却需要创造整个丛林（复杂的依赖环境）。对比到软件开发中，开发人员想要运行一个单元测试，则可能需要一个真实的数据库环境，而数据库还需连接到一个包含可预测数据的完整数据仓库。如此一来，运行单元测试的时间成本就会上升至数小时，并且可能需要消耗昂贵的云资源。

针对上述问题，常见的解决方案就是采用测试替身（Test Doubles）模式。下面以电子游戏为例进行详细介绍，我们将通过测试替身设计模式来创建缝合点。

大家应该都熟悉可以保存玩家状态的电子游戏，玩家状态包括玩家等级、经验值、职业、装备等统计数据，这些数据一般会存储在一个包含数据（统计信息）和算法的对象中。例如一个从磁盘或数据库中读取数据的简单算法，而对于经验不足的自动化测试人员，实现时可能不会将数据和算法有效地分离，在编写脚本中可能会调用 write_to_db() 函数，然后执行数据库查询以验证数据是否正确写入。但这种方法执行速度会非常缓慢，比在内存中运行慢几十到几百倍。并且运行这样的测试，还必须有一个真实的数据库，如果数据库操作时出现错误，还需要调试，找出问题原因并隔离错误。这种思维方式还会导致同一功能的多重实现，比如当我们迁移到 Amazon Web Services 时，可能需要 write_to_cloud() 功能；对接 API 时，又可能需要 write_to_API() 等方法。

在面向对象系统中，我们通常会用一个对象来表示数据库。首先会有一个基类数据库对象，然后从中派生出针对各类主流数据库（如 Sybase、Oracle、Microsoft SQL Server、IBM DB II 等）的子类。有了基类后，就可以创建一个没有任何实际操作的数据库子类。例如 stub，每次都返回相同的值，如成功标识；再例如 mock，可以预定义的行为，根据不同的条件或调用次数返回成功或失败。这些都属于测试替身，在测试持有其他依赖对象的对象时，测试人员就可以通过替身实现。

现在，重新来看从磁盘或数据库操作数据的单元测试。程序调用 user->write() 方法，方法中包含一个负责写入的 writer 对象，writer 对象包含了要使用的策略（例如数据库 DB、文件系统或 API）以及实际连接。下面是实现单元测试的具体步骤：

- 测试主类时，mock 一个 writer 对象，并检查“当调用 write 和 read 方法时，writer 对象被调用了多少次，以及调用时传递了哪些数据？”

- 在测试 writer 类时，则 mock 数据库的连接，并验证发送给数据库的操作指令，这些指令可能是插入数据的 INSERT 语句，或是查询数据的 SELECT 语句。

- 使用替身策略模式获取信息并返回对象。在此场景中，策略模式可能接收有关对象的信息（例如对象类型名称和连接信息），然后根据这些信息返回相应的对象实例。对于数据库场景，接收的可能是数据库类型和连接字符串；对于文本文件场景，可能是文件路径。

采用测试替身模式，可以使代码分离并独立运行。但在实践中，你可能会遇到高度耦合的单元测试代码已经形成了“丛林”，难以单独测试。也可能会面临基础类结构设计不合理，不具备良好的可测试性。如今，大多数编程语言都已内置了免费的 Mock 库，允许用户在运行时替换 mock 对象。

拓展

mock 技术早期的用途之一是用于缓存验证。在缓存中，常用信息会被存储在某个可以快速访问的地方（如内存），而大规模、访问速度较慢的信息则被储存在其他位置（如硬盘）。如果从缓存中没有读取数据，就需要从磁盘中读取，虽然这样也可以使用，但却丧失了缓存加速访问的优势。此时，read_from_disk() 方法是否被调用就显得非常重要，只有在内存中找不到数据时才调用该方法显然会更准确和高效。因此，mock 提供的“记录被调用了多少次以及如何被调用”的功能便成为测试过程中的一个重要组成部分。

## 3.7 变异测试

我们在本书第 2 章中讨论了代码覆盖率，并通过狗狗公园的示例形象地说明了在运行测试用例的同时进行测量，可以确定测试用例覆盖的代码量。实际上，我们可以通过查看代码行，检查它们是否被执行，从而更直接地统计覆盖的代码量，进而得到语句覆盖率（Statement Coverage），语句覆盖率 = 被执行的代码行数 ÷ 总代码行数。单纯地使用语句覆盖率作为单元测试评估标准会存在一些问题，本书第 9 章会详细讨论。但不可否认，拥有这样一个指标比没有任何评估标准要好得多。说到评估方法，还有一种稍微复杂的方式可用来判断单元测试是否充分，即变异测试——通过直接修改代码，在不影响编译的情况下，使其故意出错。例如，将硬编码的 TRUE 条件改为 FALSE、删除调用方法的代码行、改变传入方法参数的顺序，等等。

这种方法需要在运行时动态修改生产代码。理论上来说，通过这种方式破坏代码，会有一些单元测试用例运行失败。故变异测试通过修改代码，来验证单元测试用例是否会失败。变异测试可能在解释型语言和容易分解为小模块的场景中更受欢迎，因为这种测试方法可能对内存和 CPU 资源消耗较大。近年来，关于其应用的讨论和实践越来越多。

使用 Ruby/Minitest（FizzBuzz 示例中使用的测试库）的开发人员是非常幸运的，因为它有一个 Mutant 变异库。使用 Mutant 库需要付费或采用开源许可证，但是有一个示例程序 auom，可以免费体验。在自己的项目中使用 Mutant 变异库非常简单，首先在 test 模块中添加一段代码，声明测试代码覆盖范围。然后下载 Mutant 库，最后通过 Bundler 运行测试。

变异库一般的工作原理是：首先对代码的某版本运行测试，然后修改代码，并一遍又一遍地重新运行测试，同时寻找错误。当被测方法的代码量越大、内部逻辑复杂度越高时，所需执行的测试次数将呈指数级增长。以 Mutant 变异库为例，示例程序项目 auom 除去注释，有 225 行代码。下面是在一台高端 MacBook 电脑上的一次测试结果，大约用时 8 秒，共产生了 798 个变异体：

```
warning: parser/current is loading parser/ruby30, which
recognizes3.0.5-compliant syntax, but you are running 3.0.4.
Please see https://github.com/whitequark/parser#compatibility-with-
ruby-mri.
Mutant environment:
Matcher:            #<Mutant::Matcher::Config subjects: [AUOM*]>
Integration:        minitest
Jobs:               8
Includes:           ["lib", "lib"]
Requires:           ["auom", "auom"]
Subjects:           23
Total-Tests:        90
Selected-Tests:     90
Tests/Subject:      3.91 avg
Mutations:          798
progress: 136/798 alive: 0 runtime: 1.01s killtime: 1.04s mutations/s:
134.67
progress: 244/798 alive: 0 runtime: 2.01s killtime: 2.41s mutations/s:
121.25
progress: 342/798 alive: 0 runtime: 3.02s killtime: 3.95s mutations/s:
113.09
progress: 423/798 alive: 0 runtime: 4.04s killtime: 5.21s mutations/s:
104.79
progress: 533/798 alive: 0 runtime: 5.04s killtime: 6.01s mutations/s:
105.79
progress: 648/798 alive: 0 runtime: 6.05s killtime: 6.80s mutations/s:
107.06
progress: 754/798 alive: 0 runtime: 7.06s killtime: 7.39s mutations/s:
106.74
Mutant environment:
Matcher:            #<Mutant::Matcher::Config subjects: [AUOM*]>
Integration:        minitest
Jobs:               8
Includes:           ["lib", "lib"]
Requires:           ["auom", "auom"]
Subjects:           23
Total-Tests:        90
Selected-Tests:     90
Tests/Subject:      3.91 avg
Mutations:          798
Results:            798
Kills:              798
Alive:              0
Timeouts:           0
Runtime:            7.56s
Killtime:           7.62s
Overhead:           -0.80%
```

```
Mutations/s:      105.57
Coverage:         100.00%
```

注释掉两条测试用例后，再次运行。代码覆盖率降到了98.7%，并且软件出现了错误。下面内容是命令行中输出的错误信息：

```
minitest:AUOMTest::Binary::Multiply::Unitful#test_unit_denominator_
addition
evil:AUOM::Algebra#*:/Users/matthewheusser/Desktop/code/auom/lib/auom/
algebra.rb:74:00214
-----------------------
Killfork: #<Process::Status: pid 83111 exit 0>
Log messages (combined stderr and stdout):
[killfork] Run options:
[killfork]
[killfork] # Running:
[killfork]
[killfork]
[killfork]
[killfork] Finished in 0.001970s, 4568.5280 runs/s, 55329.9497
assertions/s.
[killfork]
[killfork] 9 runs, 109 assertions, 0 failures, 0 errors, 0 skips
@@ -1,6 +1,6 @@
 def *(other)
   klass = self.class
   other = klass.convert(other)
-  klass.new(other.scalar * scalar, numerators + other.numerators,
denominators + other.denominators)
+  klass.new(other.scalar * scalar, numerators + other.numerators,
other.denominators)
 end
```

这种方法可能很难理解，但却有一定的道理。变异测试告诉我们的是，仅仅修改了一些代码，而这些修改并没有导致测试失败。这与明确知道代码需要在Algebra类下的unitful方法中添加针对整数运算的测试是截然不同的两回事。

注意：在上面的示例中，更准确地说，覆盖率是指通过运行单元测试能够检测到的代码变异的比例，或者是能够识别并阻止多少由变异测试故意引入的错误代码变更。

考虑到变异测试运行所需要的时间，团队最好将其作为合并前pull request（拉取请求）的一部分来运行，而不是将其作为构建管道的一部分运行。在第2章中，我们讨论了更传统的测试覆盖率衡量标准。

在本章中，我们将测试方法、类以及创建其他类的类视为基本等同的处理对象。然而，在处理诸如树形结构和搜索等数据结构与算法时，测试一个节点/叶子可能没有测试整个结构的价值高。测试替身方法何时使用，最好的学习方式可能是通过实践来探索。但是，当遇到诸如磁盘或网络这样的硬边界时，情况就会有所改变。如今，各大子系统之间的黏合剂主要是 API，尤其是 Web API。

## 3.8 测试 Web API

过去，一个网页通常就是单一程序运行的结果，这种模式被称为“20 世纪的网页开发”。在这种模式下，使用 PHP 等编程语言，用户可以通过填写表单，然后点击【提交】按钮，程序便会将新目录添加到菜单中，并重新显示页面。如今，仍有开发人员在使用这种开发模式。根据 PYPL 指数（图 3-6），PHP 在美国的编程语言流行度排名中排名第九，有 2.85% 的开发活动在使用。考虑到并不是所有的编程都是 Web 开发，且并非所有 20 世纪的 Web 开发都使用 PHP，由此可见，传统的 Web 开发在今天仍然占有重要地位。

PYPL Index (US)

| Jun 2022 | Programming language | Share |
|---|---|---|
| 1 | Python | 29.53% |
| 2 | Java | 17.06% |
| 3 | JavaScript | 8.56% |
| 4 | C/C++ | 6.49% |
| 5 | C# | 6.31% |
| 6 | R | 5.83% |
| 7 | Objective-C | 3.43% |
| 8 | Swift | 2.89% |
| 9 | PHP | 2.85% |
| 10 | Rust | 2.33% |
| 11 | Ruby | 2.25% |
| 12 | Matlab | 2.06% |
| 13 | TypeScript | 1.98% |
| 14 | Go | 1.85% |
| 15 | VBA | 1.11% |
| 16 | Scala | 0.79% |
| 17 | Lua | 0.79% |
| 18 | Julia | 0.77% |
| 19 | Kotlin | 0.7% |
| 20 | Visual Basic | 0.59% |
| 21 | Perl | 0.41% |
| 22 | Groovy | 0.4% |
| 23 | Haskell | 0.27% |
| 24 | Abap | 0.24% |
| 25 | Cobol | 0.23% |
| 26 | Ada | 0.11% |
| 27 | Dart | 0.11% |
| 28 | Delphi/Pascal | 0.05% |

图 3-6　编程语言流行度指数（PYPL 指数）

实际上，传统网页开发模式是将所有代码整合在一起，类似于本章在测试 FizzBuzz 时遇到的大泥球架构。如果想要测试这样的系统，就需测试整体功能，对比现在利用 API 构建软件“缝合点”的 Web 开发模式，大泥球架构的软件测试工作既复杂，又低效。

现在的 Web 开发方式会将前端 (HTML、JavaScript 和 CSS) 与后端分离。前端开发人员编写用户界面代码来绘制网页，然后调用 REST API，API 以 JS 对象标记 (JSON）的结构返回结果。最后，JavaScript 可以遍历结果，并在网页上创建表格——例如显示特定姓名的搜索结果。

在客户端，如果测试人员点击某个元素后出现了错误，他们可以打开 Chrome 开发者工具，然后查看网络 Tab，接着查看发送的内容和返回的内容是否正确，如图 3-7 所示。

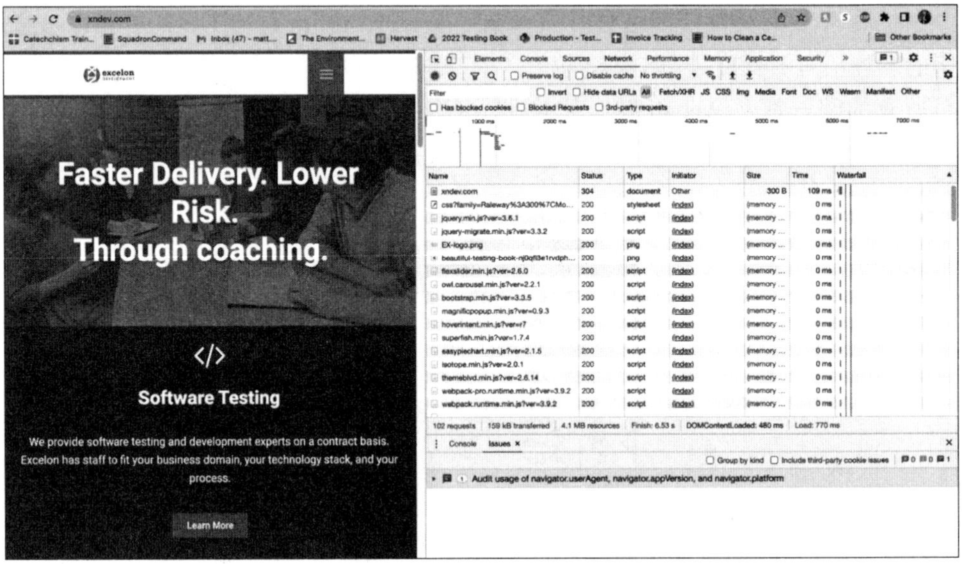


图 3-7　瀑布图展示了页面加载过程中下载的每个文件和每一次网络交互

构建现代应用程序意味着需要组合各种 API。例如一个电子商务网站可能具有用于登录、展示用户资料、编辑资料、搜索、展示产品、结账、订单历史等功能的 API。这种策略将开发中的功能限制为每次只开发一个模块，最后合并为整个应用程序，而 JavaScript 则充当连接这些模块的黏合剂。

使用 Web API 还有一个好处，它可以支持下一个迭代的开发。例如在 Web 应用中开发的 API，很大可能也会被重用在手机和平板电脑的原生软件开发中。一旦这些 API 被创建，编写原生的 Windows、Mac 应用，甚至是虚拟现实 (VR，如 Oculus) 应用都将变得更加简便。

Web API 本质上就是网络链接，有时会附带数据或返回数据。理论上，测试 API 就像编写一个小程序来调用 API，并检查返回结果一样简单。

实际上，大多数 Web API 都需要用户登录。因为 Web 是无状态的，所以 API 需要来回传递某种唯一标识符，通常是会话令牌（session token），以确保用户名、购物车等内容在多次请求间保持一致。这就意味着在测试 API 时，需要确保整个流程的连贯性，即首先进行登录，获取会话 ID，然后在后续的所有请求中都携带此会话 ID。

对于一个复杂的 Web 应用程序测试 API，情况会更复杂。下面介绍 Web API 的测试策略。

API 通常通过网络对数据库进行读写，故运行一条 API 测试用例的耗时可能是一条单元测试用例的 10～100 倍。上一节的变异测试示例中，大约 8 秒时间运行了约 800 条单元测试用例。而一个“快速”的、真正的 API 测试，即涉及到完整数据库往返操作的测试，从数据库到返回耗时 1 秒，就会被认为相当快了。也正是因此，测试金字塔模型建议减少 API 测试，我们可以通过系统设计和测试设计避免耗时较长的情况。以下是设计 Web API 测试用例时的一些启发或指南：

- 最大程度上隔离每个组件。
- 当调用链中存在多个 API 相互调用时，可以使用服务虚拟化模拟出依赖关系。
- 对于业务逻辑和各种类别的逻辑测试，可以模拟数据库或其他 API。
- 检查整个依赖链（六边形中的端到端路径）时，应编写少量的端到端测试用例。这些测试用例应包含成功及明显的失败情况，例如读取用户 Joe Schmoe（不存在）、写入用户 Joe Schmoe、再次读取用户 Joe Schmoe、删除用户 Joe Schmoe、重新读取用户 Joe Schmoe 的模式；或数据库错误，如数据重复、无效用户信息等。其他排列（如没有姓氏会产生错误）则可以在业务逻辑测试中进行验证。
- 测试用例应独立且可并行执行。也就是说每条 API 测试用例都应创建一个新用户、具备按需清理数据库的能力、预设预期搜索结果（确保当前运行的测试用例不会干扰其他用例的搜索结果），以及本书第 7 章测试数据管理中讨论的技术。

管理用户、会话、搜索结果、JSON 等可能会使 API 测试变得复杂。在某些情况下，预期返回的 JSON 数据会非常相似，但又有所不同。比如 date、orderID、customerID 等字段在每次测试运行时都会发生变化，但又可预测。再比如，可能每次都得到几乎相同，但又有细微差异的 JSON 数据，因此创建一个变量来存储待发送的数据或预期结果就显得尤为必要。

目前有一些 API 测试工具可供使用，有商业的，有免费的，也有开源的，这些工具允许用户创建测试用例、代码库、套件和使用变量。一般情况下，测试套件是许多同类别的测试用例集，例如一个搜索套件、一个产品展示套件、一个快速测试套件、一个仅包含重要测试的套件、一个冒烟测试套件（对所有内容进行基本但不深入的验证）。在此，介绍一些比较好用的 API 测试工具，Postman（免费 / 开源 / 云服务并带有增值服务）、SoapUI（有免费和商业两个版本，可本地使用）、ReadyAPI（SoapUI 的商业版本，提供更多服务虚拟化工具）以及 Subject7（此类工具中的顶级商业软件，基于 Web），大多数工具都提供免费试用版。

最后，考虑真正的契约测试（Contract Testing）——测试充当了软件“应该”做什么的契约。像 PACT 工具可以分析消费应用（你的“客户”）以创建测试用例，模拟消费者调用它们时期望得到的内容。这往往侧重于关注返回的 JSON 格式，确保每个元素都存在。如此一来，如果开发人员因为提供了冗余的“邮政编码”字段而省略了“城市”字段，而当某些客户期望返回“城市”字段，那么软件就能在代码合并到生产环境之前，在构建 / 测试运行阶段发现此问题。

## 3.9 测试功能性代码和遗留代码

在本章最后几节中，没有再讨论六边形架构上的组件，而是更多关注系统端到端的业务逻辑线。这些逻辑线越来越接近客户容易理解的业务功能。随着开发的 API 越来越贴近实际业务逻辑，测试就更能模拟客户真实的行为。当客户能够理解这些功能设计时，那么将测试过程作为实时文档呈现给客户是有意义的，因为客户可以从中看到系统功能的具体验证过程。随着时间的推移，这种方式可能会模糊开发者内部测试与面向客户测试之间的界限，但这种变化是可以接受的，因为它有助于增进双方对系统功能的共识。

本章大部分内容将测试视为一种工件（artifact），即一小段代码，然而，测试应当是对软件生动探索的过程。一个被记录下来、规范化并反复执行的测试，其实是一种变更检测，而非单纯的测试行为。在我们第一次编写测试代码时，会有意识地思考，这才是真正的测试，这也是 TDD（测试驱动开发）的精髓。在此提及测试行为，是为了让读者更深层次地理解“如果……就会……”这种思考方式的强大作用。

因此在编写正式、稳定的测试代码之前，可以先编写一些临时的小型测试代码，这些代码可能仅执行一次就会被丢弃。比如，在确定最终的 API 测试用例之前，先用工具对 API 进行五六次试探性的调用和验证。对于单元测试、API 测试、TDD、面向开发者的功能性测试，都可以如此。

## 3.10 罗马数字 Kata

Kata 是一个编程练习，可以帮助读者熟悉编程语言、编程模式或特定技术。Matthew 使用 Ruby 语言实现 Kata 练习，读者可以从 Github 仓库中获取（链接 3-7）。

本章重点介绍了单元测试和 TDD 技术，罗马数字 Kata 练习则是一个很好的实践对象。该练习非常简单，编写一个程序，在命令行工具中运行时，接收一个罗马数字参数，然后输出对应的阿拉伯数字。

罗马数字是从左向右读，左边的数字优先级高于右边的数字。以下是罗马数字的基本转换规则：

- I = 1
- V = 5
- X = 10
- L = 50
- C = 100
- D = 500
- M = 1000

对于重复的数字，只需将其自身相加，例如 III 表示 3。但当左侧的数值小于右侧数值时，就需要使用右侧大数值减去左侧小数值，例如 IV 表示 4，IX 表示 9，IL 表示 49，XL 表示 40，CD 表示 400。网上也有许多免费的罗马数字转换工具，可作参考。

使用 TDD 方法开发罗马数字 Kata 程序代码，首先需要创建一组针对罗马数字转换功能的测试用例，然后逐步编写代码，使每次添加的代码都能使测试通过。如果熟悉 Ruby 语言，则可借助 Matthew 开发的 Kata Generator 工具快速生成项目目录结构。

## 3.11 本章回顾

本章主要讨论了开发人员如何进行软件测试，这一过程往往遵循自下而上的逻辑，即开发人员一点一滴地构建软件。如果他们能找到一个理由，相信各个部分可以很好地结合在一起，那么整个系统就有望有效地运行。然而，如果各个部分不能很好地工作，那么整个系统也不会有效地运行。为此，本章讨论了开发可以单独测试的组件，并将组件之间的分离称为“缝合点”（seam）。

本章还介绍了六边形架构。一旦能够界定出小型开发“单元”是什么，那么就可以描述单元测试，以及单元测试中的特定方法论——TDD（测试驱动开发）。在解释了 TDD 之后，又探讨了如何隔离代码以测试单个组件，包括使用测试替身。之后本章还说明了变异测试和 Web API 测试，并结合这些内容，开始了关于测试完整功能的讨论——这些测试观点可能仍处于用户视角之下。

本章充分地介绍了单元测试，以便读者在任何编程语言中都能应用，包括实际操作样例。现在，我们已经探索了开发人员视角下的测试，接下来将讨论如何使用工具驱动整个系统，即面向用户的测试工具。

第 4 章围绕面向用户的测试工具展开，这或许符合当前的时代精神，也是普遍认同的测试理念。然而，我们目睹了太多资金浪费在效率低下的“测试活动”上，因此在本章的开头和结尾都给出了警示。如果有人还坚持要深入探索，不妨读一读下一章中关于测试工具应用的一些见解，包括结合人与机器的最佳特性、GUI 自动化模式、实例化需求、低代码及无代码测试工具、批处理与模型驱动开发等方法。我们的目标是整合“只有人工才能测试”和“一切皆可自动化”这两种看似矛盾的观点，提炼出一种更好的融合思想。

# 第 4 章
# 面向用户测试

在之前几章中，本书就提到了测试可以面向开发人员，也可以面向用户。与此同时，还将测试定义为对软件状态的技术性调查。对于本章而言，首先要弄清楚的是“面向用户自动化测试”中的“自动化测试”含义是什么。为了弄清楚此问题，我们将讨论这个想法所带来的影响，然后列举一些成功实施自动化测试的方法。

本章将从以下内容进行讨论：

- 一项警示；
- 人？还是工具？——非此即彼吗？
- GUI 自动化测试模式；
- 设计以用户为中心的测试工具和方法；
- 实例化需求；
- 低代码和无代码自动化测试工具；
- 批处理与模型驱动测试自动化。

在读完本章后，对于给定的用户界面，细心的读者应该能够选择出将测试工作交给计算机来节省时间的方法。而本书没有提供这样的具体工具清单，因为根据我们的经验，在书籍出版之后，这些工具很可能会因技术更新而变得过时。故在此，我们提供更有价值且更为持久的测试模式。

## 4.1 技术要求

本章的示例将涉及一些编程概念，为了避免内容过于高级、抽象和难以理解，本书多采用了前端编程的概念，特别是 HTML 这种万维网语言。尽管本章提供了具体的示例代码，但读者的技术栈可能各不相同，在此建议读者不要过分关注代码本身，而是将重点放在示例中展现的方法和解决问题的思路上。在示例中，本章也将尽可能地详细解释相关编程语言，以使不熟悉 HTML、JavaScript 和 CSS 的读者也能理解。通过阅读本章，期望能够引导读者找出一种适合自身团队风格的解决方案。

## 4.2 一项警示

大多数面向用户测试的自动化工具其实都是在浪费时间。笨重、缓慢、不稳健的测试步骤等，都非常容易导致运行失败，加之调试困难，因此很难发现真正关键的问题。在 Matthew 和 Michael 过去二十年的工作经历中，很少见到用户会真正吸取本书第 2 章中的教训。虽然也有一些成功的个案，但并非常态（链接 4-1）。

在介绍面向用户测试的内容之前，先来思考一个问题：大多数面向用户的测试工具的工作原理是什么？通常来说，是通过操作系统或浏览器驱动用户界面，从而达到模拟用户操作的目的。就好像一辆搭载自动驾驶系统的汽车，其自动驾驶功能是通过外接的笔记本电脑，以程序操控方向盘、刹车和油门等实现的。此方法作为原型或概念来验证可行性还可以，但要投入大规模生产，所有人都会选择将自动驾驶系统集成到车辆中，而非作为外接系统。

面向用户的自动化测试通常是“外挂式”的，即在软件外部模拟用户操作界面，它不仅存在前面描述的问题（笨重、缓慢、不稳健），而且还会经历第 2 章中描述的种种问题。这里存在一定的风险：读者可能会草率地遵循本章的建议，但最终却做得比原来更糟糕，实际上他们完全可以在 API 层面测试每个组件。

尽管情况不是很乐观，但本章还是要写下来。

成熟的一种标志，就是能够在理智上接受两个相互矛盾的观念，然后兼容并蓄地从容前行。F. 斯科特 · 菲茨杰拉德（F. Scott Fitzgerald）曾这样表述：“检验一流智力的标准，就是看你能不能在头脑中同时持有两种相反的想法，还能保持正常行事的能力。”

因此，面向用户的自动化测试就有两种观点：

- 面向图形用户界面（GUI）的自动化测试是一种浪费时间的测试；
- 自动化测试是一种基础测试，能带来诸多积极的影响。

> **拓展**
>
> 本书通过探究两个看似对立的观点如何能同时存在来获得价值。另一种表述是“黑格尔的正反合”，即“正题与反题的黑格尔式综合”。如果在阅读本章的过程中想深入了解一些测试哲学方面的内容，在此推荐《斯坦福哲学百科全书》中的“黑格尔辩证法”条目（链接 4-2）。

重新审视这两种观点，本书并不赞同这两种极端观点，而是更希望综合两种观点。面向 GUI 的自动化测试，在某些情况下确实会浪费时间，但并不应该完全否定它，而是在了解用户真实行为后，在合适的时间利用工具来合理减少手工测试，使之既高效又具针对性。

## 4.3 人？还是工具？

我们经常谈论自动化测试，特别是面向用户的自动化测试，一般是指以下内容：

- 一名技术人员点击一个按钮，可能会触发以下动作：软件的构建和部署；从版本控制系统中拉取测试代码。
- 针对构建程序运行测试。
- 生成测试报告。

这种方式的自动化测试，更准确地可描述为“无人值守的测试执行、评估与报告”。在此模式下，测试人员无需参与自动化测试的设计、选择，或修复测试报告中的问题，只需针对失败测试用例，根据程序变化进行调查调整，例如更新测试代码以匹配最新生产代码，或优化不稳定的测试代码（本书第 11 章会详细介绍）。当自动化工具发现了一个真正的 bug，测试人员进行评估，然后提交 bug 报告，供开发人员修复。

此处所说的测试方法与本书在前言、第 1 章和第 2 章中所描述的测试有很大不同，与第 3 章中面向开发人员的测试套件有些相似，但第 3 章中的测试套件实用性却很有限。第 2 章中讲解的测试套件，可在测试代码创建过程中体现出高价值，然而大多数情况下，用户界面测试套件都是在功能稳定后才添加的。如果在功能不稳定之前就添加，生成的测试套件可能无法运行或通过，这样的测试套件将毫无价值。为了让测试套件可以运行，就必须先解决所有面临的错误，例如登录、搜索和添加到购物车功能不可用等。如此一来，创建自动化测试的人就必须提交问题单，待该问题修复后，又遇到下一个问题，再提交问题单，如此循环往复。当测试套件创建成功后，测试结果会一直是通过，直到回归出现问题，这时测试结果才会提示错误，但回归测试失败的情况只占软件代码错误的很小一部分。因此，用户界面自动化测试在其可以顺利运行之前不会增加任何价值。而在其顺利运行之后，除非有人做出改变导致功能失效，否则它也不会增加任何价值。需要注意的是，此示例引用了一种预定义的测试工具，即计算机驱动浏览器进行点击、输入，并期待预期结果的出现。

与之不同的是，手工功能测试会想尽一切方法破坏用户界面，也善于发现问题。而电脑通常只有两种选择：

- 只关注变化，用户界面发生改变后，就可能被认定存在问题，计算机会将其视为错误。

- 不检查某些内容。如此一来，未检查的某些内容可能恰恰引入了问题。

计算机擅长的与人类擅长的有着非常大的不同，这就引出了过去三十年自动化测试文献中的经典争论，概括如下：

- 一派人认为："我们应该将所有事情都自动化"。
- 另一派人则表示："事情没那么简单"。

本书赞成第二种观点。打个比方，完全依赖自动化测试执行和评估，就像试图用机器人砍伐整片森林；而若将测试人员与自动化测试有机结合，其效果可能简单如购置一台电锯般立竿见影。

如果你的目标就是无人值守的测试执行与评估，那么本章加上构建流水线的内容能帮助你实现目标。但对于整个工作，你还是需要有人来指导部分工作，并配备相应的工具实现。本章的目的是提供全方位的支持，包括有效结合自动化与手工测试，选取合适的工具，既确保高效实现自动化测试，又妥善处理手工测试。

下一节，让我们从 GUI 自动化模式开始。我们会讲述一个故事，假设公司在构建自动化过程中犯了所有典型错误，但最终从中吸取了教训。本书也希望读者能从我们的错误中汲取经验，以一个更好的成功模板开启自己的自动化之旅！

## 4.4 GUI 自动化测试模式

本节将讨论经典的无人值守测试的执行、评估和报告。一个旁观者可能会将整个过程想象成使用工具遍历用户旅程。例如，登录、搜索特定产品、找到产品、将其添加到购物车、结账，并在测试系统中添加一张虚拟信用卡。之后，检查电子邮件以确认订单是否已发送，并检查后端系统以确保信用卡被扣款，然后检查订单是否已流转到仓库。此端到端的测试至少包含八个主要组件：

（1）登录页面；

（2）首页；

（3）搜索功能；

（4）产品展示；

（5）加入购物车；

（6）购物车查看；

（7）结账流程；

（8）后端检查。

这些组件中，任何一个环节出现问题，自动化程序都会停止运行。例如登录失败，自动化程序可能会运行到结账环节才上报错误；例如搜索功能错误，自动化程序可能会点击错误的商品链接，接着将商品加入购物车（此时可能会因为页面错误而加入购物车失败），最后结账（但购物车中没有任何商品）。在每个组件都有 95% 可靠性的系统中，意味着每进行 20 次组件操作才会出现一次错误。如此，整个系统的可靠性如表 4-1 所示。

表4-1 端到端可靠性百分比

| 组件数 | 正常运行百分比 | 端到端可靠性 |
|---|---|---|
| 1 | 95% | 95% |
| 2 | 95% | 90.3% |
| 3 | 95% | 85.7% |
| 4 | 95% | 81.5% |
| 5 | 95% | 77.4% |
| 6 | 95% | 73.5% |
| 7 | 95% | 69.8% |
| 8 | 95% | 66.3% |

从表 4-1 中可以看到，8 个组件的系统每运行三次就会遇到某种错误。如果错误发生在开始阶段，我们还需要等待整个流程运行失败，才能从失败处进一步确认被测系统是否有 bug。例如登录失败，自动化测试报告中看到的可能是结账错误，这是因为被测系统可能会根据当前用户状态进行不同的操作引导，比如引导访客用户输入信用卡信息。一个设计良好的登录测试脚本，应该有成功登录检查，例如在页面左上角检查“Hello, Matthew”这类欢迎语，但由于急于完成测试，实践中可能会忽略这种检查。

这种情况值得我们稍作思考。比如，登录失败可能是因为其他地方出现了问题，如他人将自动化测试用户的状态设置成了非活动状态。自动化运行时，虽然出现了登录失败的情况，但仍然可以点击首页并进入，此时就需要添加一个断言，判断某个已知的错误没有发生。但在实践中，自动化测试人员很少编写这样的断言，因为无法确保这一环节不出现其他异常。

人工测试就不会出现这样的问题。当出现登录失败，测试人员会立即查找原因，当页面出现稍微不合预期的内容也会很快注意到，因此在大多数情况下，测试人员模拟用户是非常有意义的。但对于计算机来说，用户旅程只是一个由一系列步骤组成的程序，每个步骤包括设置、执行、预期结果和清理操作。因此，测试人员可以全面审视整个用户旅程，进行端到端测试；计算机则擅长运行小型、独立的任务，有时也可随机执行。当计算机主导测试时，我们应该让其进行小型且快速的检查，持续时间保持在 2 秒到 30 秒之间。这就导致在测试任务中，计算机和测试人员需要承担不同的工作，发挥各自的优势。

如果要采用计算机驱动的测试方法，就需要一些可测试性钩子（testability

hooks)。例如创建一个带有有效会话 cookie 的登录用户，或者设置一个包含商品的购物车。这种方式下，整个测试流程就可以转换为八个不同的测试场景。

每一个测试场景本质上都是一个功能点，每个功能点可能会扩展出 5、10、15 或 20 条测试用例，每条测试用例都从特定的初始状态开始，执行特定操作，并检查某个预期结果。通常，每条测试用例都会通过标签（例如用例 ID、用例名称）来标识所测的功能，执行测试时，可以根据标签运行一个、部分或全部用例，或者随机运行。这种方法与只执行一条测试用例（覆盖完整的用户旅程）的方法截然不同。

完成这样的测试脚本，需要一系列功能的支持，包括创建账户、获取会话 cookie 以便注入购物车商品、执行订单等。一般情况下，这些操作可以调用 API 完成，有时也可使用特定命令完成，关键要使这些个性化设置控制在 1～6 秒。

有人可能会说："嘿！人们使用软件时，可不是这样操作的"。

是的，我们的目的并非测试人们如何使用软件，而是优化计算机在无人值守情况下的测试执行、评估及报告性能。

> **反对的声音**
>
> 到目前为止，本书中的许多示例都是关于电子商务的，这是因为笔者对此类应用拥有相当丰富的经验，这与社交媒体网站和其他网站都有许多共同的特性，比如登录页面、搜索功能等。有人可能会指出，像亚马逊这样的电子商务系统，会拥有成千上万的程序员，而且每个功能都可以独立进行测试。书中描述的测试套件可能并不存在，因为每个团队只测试他们的工作，每个组件可能由五个团队负责，此外还可能有上百个未曾提及的团队。在此，笔者希望读者能包容这种简化，主要是因为大家都非常熟悉它。尽管规模存在差异，但测试原则是存在通用性的。

接下来，我们一起来探讨如何使用端到端的用户测试工具。

我们将使用非常通用且高层级的术语来描述如何构建一个测试框架。如果采纳以下建议，读者将会非常轻松地完成一个没有太多附加功能的测试框架，或者根据下面描述的测试框架，对比商业和开源工具，观察它们的能力，最后设计自己的工作流程。

### 4.4.1 使用特定领域库消除重复

在软件中，领域指实际做的具体业务。如在 QuickBooks 中，领域就表示会计；在 Realtor 上，领域是房地产；而在 Amazon 上，则是电子商务。在特定领域内，用户可以采取一定的行动，例如会计，可以创建一个新业务，记录支出或收入、查看收支账户、为这些账户创建日记账条目，以及运营利润与损失报告等报表。当然，也有一些通用的领域元素，例如用户个人资料，大多数网站都有此功能。如果你的工作不是面向用户的，那么其中一些元素可能就不太适用。

如果你在测试工具方面有多年的经验，那么你可能会熟悉这样的场景：一个小小的改动会影响到整个测试流程。例如，应用程序每个页面的左下角都会显示用户名，每一条测试用例中都内置了验证用户名是否显示的小检查，然而有一天，产品营销团队决定将用户名的显示格式改为“名字 姓氏”。突然间，需要在数百条测试用例中逐个进行搜索和替换，或者编写一个程序批量修改这些值。

为了防止上述问题，我们可以构建一系列方法来形成一个实质上的代码库，如此当出现上述情况时，就只需要更改一个地方，更改后重新运行，测试用例便会非常顺利地执行。构建的一系列方法可以依据用户行为进行实现，这与领域驱动设计（Doman-Driven Design，DDD）中的动作不谋而合，用户可执行的动作包括搜索、保存页面等。DDD 关注的是业务领域，而页面对象模型关注的是屏幕上实际显示的内容。通过页面对象模型，将用户行为封装成类的一个个实例方法，页面字段则转换为类变量。页面对象模型是一种流行的创建抽象层来驱动网页的方法，这也是本节讨论的内容。

页面对象模型比前述 GUI 自动化测试模式下的示例更具面向对象的特点。如下代码就是创建的登录方法：

```
Login(userID, password);
```

该方法将假设有一个全局变量基础 URL，方法内部实现如下操作：

- 访问登录页面；
- 等待 userID 字段出现；
- 在 userID 字段中输入用户名；
- 等待 Password 字段出现；
- 在 Password 字段中输入用户密码。

在 Login 方法中实现上面的操作后，登录页面可能又有新功能上线了，例如在密码输入框旁边新增了一个必填字段：一个名为“投资账户类型”的下拉框。此时，Login 方法只需添加一个默认值为“个人银行”的可选参数，就能适应这一变化。如此，在最小的改动下就能保持测试脚本继续有效运行。

除本小节介绍的方法，还可以使用对象定位器消除重复。

### 4.4.2 使用对象定位器消除重复

链接有文本，按钮有名称，元素在层次结构中有固定位置。一系列典型的测试可能需要对同一个对象查找 10 次、100 次，甚至 1000 次。一种策略是尽量保持定位器不变，比如谷歌的密码输入框始终是名为“passwd”的输入字段。另一种策略是使用对象存储库（object repository）。

通过对象存储库，我们就可以定义符号（比如 LOGIN）来对应不同语言中的文本。一个查找表能使代码查找到应该显示的内容，如表 4-2 所示。在运行时，这些符号会被加载到表中，系统可以高效地获取所需的标签，而无需像以前那样每次修改显示文本时都必须更改代码。在 C、C++、C# 和 Java 等语言中，这些都是全局常量，也有助于实现国际化。

表4-2 公共元素国际化的示例

| 符号 | 英语 | 法语 | 西班牙语 |
| --- | --- | --- | --- |
| LOGIN | Log In | Connexion | Iniciar sesión |
| EDITPROFILE | Username | Editer le profil | Editar perfil |
| SAVE | Save | Sauver | Salvar |

有了对象存储库，我们就能够改变服务器语言（或使用 VPN 从不同地点访问服务器），更改测试语言，并以不同的语言运行测试。如果被测系统支持一种新语言，测试工作只需在查找表中添加一列，而这部分内容常由翻译团队提供。

在前面的示例中，文本指的是链接。自动化测试人员可以使用多种不同的工具来获取对象，并输入内容，同样的方法也可用来确定点击什么对象，包括页面中元素的位置（如名为 UserInfo 的 div 表格下第三行）、元素的属性（如名为 password 的输入框），甚至与存储在其他地方的文件进行图像比较。

比较陈旧的录制回放方法和商业工具非常喜欢频繁地进行图像比较，可能会将这些内容存储在文档库中。这种方式最早可追溯到微软 Windows 时代，当时的一些编程语言创建的用户界面极为复杂，难以理解。一种方法是使用光学字符识别 (OCR) 软件在屏幕上查找文本，识别匹配项，然后点击。作为创建测试的人员，你可以将鼠标悬停在屏幕的某个区域上，然后单击以保存预期结果。这些方法至今仍很常见，将在 4.4.4 节中进一步讨论。

### 4.4.3 条件、循环结构和变量

if 语句和 for 循环有时会使测试脚本变得复杂，导致难以调试。我们的目标

是让测试脚本尽可能简单和干净，阅读起来更像是给人下发的一系列指令。如果确实需要循环和条件判断，也要将这部分逻辑下沉到代码库中处理。

对于变量，可能需要使用只读变量。例如有一个创建新用户 ID 的函数，ID 是由某个特征和某种唯一标识符组合而成。被测系统创建用户后会返回生成的用户名，测试工具将此信息赋值给变量，之后的测试中，就只需要读取该变量，通过变量检查 userID 是否出现在诸如个人资料页面上。再例如测试人员在不了解数据库的情况下运行测试，就需要生成一段唯一的搜索文本并赋值给变量，搜索时再通过变量进行搜索，就不会影响到其他搜索结果。同样，为了发现 bug，我们也会在测试中加入随机性因素。例如第 2 章中的海战棋游戏，随机性因素会使代码覆盖更多的游戏区域，我们只需要在开始时将随机内容赋值给变量，确保在使用时可以调用到即可。

自动化测试中最不希望看到的就是变化的变量，它会增加调试的难度。如果需要遍历一堆变量并构建某些内容，最好将这些变量保存到一个文本文件，并纳入版本控制系统，运行时再读取文件，或者将这堆变量作为字符串保存到文件中。如果确实需要循环或条件判断语句，那么应该将这些逻辑语句放在一个具有单元测试的代码库中，确保代码整洁。

本书将采用这些想法，并提供一个示例，即 wiki 测试脚本。wiki 是一种可编辑、可搜索的网页集合，维基百科就是 wiki 的一个实例。该示例会涉及很多内容，本节会对其进行说明。

所有以美元符号（$）开头的内容都是变量或符号。执行时，代码会在符号表中查找这个符号的实际值，但需要注意“link =”不是变量赋值，而是 HTML 中特有的元素定位字符串。

本示例有四个方法，分别是 load_timestamp（用于生成一个局部变量，通常是时间戳）、login（登录操作）、create_user（创建用户）和 search（搜索功能）。本示例一次只运行一条测试用例，所以在单次运行中，日期时间戳将是唯一的。如果不这样做，那就需要替换成其他方法来确保搜索结果等各项内容可以被区分。

注意，表 4-3 中代码还未完全优化，它依然混杂了一些直接调用浏览器驱动工具的原始指令。但即便如此，一个非技术人员也能阅读并大致理解其运行过程。等读者完全理解了此示例之后，我们再进一步讨论如何对其优化。

表4-3　搜索部分页面名称的测试

| 命令 | 参数一 | 参数二 |
| --- | --- | --- |
| load_timestamp | $START1 | |
| load_timestamp | $START2 | |
| create_user | $USERID | $PASSWORD |
| login | $USERID | $PASSWORD |

续表

| 命令 | 参数一 | 参数二 |
|---|---|---|
| check_element_present | $LNK_CREATE_NEW_PAGE | |
| click | $LNK_CREATE_NEW_PAGE | |
| wait_for_element | $TXT_NEW_PAGE_TITLE | |
| type | $TXT_NEW_PAGE_TITLE | New Page Heusser $START1 |
| check_element_present | $TXT_NEW_PAGE_TEXT | |
| type | $TXT_NEW_PAGE_TEXT | This page contains data at $START2 |
| check_element_present | $BTN_SAVE | |
| click | $BTN_SAVE | |
| search | $START1 | link=New Page Heusser $START1 |
| expect_num_results | 1 | |
| search | $START2 | link=New Page Heusser $START1 |
| expect_num_results | 1 | |

更全面优化的测试可能会对每个新测试用例都会自动创建用户并自动登录（除非第一行建议不需要这样操作），它可以自动获取日期时间戳，但测试用例可以不使用。测试用例执行时，会自动进行用户登录，生成 10 个通用唯一标识符（generic unique identifiers，GUIDs），并将它们赋值给变量。

下面是此测试优化后的版本。

表4-4　搜索部分页面名称和文本的测试

| 命令 | 参数一 | 参数二 | 参数三 |
|---|---|---|---|
| create_page | New Page Heusser $GUID1 | This is a test $GUID2 | |
| create_page | New Page Heusser $GUID3 | Lots of data $GUID2 | |
| search | $GUID1 | 1 | link=New Page Heusser $GUID1 |
| search | $GUID2 | 2 | /link=New Page Heusser $GUID1 [^A-Za-z0-9]*/link=New Page Heusser $GUID2/ |

注意，优化的脚本新增了 create_page 方法，search 函数现在有两个参数。非技术人员在阅读这部分内容时，应该能够理解并大致推测出这些测试的含义。此时，技术用户可能会思考如何将这些内容整合起来。因此，接下来将会提供一种实现方案作为参考。

例如将测试存储在一个电子表格中，并将代码保存在代码库。测试工具会读取电子表格，并将第一列作为命令执行，B、C 和 D 列作为参数。在 Ruby、Python 和 Perl 语言中，可以使用 eval() 方法将字符串表达式当作代码来执行。对于其他编程语言，即使在最不理想的情况下，也可以使用 case 语句来实现。

使用 Ruby 语言实现了类似的操作，在文件中使用逗号分隔变量，然后循环遍历文件内容，以查找测试。代码（链接 4-3）核心内容如下所示：

```
def evaluate
  CSV.foreach(@csvFilename) do |row|
    f = row[0]
    expected = row[1]
    comment = row[2]
    output = run_program(f)
    output = output.strip
    is(output, expected, comment)
  end

  return (@count - @total_ok)
end
```

一般情况下，我们不建议读者实现自己的框架。本章将此内容呈现给读者，有点像计算机科学专业的学生学习汇编语言一样。理解这些功能是如何实现的，即使从未编写过底层代码的人员，也有助于更好地思考工具的使用方式。本示例的重点并非通过 Ruby 语言创建一个遍历电子表格的程序，而是提醒读者，当选择一个框架或自己编写框架时，要全面考虑模型的所有要素。

还有一点需要注意，在编写测试脚本时，应该考虑一些有价值的情况。

在你的代码库中有很多场景可能需要使用循环，例如构建测试数据时你可能需要重复执行十几次搜索操作，又或者在页面上批量生成上百个略有差异的标签。这类复杂的场景中出现变量、条件判断和循环结构完全可以理解。而如果你只是为一个永远都不会改变的代码库创建一系列测试用例，即使通过复制粘贴来完成也无可厚非。但是，我们要反问：既然这些功能不会再改动，何必大费周章地实现自动化测试？

如表 4-4 所示，这是一个很好的测试示例，但也存在一些问题。示例中首先创建了一个代码库，然后驱动用户界面创建两个页面，但是我们测试的是搜索功能，而非测试创建页面功能，创建页面功能应该有它自己的测试用例。如果通过用户界面创建页面操作，可能需要 4～8 秒，耗时还可以接受。但如果需要创建一个更复杂的页面，我们希望有一种方法能极快速地创建页面，那么可以通过后端(如果我们在服务器上运行测试，可以通过命令行加载文件的方式)，或 API 来实现。

在实践中，Matthew 和 Michael 会推荐使用标准数据种子（Standard Data Seed）。即预先准备一套模拟真实用户场景的网页模板，基于这些预加载页面测试所有只读功能（包括搜索）。测试时创建的新用户也能访问这些公共空间的预加载网页（除非测试权限时临时关闭），并且新用户还可以将自己创建的唯一信息写入自己的空间。关于标准数据种子的更多介绍可查阅第 7 章。

### 4.4.4 断言和图像识别之间的取舍

图 4-1 是 Excelon Development 网站的主页，在本书编写时，该主页在特定的浏览器和屏幕分辨率下会呈现当前效果。我们的自动化测试可以截取整个屏幕的快照，但是，一旦有人对页面进行了任何修改，在自动化测试运行时就会出现错误。

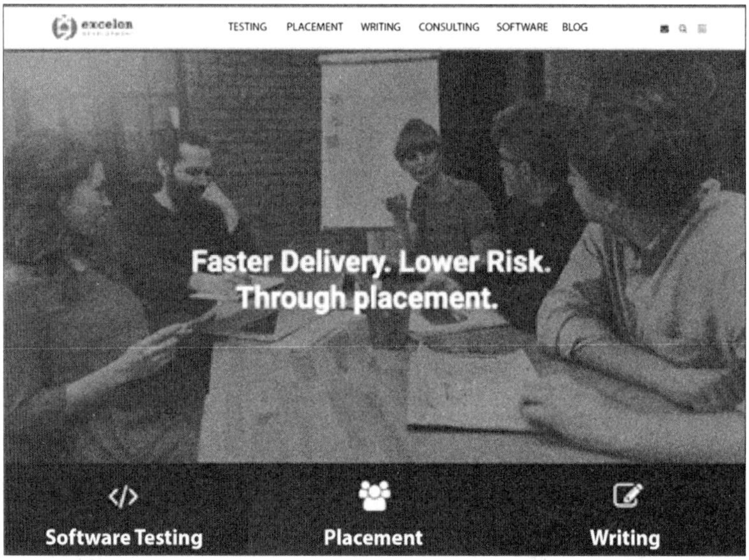


图 4-1 Excelon Development 主页

对此，我们可以只验证截图中的文本内容。但这种方案下，如果开发人员不慎删除了一张图片，例如 Excelon Development 网站主页左下角的 </> 图例，自动化测试就会漏掉这个 bug。一些前辈编写了图片对比工具来确保每个图像都存在（或者更好的是，确保外部链接引用的页面仍然存在），即使如此，仍然会有一些东西自动化测试无法覆盖，例如开发人员修改了 CSS，导致字体大小变得难以阅读。

记住自动化测试的原则：即使一个测试可以被自动化，在第二次运行时，就不再是纯粹的测试自动化，而变成了变更检测。开发人员的工作就是引入变更，因此编写自动化测试的人员需要把握测试结果的检查深度。如果只是在表面进行检查，比如查找页面上的特定文本内容，那么很可能会错过一些 bug；而如果检查过于细致，比如检查页面中所有文本的字体和位置，那么可能会得到误报的 bug。表面或细致检查，是一个值得权衡的问题。即便开发人员没有引入任何变更，像操作系统升级、浏览器更新、公司图形风格的变化、设备或浏览器窗口大小的调整、不同尺寸的显示器（或模拟器）等因素，也都可能引起图像发生几个像素的改变，对于人类来说，几个像素的差异显然不是问题，但计算机却非常灵敏，自动化测试会将其标记为失败。

对于这种情况，一些软件可以帮助我们解决问题。像 Applitools 这样的新一代软件，能够拍摄屏幕上某个区域的截图，并将其与预先存储的图像进行比较。在测试执行结束后，可以人工审查失败的案例，然后将拍摄的最新截图标记为正确并设置为新的基准图，或标记为 bug。此种人类智慧与计算机能力的结合，充分利用双方的优点，是我们推荐的做法。但也要注意，这些都是需要权衡的，没有什么魔法可言。即使使用了工具，测试人员仍需考虑比较的深度，更严格的比对能捕捉到更多 bug，但也会带来更多误报。

## 4.5　设计自己的系统

本章一开始就提到了我们对端到端测试自动化的担忧，认为它既缓慢又脆弱，并且有理由认为，在追求工具化的过程中浪费的时间可能比节省的时间还要多。实际上，如果一个团队能够清晰地分离功能并单独部署，那么这个团队也许能通过手工单独测试和部署每个网页，而无须依赖计算机来进行回归检查。

然而，如果你继续坚持使用端到端自动化测试，那么本书将提供以下建议供参考。

- 代码抽象：将重复使用的操作封装成函数，以提高代码的复用性和可读性。
- 定位符抽象：将页面元素的定位信息封装进对象，并使用全局名称来引用，以减少硬编码带来的维护成本。
- 国际化处理：如果应用支持多语言，可以将界面元素的文本转换为查找表，以适应不同语言环境下的测试。
- 业务友好型测试：编写业务方用户也能理解的测试用例，确保测试逻辑贴近实际业务场景。
- 保持测试简洁：每个测试用例应尽可能简单，专注于测试单一功能点，避免测试逻辑过于复杂。
- 避免过度依赖 UI 设置：在测试准备阶段，尽量避免通过 UI 操作来进行设置。可以设计模拟数据插入或使用 API 调用来快速完成预置准备。
- 版本控制：如果可能，将面向用户的测试工具及其代码一同纳入版本控制系统，确保测试与代码变更同步，便于追溯和协作。

- 考虑视觉比较：在设计测试时，要考虑到页面布局或样式的微小变化，可能需要利用视觉回归测试工具来辅助判断。
- 测试粒度：确保每个测试用例运行时间不超过 30 秒，并能够独立运行，且支持随机顺序执行，以提高测试效率和灵活性。
- Tag 分类：给测试用例打上 Tag，如此就可以按 Tag 运行相关的所有测试，便于针对特定功能或需求进行回归测试。

这种策略可以促使设计的系统非常灵活。最理想的情况是，当公司开发移动应用或任何后续新产品时，都可以通过重写测试所依赖的基础库来复用这些测试用例。如果新代码在功能上与旧代码一一对应，那么可能只需要做很小的改动，替换部分代码即可。

如何实现这些想法完全取决于你自己。Selenium IDE 作为一个浏览器插件，可以帮助你完成 30% 的工作。一些商业公司采用了这种“乐高积木式测试”的思想，通过录制 / 回放的方法创建测试，从而实现了可视化。当然，也可以尝试其他路径来实现，在本章最后，我们会介绍几种“完全不同”的思路。

当然，你不必拘泥于这种方式。或许可以回顾第 1 章的内容，并认真思考如何才能避免自动化测试成为一种浪费时间的测试。接下来，我们将结合需求、测试和工具来学习实例化需求的方法，有时也称为可执行规范。

### 4.5.1 引入实例化需求

早期的测试驱动开发 (TDD) 文献有提到，开发人员不喜欢写测试用例，他们更喜欢编写代码，因此极限编程和 TDD 将测试变成了一项编程活动。大约在 2003 年，丹 · 诺斯（Dan North）在教授 TDD 时遇到了喜忧参半的结果，他进一步谈到，开发人员甚至不喜欢“测试”这个词，但他们喜欢定义和验证行为的想法。于是，丹 · 诺斯摒弃了 TDD 中“测试”这一词，将其称为行为驱动开发（BDD，链接 4-4）。

丹 · 诺斯所做的不仅仅是改变一个单词，更多的是改变了工具框架的工作方式。在最初关于 BDD 的文章中，诺斯建议在方法命名中使用“should”“expect”或“verify” 等词替换掉“test”。戴夫 · 阿斯特尔斯（Dave Astels）在 ThoughtWorks 担任顾问期间就有过相关讨论（链接 4-5），随后创建了 RSpec——一个 Ruby 语言框架，使用的是说明语言，而非测试语言。在 RSpec 中，没有测试概念，而是描述行为。与 xUnit 风格的测试断言（AssertFalse、AssertTrue、AssertEquals、AssertNull 等）不同，RSpec 使用预期（except）而不是断言（assert）。

下面分别使用 Rspec 和 Test::Unit（Ruby 中一个较为经典的单元测试框架）

编写功能相同的测试代码，被测对象是一个计算数幂次方的 powerof 方法。

使用 Ruby 语言中 test::Minitest 框架编写的代码如下：

```
require_relative './lib/powerof.rb'

require 'minitest/autorun'

class TestPowerof < MiniTest::Test

  def test_powerof_positive_integer
    obj = Mathpower.new();
    assert_equal(27, obj.PowerOf(3,3));
  end

  def test_powerof_zero
    obj = Mathpower.new();
    assert_equal(1, obj.PowerOf(3,0));
  end

  def test_powerof_negative
    obj = Mathpower.new();
    assert_equal(0.25, obj.PowerOf(4,-1));
  end
end
```

使用 Rspec 框架编写的代码如下：

```
require "powerof"

describe Mathpower do
  describe "#positiveexponent" do
    it "multiplies the number by itself exponent times" do
      obj = Mathpower.new();
      expect(obj.PowerOf(3,3)).to eq(27)
    end
  end

  describe "#zeroexponent" do
    it "returns one" do
      obj = Mathpower.new();
      expect(obj.PowerOf(3,0)).to eq(1)
    end
  end

  describe "#negativeexponent" do
    obj = Mathpower.new();
    it "returns one divided by the number" do
     expect(obj.PowerOf(3,0)).to eq(1)
    end
  end
end
```

开发人员有时候会提到的“语法糖”（syntactic sugar），指为了使代码更易于使用而设计的一些编程构造。例如包装器和助手类、迭代器类，以及内置的复杂对象等，都是语法糖。而 BDD 则有所不同，它是一种“语义糖”（semantic sugar），旨在让开发人员在构建软件过程中，有意识地思考他们正在构建的内容。

请看 Rspec 代码，你会发现它似乎以一种非常接近自然语言的方式来解释，这就是 BDD 所倡导的风格，即通过具体的实例来思考问题。在丹·诺斯介绍 BDD 的文章中，还介绍了一种在更高层次上考虑需求的语言，其基本思路是将一个“故事”转化为一个微小的功能特性。这里所说的语言，是指一种类似英语的表达方式，同时也能被计算机解析，这种语言有时被称为 Given-When-Then 或 Gherkin，示例如下：

```
Story tile:
Title: Customer withdraws cash**
As a customer, I want to withdraw cash from an ATM, so that I don't have to
wait in line at the bank.
Dan then breaks the single micro-feature down into examples, expressed using
a subset of English
called given-when-then:
Scenario: Account is in credit
Given the account is in credit
And the card is valid
And the dispenser contains cash
When the customer requests cash
Then ensure the account is debited
And ensure cash is dispensed
And ensure the card is returned
```

Gherkin 允许用户、业务分析师、管理层以及非技术人员通过实例表达需求，就像用户操作流程一样。Gherkin 的缺点是过于冗长和重复，因此将 Gherkin 转换为代码实例，看起来就会笨拙且编码过程繁琐，但是随着时间的推移和技术的进步，这种情况发生了改变。如今，已有更加高效和直观的方法将 Gherkin 场景转换为代码，使得整个过程变得更加流畅和自然。

试想一下，对之前看到的代码块进行解释，将其中的空格替换成下划线，然后执行修改后的代码，整个过程相当直接。Cucumber 项目就是如此做的，它针对 Gherkin 样例自动生成了名为 account_is_in_credit、the_card_is_valid 等存根函数，一旦开发人员实现了存根代码，整个团队就可以自由调整这些语句，创造各种新的测试场景组合。Cucumber 的功能远不止于此，它还允许非技术人员输入数字，并将这些数字转化为参数。这样一来，不懂编程的人员可以获取一段文本，进行复制粘贴，修改其中的数字后重新运行，就能创建新的测试或设定预期效果，从而了解软件的实际行为。Gherkin 和 Cucumber 还具备其他特性，比如使用表格功能，可以让测试人员使用不同的值和其他形式的循环重用同一个测试，极大增强了测试的灵活性和效率。

这催生了一种全新的工作方式：实例化需求（以一种对开发团队有所帮助的方式描述软件的功能和行为，最理想的情况是所描述的内容可直接当作测试用例来执行）。

### 4.5.2 实例化需求

瀑布模型本质上可以看作一系列转化活动的集合：首先获取需求（为什么需要），然后将需求转化为规格说明书（是什么）和设计文档（怎么做），最后进行软件构建、测试和使用。在每一个步骤中，都将软件信息转换为相关人员能理解的语言，产品经理通过需求来沟通，项目经理依据规格说明书，设计师使用设计文档，程序员使用代码，测试人员则通过测试用例来表达信息。而快速应用开发（Rapid Application Development，RAD）作为 20 世纪 90 年代的一种流行趋势，提出了一个非常简单的问题：如果把所有人聚集在一个房间里，直接开始构建软件会怎样？

实例化需求采用不同方法来解决相同的问题。此方法下，通过具体实例来表达需求，而不是抽象的条文，可以是 Gherkin/Cucumber，也可以是像 FitNesse/FrontPage 这样的工具，它提供了更类似于电子表格的功能，甚至可以是一个带有后台处理程序的真实电子表格。其关键在于，包括程序员、测试人员、用户和设计人员在内的整个团队，在开发人员编写代码之前，会聚在一起创建软件应该如何工作的实例，这一过程有一个专门术语：验收标准（Acceptance Criteria）。

验收标准不会直接反映出某项工作已经完成，但可以确定的是，如果验收标准无法运行，那么该功能模块肯定没有达到完成状态。

下面以最小的密码强度规则为例进行介绍。我们经常能看到密码的设置要求：密码长度在指定范围内，并且必须包含大小写字母、至少一个数字和至少一个特殊字符。有时候规则还会更复杂，例如不允许数字重复出现或连续出现。

假设现在的密码要求是：长度必须是 6～10 个字符，并且需要同时包含数字、大写字母、小写字母和特殊字符。则可能有如表 4-5 所示的验证结果。

表4-5　密码要求场景

| 测试场景 | 输入示例 | 验证结果 |
|---|---|---|
| 符合要求 | Password!1 | 通过 (P) |
| 符合要求（首字母未大写） | helloDog!2 | 通过 (P) |
| 长度不足 | A@c4 | 不通过 (F) |
| 长度超标 | GoodbyeDog$3 | 不通过 (F) |

续表

| 测试场景 | 输入示例 | 验证结果 |
| --- | --- | --- |
| 缺少特殊字符 | Delivery4 | 不通过 (F) |
| 缺少大写字母 | deliv@ry4 | 不通过 (F) |
| 符合要求（以特殊字符开头） | $alary123A | 通过 (P) |

试想一下，团队成员坐在一起共同创建了这些密码强度规则，然后发布规则列表，并在开发人员编写代码之前就设计出会失败的测试用例。敏捷宣言的组织者 Alistair Cockburn 曾在 2005 年的 Better Software 大会上将这一过程比喻为“先看考题，再去书中找答案”。这是编码过程的一大优势。然而在设计层面，可能会有高管质疑：“‘password’竟然也是有效密码？我们需要增加字典检查功能！”或意识到 12～14 位密码的要求会给用户带来很大的不便。团队绞尽脑汁想出既简洁又有趣的密码，却发现不符合长度要求。如果团队参与到这一规则的创建中，有人可能会想到使用开源的密码验证工具，也有人可能会询问实际的密码标准是什么，甚至会有人提议“找一个对用户有同样义务的机构，借鉴他们的密码规则？”或者“研究一下竞争对手的要求是什么。我们既不想开发的系统不安全，也不想密码成为用户进入的障碍。”所有这些例子都是在我们最初简短的需求描述中难以预见的问题。就此而言，Matthew 和 Michael 经过多年的实践，发现英语表达的歧义往往在于不同的人对需求有着不同的理解，这也是软件 bug 的主要来源。

实例化需求主要考虑以下几个要点：

- 检查颗粒度如何把握：针对验收标准编写 GUI 级别的自动化测试容易降低测试的执行效率。对于前面提到的情况，创建账户的测试可以仅做两项关键检查，而其余的细节验证则下放到负责验证密码的对象中处理。
- 验收检查并非万能：验收检查往往侧重于业务逻辑和业务流程的验证。但经常会忽略一些其他重要方面，比如数据库不可用时的处理方式、竞态条件、安全问题、性能问题、多用户并发问题等。因此，除了实施验收检查外，仍然需要进行全面的测试工作。
- 意图至关重要：经常会出现这样的情况，某个微功能实际上完全无法使用，但所有的验收检查却都通过了。此时，传达意图比列举实例更重要。因为当功能未达到预定目标时，开发人员应当承认：“是的，你说得对，我们本应确保用户成功登录”，而不是说：“好吧，我想你可能需要为此创建一个新的用户故事。”可以制度化为自动化检查的实例是这一过程的结果，而目标是团队之间对于工作的共同理解。

实例化需求是一种努力以易于理解且能直接转换为代码的简单术语来描述软

件应执行什么功能的做法。而另一种方法则是利用模型驱动被测软件，让测试工具将这些模型转化为代码，这类方法被称为低代码（low-code）或无代码（no-code）测试自动化。

## 4.6 低代码和无代码自动化测试

近些年，营销人员仅需登录应用程序，然后通过添加电子表格或数据库等操作，就能创建一个真正可运行的软件。这些工具主要针对手机和平板设备设计（遵循“移动优先”原则），并被称为低代码或无代码工具。实际上，它们经常被用于构建会议网站、大学注册网站等应用，复杂一点的工具甚至允许用户基于数据库构建一系列页面，引导用户逐步操作，例如利用低代码工具为房屋买卖过程中的经纪人、代理、卖家或买家设置工作流程，或是管理学生的入学申请。使用这些工具，开发人员只需要一下午就能完成可用的雏形，一周内完成产品开发，而传统方式下，开发人员可能需要一个月时间。

既然存在专为开发人员设计的此类工具，自然也应该有服务于测试者的工具。最简便的方法就是采取录制 / 回放的策略，即测试人员单击开始按钮，通过实际操作遍历应用程序的各项功能，最后点击停止按钮。工具会将记录的操作转化为符号，创建对应的对象存储库，并生成类似于之前所见表格的操作序列，最后测试人员可能就只需要添加一些断言，测试用例便创建完成。

此想法既简单又直观，我们也期望它能顺利运作，因为这样会让自动化测试变得非常简便。

不幸的是，大多数情况下，为了构建可重用组件、处理测试数据（第 7 章会专门讲述）、测试多次运行、测试独立运行，以及应对本章中不断提及的各种工具问题，都需要投入相当大的工作量。就目前而言，为了确保软件能有正确的输出，测试工具必须结合算法，比如工具需要计算出未来三个工作日的确切日期，同时还要考虑到闰年，它们需要将当前日期以固定格式的文本显示，或是创建一百个各有微小差异的用户 ID。结合其他种种挑战，无代码测试工具的历史充满了失败的案例。然而，对于低代码工具，我们还是抱有一丝希望。虽然我们不愿提及商业工具的名字，但 Matthew 曾使用过的 Subject-7 在其设置的多项测试中都表现优异。

为了完全公开透明，Matthew 曾经与 Subject-7 存在商业合作关系，但这一关系在 2021 年已经结束，并且在任何一年中，该合作为他的公司带来的销售额从未超过 2%。

下一节是本章关于工具风格的最后一节，让我们来谈谈面向客户的“高”代码测试自动化。

## 4.7 批处理与模型驱动测试自动化

我们在第 1 章讨论了高容量自动化测试，案例中面对的被测软件是一个没有用户界面的系统，该系统的功能是从文本文件中提取数据来回填数据库。当 Matthew 在保险公司工作时，他编写了许多这样的提取、转换和加载（ETL）程序，有时只是数据提取。例如，假设有一位高管想获取所有钻石 VIP 级别的用户名单，但是系统没有用户界面或“VIP”分类，只有一个可供查看的数据文件。实现独立报告的最简单方法，可能是让其他人提取数据并比较结果，再结合随机抽样来进行，这种方法也被称为“写两遍”。比如保险公司有一个独立的报告团队，他们可能会编写第二个数据库查询来处理此问题，然后比较查询结果，只要文本文件中的数据与查询结果匹配，团队就有一定信心认为答案是正确的。

这种做法乍看之下可能显得没有必要，但当涉及计算复杂的积分或保险范围时，查询语句就会变得极为复杂。通过将查询与测试语句一同存储在文件中，很可能就会实现自动化测试用例。当有新来的开发人员对查询进行改动时，如果查询结果与预期不符，就会触发错误。这样做有助于确保查询逻辑的正确性，并且在代码变更时及时发现并修复潜在问题，避免了因修改引起的隐蔽性错误。

有读者可能会问：这与面向用户测试有什么关联？

模型驱动的测试自动化将这些思路应用于对用户界面的测试中。假如我们测试一个 wiki，它包含多种核心功能：创建新页面、编辑页面、给页面添加标签、评论、搜索等，然而每一项功能只会在特定的界面或状态下出现。例如在建页面不能添加标签，因为页面尚未创建。一旦理解了所有这些选项，就可以创建一个应用程序的模型，比如上面提到的那种过度简化的模型，这个模型也被称为有限状态机 (Finite State Machine，FSM)。

当我们定义好了有限状态机（FSM），就可以创建一个模型来描述 wiki 工作空间的样子（工作空间将包含一组带有数据的页面）以及如何使用该工具的模型。然后就能开发一个计算机程序，让它在被测软件中随机遍历操作。

下面提供一个伪代码示例，用以展示如何根据当前状态执行相应操作，如图 4-2 所示。这段代码尽可能地贴近英文表达，以便程序员和非程序员都能理解：

```
CONST LOGIN = 1
CONST HOME = 2
CONST SEARCH_RESULTS = 3
CONST PAGE = 4
CONST EDITING_PAGE = 5
```

```
CONST NEW_PAGE = 6

Integer state = LOGIN;

Loop from 1 to number of runs using variable count
{
  If (verify_state(state) is false) {
    print an error;
    increment the success count;
  } else {
    Increment the success count;
  }
  take next step based on state
  {
    LOGIN:
        state = take_action_from_login();
    HOME:
        state = take_action_from_home();
    SEARCH_RESULTS:
        state = take_action_home_search_results();
    #…
    # handle all the actions
  }
}
Print the success and failure count;
```

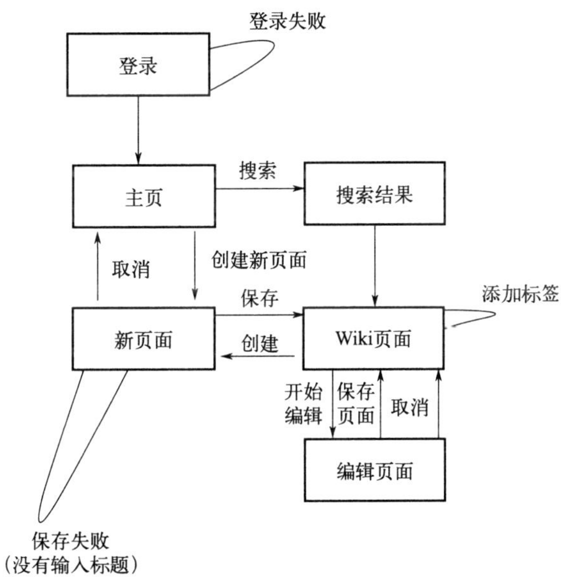


图 4-2 工作流示例图

接下来我们来看一个登录处理器示例，它接收一个动作并确定软件“应该”

处于什么状态：

```
method take_action_from_login returns integer
#result is what the state should be
{
  action = generate_a_random_number(from 1 to 4)
  take next step based on action
  {
    1:  #This will be successfully log in
        login(good_username,good_password);
        return HOME;
    2: #Leave username and pwd blank
        login();
        assert_error("Sorry, username cannot be blank");
        Return LOGIN;
    3: #Get username wrong
        bad_username = generate_random_good_password();
        login(bad_username,good_password);
        assert_error("Sorry, username or password is incorrect");
        return LOGIN;
    4: #Get password wrong
        bad_password = generate_random_bad_password();
        login(good_username,bad_password);
        assert_error("Sorry, username or password is incorrect");
        return LOGIN;
  }
}
```

希望通过上面两个示例，读者可以了解如何构建模型驱动的测试自动化，并结合随机输入和输出对被测软件随机操作，从而以很少的成本达到高的覆盖率。如果模型构建得准确，这种工作方式甚至可以面向用户。哈里·罗宾逊（Harry Robinson）在这方面有很多的心得。

虽然模型驱动方法通过高覆盖率和引入测试自动化解决了许多重要问题，但其应用推广似乎仍较缓慢。掌握这种测试方法需要采用不同的实施路径和思维方式。许多人和团队都不太愿意采用这种方法，即便使用，也往往只是在尝试传统方法之后才使用。如果在尝试模型驱动方法之前，关键缺陷已在协作平台中得到充分讨论和解决，那么从定义上来说，模型驱动方法所能创造的边际价值就会相对有限。

## 4.8 本章是一个错误

如果使用秒表来记录高级测试人员的工作，你会发现，实际上执行测试只是工作中的一小部分。如前文所述，测试自动化执行不包括测试设计，然而测试设计却可借助工具来辅助。迈克尔·博尔顿（Michael Bolton）写了一篇关于测试设计过程部分自动化的方法的文章（链接 4-6）。

在测试设计上，我们可以使用工具来帮助我们实现一些目标：

- 测试数据生成可以借助多种工具与方法。例如电子表格（尽管有些测试人员对此不屑一顾，但实际上它就像测试的瑞士军刀一样实用）、状态模型生成器、蒙特卡洛模拟、随机数生成器。
- 出于隐私考虑，对生产数据进行混淆或清洗（数据混淆器，姓名替换工具）。
- 生成有趣的参数组合 ( 全对偶或组合数据生成器 )。
- 生成覆盖特定条件的产品流程 ( 状态模型或流程模型路径生成器 )。
- 使用可视化产品元素（思维导图工具、图表工具）。

博尔顿还为产品交互、评估产品、记录与报告以及测试工作流程管理列出了四份类似的清单。博尔顿认为，测试工具除了让软件加载页面、输入一些内容、点击某个元素、等待页面加载以及与期望结果比较之外，还有很多工作要做，本书完全赞同此观点。对比迈克尔·博尔顿提出的一些重要观点，从某种层面上来说，本章的内容可能存在偏颇。例如，本章可能将读者引向错误的方向——过度关注表象（自动化工具及其执行过程），却忽视了测试的本质——发现真正有价值的缺陷与其他关键信息，并予以有效报告。

本章的目标是向读者提供关于如何构建高效测试工具的实际建议。不幸的是，在我们见过的大多数项目中，测试工具往往效果不佳，不是存在 bug 就是已经失效。很多时候，人们从中吸取的教训总是：“上一个工具或上一个测试员表现糟糕，现在有了新工具，一切都会好起来。”因此，本章的开头和结尾都设置了警示，提醒读者注意这些常见误区。

借用小说 *The Captains* 中虚构的将军 E.Z.Black 的一句话：“如果你能牢记这一点，我们相信你会一切顺利的。”

## 4.9 本章回顾

本章主要介绍了面向用户测试的工具。在提示了此类方法的高失败率后，我们深入探讨了如何才能构建良好的用户界面测试工具的模式、实例化需求，以及模型驱动和低代码测试工具。通过本章所介绍的几种测试工具的测试模式，希望读者可以掌握分析现有软件并选择最佳工具方案的能力，包括完全不使用工具。

到目前为止，我们只讨论了软件功能测试，即输入内容后，确保得到预期结果。还未涉及多用户同时使用、多语言的支持、结果响应速度、安全性等问题，这些都是产品可能面临的风险点，也都在本书探讨的范围之内。下一章，将通过更专业的软件测试形式讨论这些问题。

# 第 5 章 专项测试

软件测试经常强调适用性（fit-for-use）。然而适用于一个人和适用于几十个、几百个甚至几百万用户的情况则大相径庭。此外，也存在个人无法按照最初设计或预期方式使用软件的情形，可能是由于场景或环境因素，或者用户自身某种残障。并不是所有人都说相同的语言或使用相同的字母表。某些软件因其敏感性或生死攸关的特性，在发布前需要经过严格的审查和认证。世界上还有一些恶意用户，他们故意寻找软件漏洞，将其作为诈骗和其他犯罪活动的工具。鉴于此，研究和审视测试中的各种专业领域就变得尤为重要。

在本章，我们将探讨一些非常重要和使用广泛的专项测试类型：

- 性能和负载测试
- 安全测试
- 无障碍性测试
- 国际化和本地化
- 持续集成
- 合规测试

每个专项测试领域都面临着独特的挑战，有其专门的方法论和工具。接下来，让我们开始深入探讨。

## 5.1 技术要求

有许多应用程序和工具可以辅助专项测试的开展，且不同领域都有其特定需求。例如负载测试会用到 JMeter，可以从官方网站进行下载。

## 5.2 负载测试和性能测试

笔者在此将负载测试和性能测试分开表述，是因为两者虽有关联，但并非指同一件事。

负载测试（load testing）是性能测试的一种类型，指在正常条件以及数据负载增加的情况下评估应用程序的行为。负载测试的目的是确定大量用户（或事务）与系统交互时，应用程序的性能表现，主要目标是确保系统在高负载下不会发生崩溃、访问缓慢或用户无法完成操作的情形。负载测试有助于识别在高用户负载下出现的性能瓶颈、响应速度慢、系统崩溃等问题。负载测试对于容量规划、可扩展性和系统稳定性至关重要。

性能测试（performance testing）比负载测试更深入，旨在确定系统的整体性能表现。包括观察各种用户活动和不同类型的系统配置。性能测试不仅包含负载测试，还包括其他类型的测试，如压力测试（检验系统处理极端负载的能力）、持久性和稳定性测试（浸泡测试，检查系统长时间运行的性能表现）。性能测试可以识别可能影响系统功能或用户体验的性能问题，并帮助我们找出可以优化系统性能的区域。

### 5.2.1 负载测试基本知识

负载测试需要创建能够模拟应用程序或系统预期使用情况的真实测试场景。对于初学者来说，了解如何为负载测试场景定义用户操作、用户数据和测试数据是非常重要的。

此外，还需创建负载模型（load models），负载模型有助于我们模拟并分配一定数量的用户或事务来运行测试。负载模型有多种类型，常见的三种类型如下所示。

- 逐步加压（Step-up）：随着时间的推移逐步增加系统上的用户负载。通常是从一小部分模拟用户开始，然后逐渐添加用户数量，直到达到期望的负载水平。逐步加压负载测试的目标是确定系统在出现性能问题之前，可以处理的最大用户负载。
- 逐步减压（Step-down）：随着时间的推移逐步减少系统上的用户负载。通常是从较高的用户负载水平开始，然后逐步减少模拟用户的数量，直至系统回归到正常或基准负载水平。逐步减压负载测试的目标是识别系统在负载降低时的性能表现，并确保系统能够处理用户负载突然减少的情况。
- 恒定负载（Constant load）：在一段时间内维持系统上的用户负载在一个恒定水平。通常是通过模拟特定数量的用户，并在设定的持续时间内保持这一负载水平不变。恒定负载测试的目标是评估系统在持续用户负载下的性能表现，并发现随时间推移可能出现的任何性能问题。

下一节，将会介绍一些常用的负载测试工具，并探讨它们在实践中的应用。

## 5.2.2 负载测试工具运用

在负载测试中，有许多工具可以使用。下面列出一些常见的工具：

- Apache JMeter：一个流行的开源工具，广泛用于对 Web 应用程序的负载测试。
- Gatling：一个开源的负载测试工具，深受开发人员和测试人员的喜爱。
- Locust：一个基于 Python 的开源工具，易于使用且高度可扩展。
- Taurus：一个开源工具，以一种简单的方式创建和执行负载测试。
- k6：一个开源工具，设计初衷是便于开发者使用且具有高度可扩展性。

由于工具众多且篇幅有限，本节将只重点介绍 JMeter。请先进入 JMeter 官方下载网页，然后根据自己计算机系统（Mac、Linux 或 Windows）下载对应安装包，最后在本地计算机安装。接下来，根据下面的步骤进行操作。

- 打开 JMeter，从菜单栏中依次点击【File】->【New】，创建一个测试计划（Test Plan）。

在测试计划节点上右键点击，依次点击【Add】->【Threads (Users)】->【Thread Group】（图 5-1），添加一个线程组。

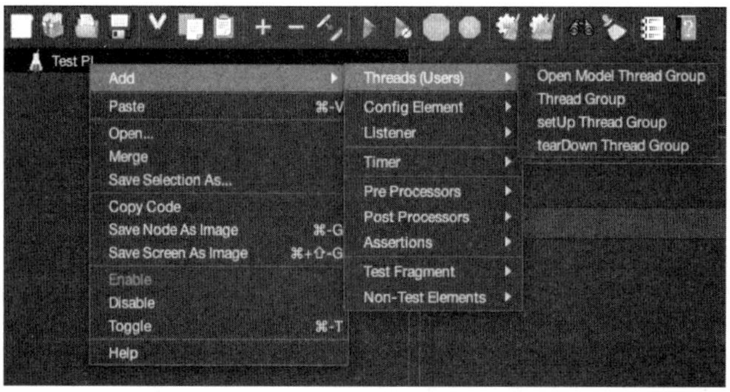


图 5-1　添加线程组

- 在线程组面板，设置【线程数（用户数）】[Number of Threads (users)]、【启动时间】（Ramp-up period）和【循环次数】（Loop count）（图 5-2）。
- 线程数（用户数）：虚拟用户数。
- 启动时间：启动所有线程所需的时间，单位：秒。
- 循环次数：执行测试计划的次数。
- 在线程组节点上右键单击，依次点击【Add】->【Sampler】->【HTTP Request】，添加一个 HTTP 请求取样器。

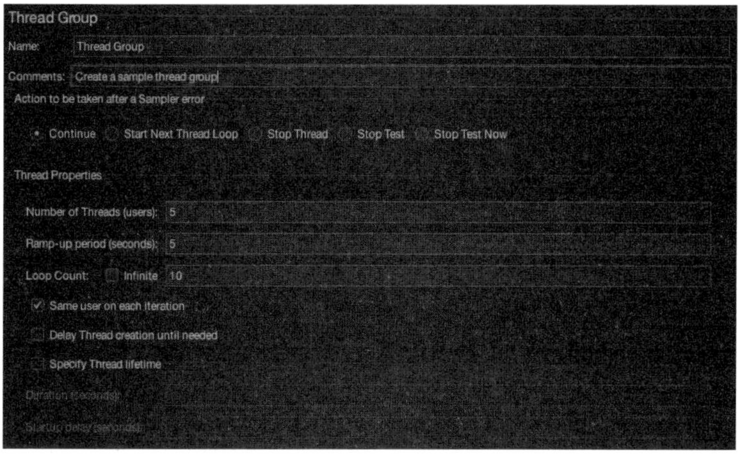


图 5-2　设置线程组

在 HTTP 请求取样器面板中，输入需要测试的网站或 Web 应用程序的 URL。

● 还可以为 HTTP 请求取样器配置额外的设置，例如参数、HTTP 请求方法、请求头和请求体数据。

● 在线程组节点上右键点击，依次点击【Add】->【Listener】->【View Results Tree】，添加一个查看结果树监听器。

● 点击开始（Start）按钮或菜单栏中依次点击【Run】->【Start】，执行测试。

● JMeter 将会向指定的 URL 发送请求，并在查看结果树监听器中显示测试结果（图 5-3）。

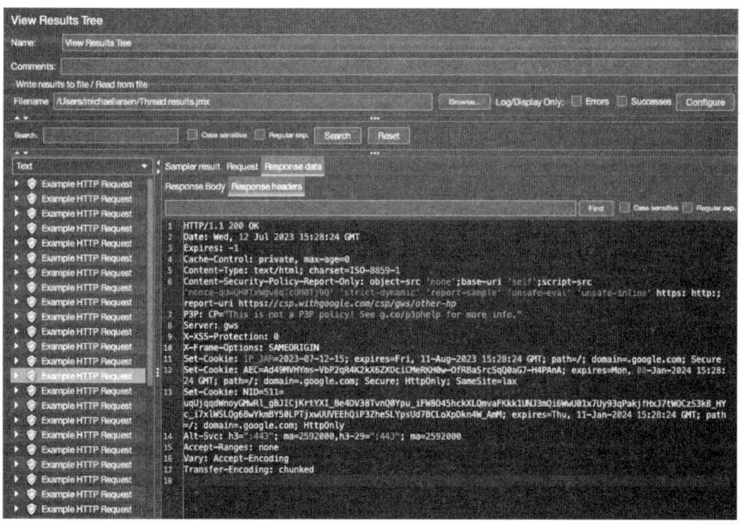


图 5-3　查看结果树监听器输出结果

- 分析测试结果，从而确定被测网站或web应用程序在负载下的性能表现。

上述只是一个简单的示例，继续深入探索JMeter的其他功能和设置，可以创建更复杂和真实的负载测试。

虽然负载测试只是性能测试的一个子集，但负载测试会产生几个有用的性能指标，如响应时间、总体吞吐量和错误率。通过检查这些指标，可以识别潜在的性能瓶颈。

负载测试可以在任何系统上进行，但是如果想要测试结果精准，就需要尽可能准确地模拟生产环境的情况。

**警告**

负载测试是一种强度高、针对性强的测试方式及流量生成手段，它不仅会对被测系统产生重大影响，还可能波及其运行所在的网络及该网络上所有服务的整体性能。因此，切勿随意对某个网站进行流量冲击，如果做了，这种行为很可能会被认定为DoS攻击（在“5.3 安全测试”一节会详细介绍），并可能招致执法部门的介入。换言之，务必谨慎行事，因为存在重大风险！（BE CAREFUL WITH THIS BECAUSE HERE BE DRAGONS!）

有些网站专门用于负载测试练习，这些网站常出于教育目的。其中最知名的一个就是httpbin。httpbin是一个开源项目，允许用户发送HTTP请求并检查响应。读者可以使用JMeter向httpbin.org发送请求并分析响应，以熟悉JMeter的各项配置组件。因为该网站的设计目的就是如此，所以不用担心会影响服务器或其他用户。还有一个可用于练习的网站是blazedemo，用户可以在此设置自己的工具和脚本，在不影响外部用户的情况下进行测试练习。

## 5.3 安全测试

安全测试是一个处于前沿领域的测试方向。当前数字系统面临的威胁已达到前所未有的程度，黑客、诈骗分子及网络钓鱼者的手段正日益精进。因此，很多公司都在积极寻求不仅能针对威胁进行测试，而且能预见未来、进一步强化系统和保护组织的人才。

简单地说，安全测试是识别并减轻软件应用程序或系统中潜在安全风险的过程。

### 5.3.1 安全测试概念

如果想要涉足安全测试领域，那么以下内容就必须了解。

- 保密性（confidentiality）：防止信息泄露。保密性测试有助于确认敏感信息，如用户凭证、个人数据和财务信息，仅允许被授权用户访问。

- 完整性（integrity）：保护信息，避免未授权的篡改。完整性测试的重点是确保数据的准确性、一致性和完整性，且不会被未经授权的用户以任何方式篡改。

- 可用性（availability）：授权用户在需要时，能够访问系统及其数据。可用性测试有助于确认系统处于运行状态，并且用户能够无障碍地访问它。

- 渗透测试（penetration testing）：模拟对系统的真实攻击，以识别潜在的安全漏洞。其目标是识别可能被黑客利用的弱点。

- 漏洞扫描（vulnerability scanning）：对系统进行自动扫描，以识别潜在的安全漏洞。漏洞扫描工具会扫描系统以查找已知的安全漏洞、配置错误和弱点，并生成报告以展示应用程序在哪些已知的攻击区域存在漏洞。

- 安全审计（security auditing）：审查系统配置、设计和代码，以发现潜在的风险。安全审计可以识别出安全威胁，并提供解决这些风险的建议。

- 威胁建模（threat modeling）：此阶段识别系统面临的潜在威胁并评估其影响，目的是识别安全风险并提出缓解措施。威胁建模通常在软件开发生命周期的设计阶段进行。

恶意用户有很多方式可以与系统进行交互，因此了解一些可能会遇到的安全漏洞非常有必要。下一节将为大家介绍一些常见的安全漏洞。

### 5.3.2 常见的安全漏洞

黑客或恶意用户会通过多种方式尝试利用或破坏我们的系统。以下是一些常见的方式。

- 恶意软件（malware）：设计用于破坏计算机系统或网络的恶意软件，包括病毒（viruses）、特洛伊木马（trojan horse）、间谍软件（spyware）和勒索软件（ransomware）。

- DoS 攻击（DoS attacks）：是一种试图耗尽系统资源，致使系统无法为用户提供服务的做法。DoS 攻击可造成系统停机、数据丢失及经济损失。

- 网络钓鱼攻击（phishing attacks）：网络钓鱼是一种社会工程学攻击方式，诱骗用户泄露敏感信息，如用户名、密码和财务信息。网络钓鱼攻击可导致身份信息盗窃、财务欺诈和数据泄露。

- 注入攻击（injection attacks）：这类攻击利用软件中的漏洞，这些漏洞允许不受信任或未经授权的用户输入，攻击者利用漏洞在系统上执行恶意代码或访问敏感数据。

- 未经授权访问（unauthorized access）：攻击者在没有获得授权的情况下访问系统或网络，可能导致数据盗窃、数据丢失和系统损坏。
- 内部威胁（insider threats）：并非所有的恶意用户都来自外部，有些攻击可能来自组织内部。员工、承包商或合作伙伴可能拥有对系统的授权访问权限，并获取到他们本不应知道的机密信息。

以上方式仅仅是恶意用户可能利用系统漏洞窃取信息的皮毛，但始终牢记这些攻击手段总不会错。下一节，介绍一些方法可以让我们保持对安全威胁的了解。

### 5.3.3 了解行业标准

有些组织机构会经常发布和讨论安全威胁以及如何缓解这些威胁。以下是一些值得深入了解的组织。

- 开放式 Web 应用程序安全项目（OWASP）：英文全称为 Open Web Application Security Project。OWASP 是一个非营利组织，致力于提高软件的安全性，OWASP 提供工具、指南和流程来帮助更安全地开发软件。特别是，OWASP 发布的 Web 应用程序安全十大风险列表（链接 5-1），被广泛用作安全测试的参考依据。
- 美国国家标准与技术研究院（NIST）：英文全称为 National Institute of Standards and Technology。NIST 是一个美国政府机构，负责制定和推广技术、标准和流程，包括网络安全在内的广泛领域。NIST 发布了大量与网络安全相关的指南、框架和标准。

通过了解这些标准，测试人员可以改进自己的测试方法，并针对最关键的风险采取措施。网络安全威胁在不断演变，这些网站的指导材料和标准也会定期更新，以给出最新的建议和指南。

### 5.3.4 安全测试工具

有许多工具可帮助开发测试软件，并自动查找漏洞。下面列出一些免费且著名的工具。

- Burp Suite：一款自动测试 Web 应用程序漏洞的工具。其集成了代理服务器、漏洞扫描和网络爬虫等功能模块，每一个模块都能帮助识别相应安全漏洞，例如注入漏洞、跨站脚本 (XSS，cross-site scripting)，以及身份认证和会话管理缺陷。该工具分为社区版和付费许可版。
- Metasploit：一款开源的安全漏洞检测工具，通过它可以很容易地获取、开发并对计算机软件漏洞实施检测，其本身附带数百个已知软件漏洞的专业级漏洞攻击工具，例如网络发现模块、漏洞扫描程序以及有效载荷生成器，这些工具都可用于识别系统或网络中的安全漏洞。

- Kali Linux：Kali Linux 是一个基于 Debian 的 Linux 发行版，专为渗透测试和数字取证而设计。明确地说，它不仅仅是一个应用程序，而是一个完整的 Linux 发行版 / 操作系统。Kali Linux 集成了 Metasploit 和 Burp Suite，以及其他工具，例如 Nmap、Wireshark 和 John the Ripper。

> **警告**
>
> 与上一节提到的负载测试工具类似，安全测试工具在经验丰富的用户手中非常有用，但在经验不足的用户手中则可能会带来危险。因此，明智的做法是在虚拟机或其他隔离的网络环境中搭建一个沙盒系统，以此来学习如何使用这些工具。除非你完全清楚自己在做什么，否则切勿将这些工具应用于生产系统。

安全测试是一个广阔且有趣的领域，正如前面提到的，其中“玩火”的风险也很大。如果你对处理动态且不断变化的环境感兴趣，那么安全测试可能正是你的专长所在。

接下来，让我们关注一下无障碍性，此领域会影响大量人员。从技术上讲，如果我们有幸活得足够长，无障碍性将成为所有人需要面对的问题。

## 5.4 无障碍性测试

我们开发和部署的各种应用程序都有非常多的用户，其中一些用户由于自身无法控制的原因，无法按照预期的操作使用这些应用。这些原因通常是身体残障，如失明、失聪、脑瘫或阅读障碍，每一种原因代表着残障的一个特定领域（视觉、听觉、行动和认知）。大约每五个人中就有一个将面临某种主要（即持续存在的）残障，如果不为残障人士创造有效访问和使用我们系统的方式，意味着将 20% 的潜在客户拒之门外。换言之，如果我们有幸活得足够长，每个人至少都会经历一种主要残障，甚至多种残障。因此，无障碍性是一个值得投入测试和倡导的重要领域。

### 5.4.1 什么是无障碍性？

无障碍性是指有意地以某种方式设计产品、设备、服务、交通工具或环境，使残障人士能够有效地使用它们。无障碍性涵盖了无障碍设计概念和无障碍开发实践，目标是既直接提供无障碍访问（无需辅助的访问），也通过与辅助技术（如屏幕阅读器）的兼容来间接提供访问。简单地说，无障碍性就是创造包容性的体验，使残障人士能够全面参与并从设计的解决方案中受益。

一句话概括，无障碍性就是确保残障人士有方法和途径来访问和使用我们的产品。通常来说，残障人士采用一些方法就可以正常使用我们的服务和应用程序，而正常用户可能不会用到这些方法。例如，网页上的图片需要配有描述，以便视力受损的用户理解；显示字幕对听力障碍用户至关重要，他们可以通过阅读来获取听不到的信息；提供高对比度的布局设计，则能帮助视力低下或色盲用户清晰区分文字与背景。

总而言之，无障碍性关注的是消除障碍，让所有人，不论能力如何，都能平等地获取信息和服务。

### 5.4.2 倡导无障碍设计

在很多情况下，无障碍设计不仅仅需要测试技能，还需要我们花时间和精力，为那些无法为自己发声的人群争取权益。作为一名无障碍设计测试人员，经常需要挑战软件开发团队的既定期望和方法，鼓励团队成员超越合规性的基本层面去思考。

下面列出一些无障碍设计的方式：

- 了解不同的残障、无障碍标准以及与无障碍相关的法律法规。熟悉可以帮助残障人士获取信息和通信的辅助技术。
- 当无障碍设计遇到障碍时，勇于发声并将自己的担忧与相关人员或组织分享。解释无障碍的重要性，并提出可行的解决方案。
- 与同样热衷于无障碍事业的人士合作。加入倡导组织或与自己所在社区的残障人组织建立联系。
- 成为一名 #A11y 倡导者。#A11y 是一个常见的主题标签（hashtag），用于讨论和倡导无障碍设计。A11y 是 accessibility（无障碍）的缩写，11 代表“a”和“y”之间的 11 个字母，这个缩写也让人会联想到 ally（盟友）一词。作为无障碍的盟友，你可以通过放大他们的声音和维护他们的权益来支持残障人士。倾听他们的经历和需求，关注他们的诉求，共同努力促进一个更加包容和平等的社会。
- 鼓励设计师和开发人员在其工作中优先考虑无障碍设计。确保在设计的各个环节都考虑到无障碍设计，包括网站、应用程序和物理空间。

还有一门与无障碍性密切相关的学科——包容性设计（inclusive design），它与无障碍设计相辅相成，下一节将进行深入介绍。

### 5.4.3 无障碍性和包容性设计

无障碍性和包容性设计（inclusive design）是相关的两个概念，但它们有不同的侧重和方法论。无障碍性侧重于设计产品、服务和环境，以确保残障人士可以使用，目的是消除妨碍残障人士获取信息、沟通和使用物理空间的障碍。更具体地说，无障碍性核心是确保用户能够通过辅助技术或设备（屏幕阅读器、语音识别、显示字幕、操作设备等）与其互动，因为这些用户需要辅助设备来获取信息并与网站交互。

包容性设计是指设计产品、服务和环境，使所有人都能使用，无论他们是否有残障。其目标是创造出能够被最广泛人群使用、理解并享受的产品和环境。包容性设计通常需要在设计过程中纳入具有不同背景和经验的人群，以确保考虑到他们的需求和观点。

### 5.4.4 了解 WCAG 标准

大多数国家都有无障碍相关的法律和标准，旨在保障残障人士获取服务的权利。例如，美国的《美国残疾人法案》（Americans with Disabilities Act，ADA）和加拿大安大略省的《安大略省残疾人无障碍法案》（Accessibility for Ontarians with Disabilities Act，AODA）都要求软件产品具备无障碍性。虽然了解每个国家适用的法律很重要，但不必对每个国家的不同规则分别研究，可重点参考被全球广泛认可的《网络内容无障碍指南》（Web Content Accessibility Guidelines，WCAG）标准（链接 5-2）。

WCAG 提供了一套标准和指导原则，用于确保包括软件产品在内的网络内容对残障人士是可访问的。遵循这些原则，软件测试人员可以协助，确保开发的产品能够被尽可能多的用户群体使用，包括有视觉、听觉、行动或认知障碍的人。

通过进行无障碍性测试并遵循 WCAG 指南，软件测试人员能够助力构建一个更加包容且公平的数字世界。

### 5.4.5 无障碍性测试工具

市面上有许多免费或低成本的工具可以帮助我们测试软件产品的无障碍性。

以下是一些示例工具。

- WebAIM 的 WAVE 工具：一个免费在线工具，基于 WCAG 标准检查网页是否存在无障碍性问题，并对发现的问题提供详细信息和修复建议。
- aXe：aXe 是 Deque Systems 提供的一个免费无障碍性测试工具，可用于网页、移动应用和其他软件产品。aXe 会详细列出无障碍性问题以及解决方法，并支持在大多数浏览器的开发者工具中运行。
- 非视觉桌面访问（NVDA）：一个适用于 Windows 系统的免费屏幕阅读器，可用于测试软件产品的无障碍性。它允许用户仅使用键盘或盲文显示器来浏览网站和软件。对于其他操作系统，也有其他免费的屏幕阅读器软件可供选择。例如 macOS 系统内置了 VoiceOver 功能。
- 色彩对比度分析器（Color Contrast Analyzer）：一款免费的桌面工具，用于检查网页或软件产品中文本和背景元素之间的色彩对比度，有助于不同视力水平的人清晰阅读文本。
- AccessLint：AccessLint 是一个免费工具，与 GitHub 集成，用于检查拉取请求中的无障碍性问题，并提供问题的详细信息和解决建议。

在测试和倡导无障碍性时需要注意，有些标准可能对某一群体非常适用，但对其他人可能就不那么有效。即使一个网站完全符合最高级别的 WCAG 标准，但对某些人来说仍可能难以使用。很多时候，判断什么符合标准、什么不符合，都需要具体情况具体分析。在某些情况下，我们必须做到面面俱到、毫无遗漏；而在其他情况下，我们必须找到一个平衡点，以便最广泛的用户群体能够有效地使用辅助技术。如果你喜欢为那些存在使用障碍的人发声，那么无障碍性测试领域欢迎你的加入。

## 5.5 国际化和本地化

不知道大家是否好奇过即时翻译是如何工作的，或者好奇为什么该功能有时无法准确翻译？不知道大家是否想过团队研发的系统菜单项被翻译成韩语、泰语或阿拉伯语，能否正确显示？如果这些问题让你彻夜难眠，那么团队未来可能需要国际化或本地化测试。

国际化（I18N）是指在软件产品设计时，使其能够适应不同的语言、文化和地区。包括确保软件能够处理不同的字符集、日期和时间格式、货币符号以及其他文化习俗。从根本上讲，国际化使软件具备“全球适用性”。

本地化（L10N）是指将软件产品适配特定语言、文化或地区的过程。包括将用户界面、文档和其他内容翻译成目标语言，以及根据当地的习俗和法规调整软件。从根本上讲，本地化使软件“本地适用”。

### 5.5.1 为国际化和本地化做准备

在进行国际化或本地化测试之前，需要深入了解目标语言、文化或地区的具体要求，可能会涉及研究目标受众及其偏好，以及了解当地的法规或标准。下面列出一些需要研究的方向。

- 字符编码：不同的语言使用不同的字符集，要确保能够处理所有需要的字符集。通过输入不同语言和脚本的文本来测试字符编码，确保软件能够正确显示和存储文本。同时，验证字符能够适应各自的容器和间距，无溢出或显示异常的情况。
- 日期和时间格式：不同的国家和地区采用不同的日期和时间格式，需要确认软件能够正确显示和存储这些多样化格式的日期和时间。
- 数字和货币格式：检查不同国家表示货币的各种符号，确保软件能够正确显示和存储这些货币符号。如果软件具有货币转换功能，还需确保转换计算准确无误。
- 双向语言：某些语言，如阿拉伯语和希伯来语，是从右到左书写的。使用双向语言进行测试，以确保软件能够正确处理。

除以上介绍的方向外，还有很多内容需要跟踪。下一节介绍一些可以帮助我们完成这项工作的工具。

### 5.5.2 国际化和本地化工具

对于国际化和本地化，有许多方面需要关注并确保其正确展示。下面列出的工具可以帮助我们实现这一目标。

- 谷歌翻译：可用于快速检查字符和翻译关键短语及示例。
- UnicodeChecker：检查软件应用程序的 Unicode 支持情况。
- BabelEdit：一款翻译和本地化工具，可以帮助用户管理和编辑软件的翻译内容。
- Apache OpenOffice：一款支持多种语言的开源办公软件套件，可用于测试国际化和本地化功能。
- GNU gettext：一款软件本地化工具，可以帮助用户从软件中提取可翻译的字符串并管理翻译过程。

下一节将探讨软件测试人员能发挥重大作用的一个领域——软件构建和部署

流程，将深入了解持续集成（CI）及其实施和交互的各种可用选项。

## 5.6 持续集成

持续集成（Continuous Integration，CI）是一种软件开发实践，它允许软件开发人员和开发团队将其代码提交到一个共享代码仓库中，并自动触发构建和对变更代码运行测试，有助于确保变更不会引入新的问题。理想情况下，CI 系统中的测试会自动运行，如果所有测试都通过，那么软件就可以准备部署了。

### 5.6.1 CI 和 pipeline

在讨论 CI 时，理解 pipeline 概念有助于可视化这些步骤。pipeline 直译为管道或流水线，因此从字面上理解，就是将各种管道连接在一起，以便将“水”送到需要的地方。在 CI 中，pipeline 指将各种脚本和过程分阶段地串联起来，从而在将软件交付给目标平台的过程中进行一系列必要的步骤或流程。

典型的持续集成 pipeline 通常包括以下几个阶段。

- 构建（Build）：编译代码，生成有效运行所需的可执行文件和软件包。
- 测试（Test）：运行自动化测试以确认代码变更按预期工作，并且确保现有代码未引入回归错误。
- 集成（Integration）：合并更改的代码，并对更改进行测试，以确保与代码库的其他部分兼容。
- 部署（Deployment）：将更改推送至测试环境、预发布环境或直接投入生产环境。

理想情况下，pipeline 应用的每一个步骤都是自动执行的。如果检测到流程中的任何一点错误，pipeline 都会停止并报告失败。

### 5.6.2 测试人员参与构建管理

作为一名软件测试工程师，参与 CI 可以深入了解整个构建流程以及创建成功发布版本所需的脚本和步骤。笔者就曾经在团队中负责管理 CI 服务器、应用程序及相关脚本。

CI 可以简单到只是一个在单一系统上运行的应用程序，也可以设置为一个包含多台机器、并行运行多个测试的集群，以节省时间。

CI 的最大好处在于，可以自动化一组重要的测试，从而减少测试代码变更所需的时间。虽然并不能保证代码完全没有错误，但确实有助于快速识别关键区域，确保系统正常工作，以便放心地发布版本。

### 5.6.3 CI 工具

市面上有许多 CI 工具可供选择和尝试，它们的配置方式会依据团队所处的环境和内部的部署方式而有所不同。以下是一些常见的 CI 工具：

- Jenkins：Jenkins 是一款流行的开源 CI 工具，适用于多种平台。它可以配置为独立运行，也可以配置为客户端-服务器模式架构。在这种架构下，可以启动并管理多个客户机系统以并行运行测试，从而加速测试过程和构建部署的效率。Jenkins 可以从官方网站下载、安装和使用。另外，Jenkins 还有一个流行的插件 Blue Ocean，为 Jenkins 提供了一个现代化的用户界面，旨在提供更加直观的 pipeline 可视化和创建体验。
- CircleCI：一个基于云的 CI 工具，提供免费试用的机会。
- Travis CI：一种云端的 CI 服务，为开源项目提供免费账户，也面向私有项目提供订阅计划。
- GitLab CI/CD：一个与 GitLab 集成的开源 CI/CD 工具，GitLab 是一个流行的 Git 仓库管理平台。

CI 是值得测试人员深入了解软件开发并成为流程关键贡献者的一个领域。通过频繁地集成代码更新、自动执行代码变更测试、管理部署流程，软件测试人员可以积极参与其中，并帮助优化流程，还可以根据需要促进开发工作。

## 5.7 合规测试

在许多行业中，bug 可能会给用户带来不便，其后果通常都不太严重。但是在某些行业领域中，一旦软件出现 bug，其后果可能极为严重，甚至危及生命，比如航空飞行器的操控软件、海上航运船舶的导航系统，或是医疗设备中的软件，这些领域的软件故障直接关系到人身安全。对于金融领域的软件，如果出现 bug，可能会给机构带来灾难性的经济损失。因此，在这些关键领域，对软件质量的要求极高，相应地也有一系列法规和标准，以确保相关组织提供的产品尽可能安全，故障概率降至最低。

监管要求通常会明确指出所需的测试类型、必须编写和遵循的文档，以及为了符合规定必须遵循的具体步骤。美国食品药品监督管理局（FDA）采用的是 IEC 62304 标准，该标准规定了医疗器械软件的生命周期要求。

作为一名软件测试人员，你可能需要通过专门的培训并获得必要的认证。尽管不可能获得所有认证，但下面这些常见的认证还是有必要的：

- 软件测试师（CSTE）：英文为 Certified Software Tester，由质量保证协会（Quality Assurance Institute，QAI）认证，专门用于检验在受监管行业中工作的软件测试人员的知识与技能。
- 注册软件质量工程师（CSQE）：英文为 Certified Software Quality Engineer，由美国质量学会（American Society for Quality，ASQ）认证，专门用于检验在受监管领域工作的软件测试人员和质量工程师的知识与技能。

研究自己感兴趣的行业是非常重要的，尤其是那些受严格监管的领域。同样，了解哪些证书可能是需要的，会帮助你得到相关领域雇主的认可。

在某些行业中，受监管的测试是软件开发过程中至关重要的环节。这一点不容忽视——在这些行业中，软件中的错误或漏洞可能关乎生死。

## 5.8 本章回顾

本章概览了软件测试人员可以专门研究的其他测试领域。坦率地说，每个领域都值得以一个独立的章节深入探讨，实际上每个领域已经有很多的书籍可参考了。在许多领域，软件测试人员都可以拓展并探索个人兴趣，哪怕仅仅是初步的了解，我们在每个领域的深入程度完全取决于个人选择。

下一章，我们将探讨测试人员需要了解的各种辅助技能，包括编写 bug 报告、制订与维护测试计划、理解与编写测试用例、进行预测，以及如何处理和理解与测试相关的度量标准。

# 第 6 章 测试相关技术

到目前为止，本书主要讲述了测试设计和执行。这两方面固然重要，但忽略了一些重要内容，比如如何识别问题。当我们意识到存在问题时，就需要以一种经得起推敲的方式，向其他人传达这一问题的严重性。你可能会认为，发现错误并解释为什么需要修复，是一件简单甚至显而易见的事情……但如果真是如此，那为什么还有那么多软件存在非常多的 bug 呢？

为了提高效率，测试活动不仅需要发现对项目构成风险的问题，还需要以能促成改变的方式进行沟通。这些方式会因许多因素而有所不同，比如公司文化、接收信息的人、他们所承受的压力程度等，因此并不存在“唯一正确”的沟通方式。相反，沟通是一种技能，需要你在自己的工具箱里储备多种技巧，然后不断尝试行之有效的方法。本章的目标就是充实你的工具箱，并通过一些实例展示如何实施这些沟通技巧。

为了实现这一目标，本章将从以下方面进行介绍：

- 识别 bug——如何找到 bug；
- 向利益相关者传达问题；
- 规划并记录工作；
- 衡量工作、进度和工作效果——度量指标；
- 推动变革。

## 6.1 技术要求

本章将探讨跟踪工作进度和收集工作信息的相关内容。至于如何具体实现，我们并不限定特定的方式。一个高效运作且高度互信的团队，可能只需在看板上贴上便利贴或用马克笔标记，并将测试中、测试完成的功能作为进度的主要衡量标准。然而在撰写本书时，采用了如 Jira、Trello 或 Microsoft Teams 等工具来跟踪工作进度，之后将数据导出到电子表格中进行度量统计，这种做法更为普遍。本书将为这两种极端情况及中间的大多数人群提供适用的解决方案。使用这些工具自行收集数据，将有助于你深入理解本章的要点，并且也可能为决策者提供关键信息。另一方面，如果缺乏这些工具，可能会让你感觉到工作中缺失了什么重要的元素。

几年前，Matthew 为一个团队培训时，该团队报告了一些 bug，但没有人关心。测试人员和开发人员在不同地点办公，因此 bug 被记录在一个没有人查看的数据库中。在这个软件系统中，用户可以在注册后通过输入无效的信用卡号获得访问权限。测试人员猜测，也许该服务正处于小范围试运营阶段，信用卡处理功能还未“接入”——这只是他们的推测。这个故事听起来可能有些不可思议，但类似问题在软件开发中却极为常见。

这个团队只做对了一半——他们发现了 bug。这是本章的起点。另一半是设定预期、沟通交流以及创建能激发行动的反馈，而这些正是他们所缺失的。

本章的目标是为你提供一套工具，避免陷入这样的困境。

## 6.2 识别 bug

从 20 世纪遗留下来的关于测试的普遍思维模式，或者说最响亮的观点，就是“制订计划并按照计划工作”。进行测试的人会依照一系列步骤操作，最后与“预期结果”对比。如果实际结果与预期不符，就提交一个 bug 报告。听起来很简单，对吧？

但实际情况“似乎”并非如此。

实际情况是，测试人员遵循既定步骤操作，当发现这些步骤无法顺利进行时，他们就会报告 bug，等待新版本构建，然后再尝试从之前的某个环节重新开始测试。之前使用了“似乎”这个词，因为那已是过去式。如今许多客户在软件首次运行时，大体上都能取得较好的效果，关键在于“预期结果”。正如第 1 章中提到的，每一个带有预期结果的文档化测试用例都隐藏着一个第二断言——不会发生其他异常情况。如果你手头有一些这样的分步检查并对照预期结果的文档化测试，同时配合 bug 追踪系统，你可以比较一下，看看有多少 bug 来源于这些文档化测试用例。根据我们的经验，此类 bug 数量很少。

那么，bug 从哪里来？我们想问的是，它们是如何进入我们的认知范畴的？

通常是有人注意到了某些在他们看来不正常或不对劲的情况。

大多数人并不会刻意研究 bug 是如何被发现的。比如某个单词拼写错误，人们往往基于自己对正确拼写的认知模型来判断，他们会说：“我们知道它是错的”。但当我们深入探讨更复杂的用户界面问题，比如如何处理没有空格的换行、调整窗口大小，或是类似推荐书籍或电影的复杂算法结果时，确定什么是“错误的”就变得更为重要。在这种情况下，我们不再单纯依赖绝对的对与错，而是倾向于寻找一系列虽不完美但能帮助识别问题的方法。我们用“先知（oracle）”一词来描述这个过程。oracle 在此不是指数据库，而是更类似于古希腊的占卜者，他们能提供智慧。“先知”并非需求规范，也不一定完美无缺。例如，将这本书的内容粘贴到拼写检查器中，可能会因为包含像 DevSecOps 这类词汇而触发拼写检查警告，但实际上这些词汇是正确的。即便如此，拼写检查仍然是一个帮助发现问题的有效途径。

### 6.2.1 软件测试中的“先知”

需求：绝大多数关于测试的文献都将重点放在了需求上，这是一个压倒性的默认假设。这些需求可能是团队成员共同的思维模型，以文档形式记录下来，甚至可以作为自动化的实例需求。但经常被忽视的一个寻找测试思路的地方就是这些文档本身。文档中常常包含分开列举的功能特性表，但如果我们同时使用这些特性会怎样呢？例如，1993 年款的福特 Escort 允许 Matthew 同时打开暖气和空调，但这对两个系统来说都不是好事。

字典、标准或共识：大多数人都知道 1 英尺等于 12 英寸。同样地，看到屏幕上显示的某个内容时，我们也能够直观地感觉到哪里不对劲。例如，当你保存一个含有特殊西班牙语字符（如“café”）的单词，但结果却显示成一个带点的方框，你会立刻意识到有问题。这就是国际化处理失败的一个例子，就像在第 5 章讨论的那样。在软件测试中，最普遍被接受的标准可能是同类产品的标准，接下来我们会详细讨论这一点。

同类产品：现代办公应用程序通常有一个熟悉的菜单栏，其中 (F)ile 选项通常位于最前面（图 6-1）。在 (F)ile 下拉菜单中，按照以下顺序排列有 (N)ew、(O)pen、(S)ave、(P)rint 和 (E)xit 之类的选项。

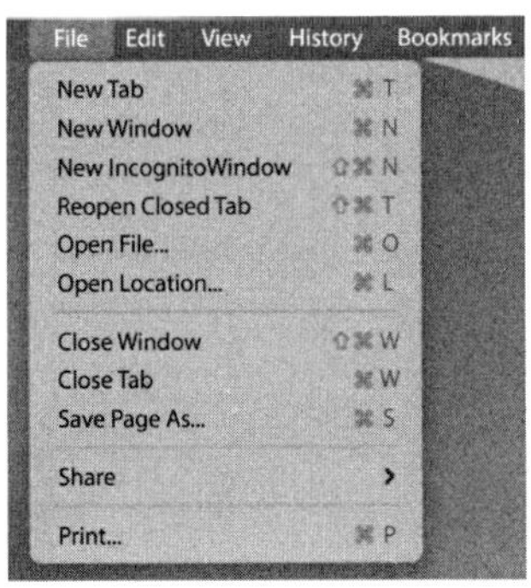


图 6-1 经典文件菜单

我们期望这样的行为模式，只是因为几乎所有的应用程序都是这样的。这种现象被称为“同类产品参照法则”——即当软件的行为与其他软件不一致时，我们就会觉得哪里出了问题。例如，视频播放应用应该在点击时开始播放，再次点击时暂停，且空格键也应该具有相同效果。如果软件的行为与同类产品不一致，其可能是有意为之——某种创新设计。但这种情况下，我们期望需求文档能够说明这一差异并非疏忽或错误。

注意：甚至 Mac 系统上的软件也遵循 Microsoft 用户界面标准。

眨眼测试（Blink Testing）：这一概念源自马尔科姆·格拉德威尔（Malcolm Gladwell）的著作《眨眼之间：不假思索的决断力》，书中提供了人类在有限信息下产生洞察力的例子。迈克尔·博尔顿（Michael Bolton）将这一概念进一步形式化为一种“先知”（oracle）。进行眨眼测试时，你可以通过迅速浏览日志文件或随机文本输出，快速判断测试，例如有无特殊字符（或特殊字符过多、数字过多等情况）。眨眼测试通过快速放大和缩小视角来完成，即在短时间内快速捕捉并分析信息，依靠直觉和经验识别潜在问题。

另一个程序：在模型驱动测试中，我们可能会编写一段代码来执行与被测软件相同的数据转换操作，将相同的输入分别输入这两个程序，然后比较两者的输出结果，以此来判断是否存在差异，即问题是否出现。

历史比较法：或许最简单的“先知”就是比较软件上个版本与当前版本的运行情况。如果两者之间存在差异，并且这种差异不能从预期的变更中直接推断出来，那么这个变化很可能不是有意为之，即意外的副作用或错误。

在我们的工作经历中，遇到的最具挑战性的测试问题，是在没有明确定义软件应当如何表现的情况下出现的。在这种情况下，可执行测试能为我们提供帮助，因为在某一时刻，我们希望某个具有权威性的人定义在这些复杂的转换条件下，给定这一组输入应当产生特定的输出结果。正如我们的评审员杰弗里·纳德曼（Jeffrey Nadelman）所建议的，我们应该称此为“运行可执行程序来自动检查标准”。

有时，我们的“先知”也会失误或失败，这可能是因为我们在错误的地方寻找问题。

### 6.2.2 非注意盲视与“先知”

让我们通过一个练习来探讨如何发现问题。在开始之前，如果条件允许，请先上网观看一个关于非注意盲视（Inattentional blindness）的视频。在编写这部分内容的时候，YouTube 上有一段名为“非注意盲视-传球计数”（Inattentional

Blindness–How Many Passes）的视频。在视频中，有两支队伍，一支穿着白色衣服，另一支穿着黑色衣服。挑战为：计算白衣队伍在大约 12 秒内的传球次数。笔者在此插入一张图片（图 6-2），这张图片没有特定意义，目的仅仅是打断你的阅读，给你时间去观看视频。

图 6-2　添加图片以防止剧透（图片由 Matthew 的女儿 Juliana Heusser 提供）

无论你是否去看了该视频，现在是时候讨论它了。

在 12 秒视频中，表面目标是计数白衣队伍传球的次数，这与遵循“测试脚本”执行测试颇为相似。然而，视频中有个令人惊讶的部分：你是否看到了一个穿着熊装的人，跳着舞横穿画面？我们在几大洲与数千人进行过这个练习，但至今未曾有人当即表示：“哦，是的，我看到了那只熊。”

在软件测试中，那只熊象征着一个 bug，或者至少暗示着某些值得深入探究的线索。这是一个没有被发现的 bug，因为我们过于专注于遵循一套特定的指令。这说明了详尽文档化的测试步骤可能限制了我们从整体系统角度审视软件的能力。测试人员往往会产生狭隘视野，只检查预期结果，而忽视了其他可能的异常。因此，关注如何发现 bug 的途径就变得尤为重要，同时认识到“点击-检查”式自动化测试风格的局限性也同样关键。上述的熊不仅仅是一种类比，更是直接映射了软件自动化执行的过程。步骤对比测试工具永远不会说“这很奇怪”“嗯”或“这看起来不对”这样的主观判断。第 2 章末尾提出了一些减少此类风险的思路，融合了人工与机器的优势，比如采用视觉测试技术。

对于非注意盲视现象，有几种应对方法。一种是多次从不同角度审查同一软件。在第一轮中，你可以模拟用户的使用旅程；在第二轮中则可以创造一些异常或无效的条件来触发错误。同样，一轮审查可以遵循脚本化的、定义好的步骤（或者让计算机借助工具来执行这些步骤），而另一轮则更加注重探索性。另外，你还可以进行混合测试（mixup testing）——这是一种 Scrum 团队之间的跨团队测试活动，曾在 2012 年的 Øredev 大会上作为一个议题进行讨论，团队成员测试他们并未参与开发、不熟悉的软件，以初学者的心态进行测试。

通过测试，我们可以运行软件并发现 bug，但除非我们注意到问题并采取行动，否则它们不会得到解决。研究“先知”问题能帮助我们识别什么时候存在 bug，即那些对重要人士构成困扰的问题。在深入讨论 bug 报告之前，先花点时间谈谈我们是如何定义 bug 的。

### 6.2.3 关于 bug 一词

在本书中，我们特意使用“bug”这一单词，它是软件中真正困扰用户且值得讨论的问题。这类问题可能是一个不值得修复的小毛病，可能修复起来非常简单；也可能阻碍工作，比如严重的登录错误，但存在一个显而易见的解决方法；还可能表现为功能的缺失。与之相比，“缺陷 (defect)”这一单词则意味着某种错误，即不符合规格说明书（或需求）。根据我们的经验，使用“缺陷”一词意味着程序员可能犯了一个错误。这往往会引发关于什么是缺陷、什么不是缺陷的争论。而在这些讨论中，我们并没有发现太多价值。相反，现在我们更关注的是问题是否需要修复或以任何形式记录下来。

下一节，我们将讨论 bug 报告。

## 6.3 编写 bug 报告

我们合作的一些团队已经停止编写 bug 报告，也不再追踪 bug。取而代之的是，开发人员和测试人员在协同工作时发现并解决问题。在某些情况下，团队成员可能会在某个框架中创建一个失败的自动化检查，此时，修复的目标是让检查通过，同时不引起其他任何部分失败。有时，开发人员也会自测，发现问题后直接“修复并继续前进”。另外一些情况下，团队成员位于同一空间中，发现问题的人可以直接走到责任人（结对编程、三人一组或群体编程）面前，解释问题，然后立即解决。许多人认为这是现代软件开发的方式——即将测试融入开发过程中。这种做法非常棒，我们也很支持。

但我们仍然认为你应该学习如何编写一份有效的 bug 报告。

从根本上讲，bug 报告是一种不理想的沟通方式。它指出的问题会给相关人士带来困扰，这种沟通既可以是口头告知他人问题所在，也可以通过书面形式进行。练习如何有效地书写 bug 报告、学习如何具体描述 bug，并养成截屏和录屏的习惯——在 bug 传递过程中，这些技能都非常有价值。口头交流的风险会根据对话的笼统程度而略有不同，但提供了更好的即时反馈机会。相比之下，bug 报告则为修改代码提供了更便利的机会。如果公司有跟踪记录 bug 报告，不妨利用午休时间回顾过去一百份左右的报告，看看哪些得到了修复。在多数情况下，报告的书写方式就能预示着 bug 的未来走向。那些表述模糊且将原因排查推给修复者的报告，很可能会被以"无法复现""符合预期"为由关闭，或是导致开发团队与报告人之间无休止地来回沟通。

再次强调，我们将 bug 定义为"令重要人物感到烦恼或困扰的事物"。初级测试人员经常会发现一些困扰自己的问题，但他们并不是决定问题是否需要修复的人。正如我们的同事杰弗里·纳德曼正确地指出的那样，这可能会让人感到沮丧。我们希望通过这项工作帮助你理解决策者关心什么，并以一种对他们有意义的方式表达。更高级别的员工可能会"站在决策者角度思考"，在某种程度上成为一个小型的产品负责人。

对于进行用户验收测试（User Acceptance Testing,UAT）的公司来说，bug 报告尤为重要。UAT 是指软件为特定类型的客户（用户）定制，且公司在测试过程中会邀请代表这些用户角色的人员参与。然而，如果现场没有人协助这些用户有效地编写 bug 报告，最终收集到的信息往往会很模糊，无法提供实质性的帮助。我们认为 bug 报告是提升软件质量的一种机制，若缺乏有效的报告机制，整个测试过程将徒劳无功。这也是许多人对 UAT 持保留态度的原因——因为他们的 bug 报告质量非常糟糕。

在某些情况下，缺陷会逃逸到生产环境。即使团队在问题进入生产环境之前能发现所有问题，新的浏览器版本或操作系统也可能导致新的 bug。在这种情况下，如果收到的 bug 报告不足以说明问题，那么 bug 可能要被反复报告多次后才会得到修复。

可见，我们有必要写好 bug 报告。

## 6.3.1 有效的 bug 报告

下面是一个 bug 报告模板：

- 前置条件：包括环境变量、数据库中的内容以及任何必要的配置。如果是特定浏览器或环境下发现的问题，也应该在此说明。
- 操作步骤：复现 bug 的具体操作步骤，最好是以编号列表的形式呈现。
- 预期结果：软件预期产生的行为或输出结果。
- 实际结果：软件实际的结果或表现。

- 更多信息：如果实际结果并不清楚明了，可以考虑添加附件，例如屏幕截图、录制视频。本书推荐使用 Windows 自带的截图工具或 Techsmith 的 Snagit。另一种选择是使用手机直接拍摄问题界面并附加到报告中。如果复现 bug 存在困难，但你能使其在 70% 或更多的情况下出现，那么可以在此列出复现问题的提示和技巧。杰弗里 · 纳德曼建议每次测试控制在 30 分钟左右，并录制整个过程。这样做会从一开始就确保问题的可复现性。
- 摘要 / 标题：对问题进行一行简单的概括说明。

在实践中，人们常常会跳过报告中的详细内容。因此，我们需要努力将摘要写得足够完整，以使读者即使跳过主体内容也能了解问题概况。为了达到这个目的，我们将摘要放在最后并建议最后书写。

为了说明这点，我们提供了一张某网站的真实（稍作模糊处理）截图（图 6-3）。你会给这个 bug 起什么标题呢？

图 6-3　一个移动应用中的文本处理错误

下面，我们来看一些可能的标题，以及测试人员如何看待它们：

- 会议网站中“关于我们”页面在移动版本上数字混乱。检查人员可能会在平板电脑上复现这个问题，但没有发现问题，然后将其标记为无法重现。
- 在特定型号的 iPhone 上使用 Safari 浏览器访问“关于我们”页面时出现数字重叠 / 错乱。这可能引发关于 iPhone 用户数量、支持哪些 iPhone 版本以及公司是否支持 Safari 浏览器的争论。实际上，公司往往会为设备设定一个最低支持版本（通常支持过去两到三个版本的设备），以及支持的浏览器类型。在进行测试时，我们一般至少会在两种不同的浏览器上进行，并且尽量选择与开发人员所用不同的浏览器。然而，随着浏览器市场的不断成熟，我们发现所谓的“浏览器兼容性问题”正逐渐减少。

因此，摘要可能这样会更好些：

- 移动设备上“关于我们”页面出现数字重叠 / 混乱（以 iPhone 16 Pro 为例的屏幕截图）。这样的摘要既告知读者他们可以在一个特定设备上复现该问题，同时也表明问题并不局限于这一特定设备。

当我们将此截图发布在 X（原 Twitter）上并征求一个好的摘要时，有人回复说“列标题互相重叠”，我们可以将其完善为“移动设备：‘关于我们’页面的列标题 / 数据重叠（来自 iPhone 16 Pro 的截图）”。

想象一下阅读 bug 报告的人很懒，他们不想按照步骤去重现问题，他们希望所有信息都能从标题中直接获取，而且是立刻就要得到。

所以为什么不直接提供给他们呢？

### 6.3.2 有效的复现步骤

假设你正在测试一个在线账单应用程序。点击服务日期（service date）后查看“月份”的弹出窗口，如图 6-4 所示，其中日期以数字显示，而 23 号却错误地显示为 2.3。

下面提供两种方式来描述这个问题。

方式一：

- 摘要：在服务日期（新建账单）日历中，部分数字以文字形式显示。
- 复现步骤：使用 Chrome 浏览器最新版本，创建一个新的账单，点击服务日期旁的日期选择器图标，展开的日历中会看到某些数字以文字形式出现。

方式二：

- 摘要：新建账单问题：笔记本电脑上，服务日期的日历下拉菜单中月份的某些数字以文字形式显示。

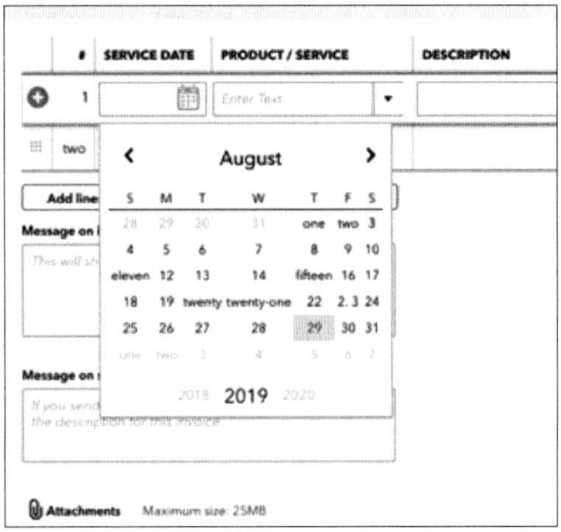


图 6-4　日历功能中的文本转换错误

- 复现步骤：

Ⅰ. 以测试用户身份登录，即使用 testuser@testaccount.com 邮箱进行登录。

Ⅱ. 等待页面加载完成。

Ⅲ. 点击“Sales”（销售）。

Ⅳ. 点击“Invoice”（发票）。

Ⅴ. 点击“New”（新建）。

Ⅵ. 等待页面加载完成。

Ⅶ. 找到第一张发票第一行中的“service date”字段。

Ⅷ. 点击“service date”。

Ⅸ. 进入“月份”下拉菜单。

Ⅹ. 选择月份“August”。

- 预期结果：日期选择器中的月份弹出窗口，所有日期均以数字形式展现。
- 实际结果：日历中的 1 号、2 号、11 号、15 号、20 号和 21 号等日期以英文单词形式显示（如“one”“two”等），而 23 号却异常显示为 2.3（此处错误地在数字 2 和 3 之间加入了小数点）。

第二个表达方式虽然具体且准确，但确实显得较为冗长和乏味。因此在编写 bug 报告时，需要找到一个平衡点，既要提供足够的信息以准确地识别和修复问题，也要避免过多的细节导致信息混乱。

在“正确性”与“易读性”之间的最佳平衡点，会因团队需求的不同及 bug 的具体情况有所变化。根据我们的经验，对于那些明显错误的问题，通常只需一个简单的说明配合截图就足够了。为了提升团队在这方面的意识和能力，我们建议开展一项练习：选取一个真实的bug，让每个团队成员独立编写bug报告。随后打印这些报告，带上记号笔，让团队成员选出他们认为最优质的bug报告。然后，对你们认为优质的bug报告的构成要素进行分类和讨论。这项练习的理念在罗伯特·M·波西格（Robert Maynard Persig）的著作《禅与摩托车维修艺术》中有较为详细的描述，该书副标题是“对价值的探究”。

目前，我们建议将bug报告视为一种目标导向的冲突。无论bug报告以何种形式呈现，阅读报告的人都可能有一个潜在目标——那就是忽视这份报告。他们面临着截止日期的压力和其他诸多重要事务，而修复bug只会拖慢他们的进度。鉴于此，他们会寻找各种理由不去处理这些问题。这些理由可能包括以下几点：

- bug报告太模糊，我无法理解或复现。
- bug报告太具体，冗长且乏味，所以不重要。
- 这个bug仅在特定环境下出现，因此没那么重要。
- 没有提到环境，我在××环境测试了，无法复现。
- 这份bug报告错别字太多，我无法认真对待。
- 这份bug报告太长了，更像是抱怨而非报告。

这使得报告bug的过程类似于奥德修斯（Odysseus）驾驶他的船在双怪之间航行的情景——一边是栖息于悬崖岩石上的怪物斯库拉（Scylla），另一边则是制造漩涡的卡律布迪斯（Charybdis）。完美的bug报告应当如航行于这两者之间那般精准而不过于枯燥，既要防止被误解，又要恰当地表达问题的范围和重要性。

如果你所在的环境经常出现仅在某个平台上出现的bug，那么花上大约10分钟时间去检查该bug是否也存在于其他设备、外形规格、操作系统和浏览器。如果确实存在，你仍然应该列出最初发现该bug的环境，同时注明该bug似乎普遍存在。

## 测试报告过程的压力

在本节将结束之际，我们想跳出当前的视角，审视一下那些效果不佳的bug报告。从第12章开始的“职场实践”部分，将包含一些测试工作效果不佳且未能产生有效改变的故事。在大多数情况下，bug报告的标题未能充分证明该问题必须得到解决，即报告bug的人未能让管理层意识到这些问题的重要性。然后，一周、一个月，甚至一年之后，当出现严重的问题时，管理层又会将责任归咎于那些本应该关注产品风险的人——特别是与产品质量相关的风险。

编写不佳的bug报告还具有时间衰减效应。在报告刚被创建时，由于团队正全身心地投入到工作中，报告中所指的问题可能还算明确。但到了下一个冲刺阶段，可能需要花费一些工夫才能理解编写不佳的报告。而到了明年，随着团队成员的变动，由于缺乏共同的工作经验和上下文理解，原先的报告对新团队成员而言可能就变得毫无意义。新团队可能看不到旧报告的价值，因为这些报告对他们来说没有直接的帮助，不具有实际效用。

所有这些因素加在一起，可能会边缘化甚至消除测试工作的作用。这种因素并不新鲜，也不是独一无二的，而且不会消失。我们希望，即使测试角色的关注度可能会降低，软件开发流程中的每个人都应意识到，随着测试人员的减少或测试角色的消失，团队中的每个人都需要更加深入地学习测试。那些采用敏捷方法和高信任度、选择“发现问题就立即修复”而不记录 bug 的团队，将陷入无法理解测试过程中发生的情况、没有数据来验证假设、做出调整或进行实验的风险中。缺乏这些数据，测试的其他要素，如度量、预测和规划，就变得更加重要，接下来我们将转向这些方面。

## 6.4 测试计划和测试用例

传统的测试文献中，到处都是与测试计划相关的内容。我们认同计划的重要性，但老实说……我们并未完全理解那些提倡详尽测试计划的人究竟想要表达什么。因此，我们决定引用一些关于计划的论述，然后尝试对其分析，以此来深入了解其背后的思想逻辑和实际应用的意义。

不去计划就等于计划着失败。

——雷内·布尔洛克

没有任何作战计划在与敌人遭遇后还有效。

——普鲁士元帅 赫尔穆特·冯·莫尔特克

计划是没用的，但是整体的规划是无价的。

——美国总统 德怀特·戴维·艾森豪威尔

每个人都有自己的计划，直到他们嘴上挨了一拳。

——拳王 迈克·泰森

这些名言传达了一个核心观点：完全遵循预设计划往往是徒劳的，因为实际情况总会有变数。因此，当人们谈论“测试计划”时，我们难免感到诧异。接下来，我们将拆解测试计划的含义，它是如何被执行的，实际中会发生什么，以及如何有效地进行测试计划。

有些人认为测试就是重复执行他们已经设计好的所有测试场景，我们将这些场景称为“测试用例”。通常，测试用例用来检查某个特定的功能，以及可能的功能组合。

这种理念似乎意在建立一个测试用例库。测试人员或者计算机可以逐个检查测试用例，执行后标记为通过或失败。完成后，再把测试用例“归位”。在某个地方，有人负责追踪哪些测试用例通过，哪些失败。如果发现了需要修复的bug，那么这个测试用例就会被标记为失败。当bug被修复后，再重新运行这些测试用例，然后测试继续进行，直到所有需要修复的bug都被标记为已修复，且相关的测试用例全部通过，或者测试时间耗尽为止。

坦率地讲，我们并不知道测试计划的主线具体是什么。似乎是一个文档，将所有测试用例整合在一起，可能还会描述由谁做哪些内容，以及哪些测试（比如安全性测试）没有执行，或者声明测试的边界。

此处描述的情况并不符合我们的实际经验。因此，让我们花些时间来谈谈我们在项目中实际观察到的情形。

如今，人们使用的测试用例，可能只是对某个微小功能进行测试。这类测试通常非常详细具体，编写起来会相当费神。编写测试用例的人可能具备一定的水平，随后将这个用例转交给水平较低的人执行。随后，这个测试用例将被用于手工测试那个微小功能。有时，也有人会编写类似的工具，执行类似的操作，并将其加入回归测试套件中，实现自动化。

软件发布时，公司通常会遵循一套固定的发布流程。如果变更仅涉及单个组件（比如API），并且该API经过了测试，所有的自动化回归检查也全部通过，那么变更可能会立即部署到生产环境并接受监控。但是，如果这一变更不能单独部署，而是与其他多个变更混合在一起，那么这一变更将会被保留，之后与其他变更一起发布，可能是在“冲刺”末尾。在冲刺结束时，公司会进行一系列检查工作，有时称之为回归测试，具体实施过程可能是自动化工具和人工测试的结合。

虽然很难一概而论，但我们会发现，回归测试过程更侧重于模拟用户旅程，并且功能测试（“测试用例”）更紧密地围绕特定功能及其相关变更时，会取得更多成功。这种方法区分了功能测试和回归测试的风格。同样地，当我们看到用户界面测试被自动化时，经常会发现有许多小的检查点，这些检查能在几秒内完成，每次只验证一个具体事项。一旦这样的测试体系建立起来，就可以利用工具以随机顺序执行这些检查，利用冗余和重复验证增强测试的健壮性。

事实证明，那些详尽记录、使用自然语言编写（而非代码）、按步骤说明的测试用例，编写成本高昂，且容易过时，很少能产生大量价值。但它们确实包含了一些有价值的信息，比如确切知道如何准备复杂的测试前置条件。我们把这些称为“配方”，并认为它们应当成为流程的一部分。本书第9章将探讨如何构建一个更佳的流程来涵盖这部分内容。

目前，你应该知道，“测试用例”这个词可以指代很多不同的内容，它们服务于不同的受众群体——项目经理对测试用例的关注可能与测试人员截然不同。

测试计划也是如此。

我们确实认为，在测试过程中使用一定的度量标准是有必要的，也是合理的。比如，“通过的测试用例数量除以计划的测试用例数量”能给我们一个简单易懂的百分比，可以用来讨论进度、发布时间表和“完成度”。对于那些发布周期超过几周，并且拥有较长回归测试周期的团队来说，通过的测试用例百分比听起来颇具吸引力。但是，为了这样一个指标投入大量精力，实际可获得的价值却是有限的。

下一节，我们一起来看一看度量指标。

## 6.5 度量与测量

在撰写本书时，我们始终在两种极端之间寻求平衡：一边是盲目乐观地认为简单的数字足以量化一切；另一边则是对软件度量标准抱有明显的反感态度，认为它们无法准确反映软件开发的复杂性。而正如常理所示，或许中庸之道才是最佳选择。

在我们的讨论中，度量指标是一个带有标签的数值。单独的数字“3”并无太多含义，但如果说有 3 位程序员正在开发某个功能，这就构成了一个度量指标。我们在日常交流中经常使用度量指标，例如，“我们计划周五下午 3 点发布，还有 5 天时间”，这里就提到了两个不同的度量指标。根据《牛津英语词典》的定义，我们所使用的度量指标就是一套测量体系。我们无时无刻不在进行各种测量，因此，我们不应拒绝度量指标这一概念。

然而,“度量”这个词还有一层更微妙的含义，就好像“如果你不能将其（转换成数字）衡量，你就无法管理它。”我们并不完全认同这一点。我们认识的大多数人都是通过照镜子决定是否理发，少数人可能会在日历上安排时间，但我们还没听说过有人会用尺子量头发的长度来决定是否该剪发。在软件领域，将事物简化为数字确实有其优势。你可以衡量事物，设定目标，然后定期回顾更新。如果一切按计划进行，那就很好，你可以自我祝贺并享受一些休闲时光。如果情况不妙，那么就督促你的团队成员加快工作。如果情况严重，那就需要他们给出解释并定期更新进展。

仪表板（Dashboards）作为一种工具，帮助人们即使在不了解过程细节的情况下，也能概览并掌握全局。但如果度量失衡，就无法达到应有的效果。

### 度量失衡

最简单的度量方案就是统计 bug 数量。当发现大量 bug 时，测试人员和测试分析师会受到奖励；相反，当 bug 数量较少时，则表示开发人员编写了质量较高的代码，因而也会受到奖励。项目经理则希望看到 bug 数量为零或在一个较低水平，以便他们能够做出产品发布的决策。

不幸的是，最简单的方法并不总是最好的，因为它不可避免地会导致失衡的行为。

每次见到这种度量体系（包括在咨询项目中），我们都会发现它会导致测试人员对每个拼写错误，甚至是每个有争议的拼写错误都提交一个 bug。与此同时，开发人员则会花费精力去争论此 bug“不是 bug”或“不是我的责任”。管理层可能会施加压力以降低 bug 数量，于是人们不再将 bug 录入系统。转而使用便利贴传递，或者在远程工作时，通过聊天工具传递信息。

对量化的渴望有时会无意中将有用的信息排除在系统之外。

这种过度量化的问题不仅发生在测试环节，还存在于交付流程的各个环节中，比如团队的速度、网站用户数量、每周完成的功能数量等。Matthew 曾经与一家公司合作时发现，该公司每天都统计自动化检查的运行次数。即使程序员在不断添加自动化检查脚本，经理还是会每个月调整一次测试运行的间隔，确保每天统计的执行次数是增长的。

Matthew 的研究生导师罗杰 · 弗格森（Roger Ferguson）博士曾说过：“有数字总比没有数字好”，一个数字至少给人一个起点。话虽如此，但让我们考虑这样一个场景：昨天系统中有 5 个拼写错误的 bug，而今天登录功能完全崩溃了，根本没有人可以使用测试环境。我们能因为 bug 数量从 5 个减少到 1 个就说质量有所提升吗？当然不能，这个想法荒谬至极。但是，对于那些远离实际过程、只盯着仪表板的人来说，表面上看起来似乎就是这样的情形。

我们的导师 Cem Kaner 博士将这个问题称为“建构效度（Construct Validity）”，这是科学领域的特定术语，其核心是“测量指标与真实概念是否对齐”。例如，数桌子上的现金（纸币）时，若有不同面额的纸币，那么单纯的数量统计无法体现现金的实际数额。如果我们根据纸币的数量来奖励团队，他们可能会把大额纸币换成小额，营造出生产效率提高的假象。我们在之前的自动化检查数量的例子中就看到了这一情况。Kaner 博士在 *Software Engineering Metrics: What Do They Measure and How Do We Know*（链接 6-1）一文中可能对此做了描述。读完这篇文章后，人们很容易感到沮丧甚至压抑。在其职业生涯后期，Kaner 博士将软件比作股市投资，对于上市公司有一系列的度量指标，但所有指标都存在问题。这些指标反映了公司在某些方面的真实情况，若投资者能够综合考虑一系列相互制衡的指标并理解它们，将会对公司有一个更全面、更深刻的认识。

筛选数据是了解事情进展的一种方式，另一种则是深入参与工作流程。打个比方：老师不需要通过分数来了解学生的情况——老师本身就清楚学生的状态。之所以产生分数，是为了呈现给家长、校方和招生办等。这是为了让外界人士能便捷地了解和比较。度量标准同样起到了这样的作用。随着抽象层级的提升，从单日细节到团队每两周总结，再到多个团队的每三个月汇报，信息在逐级传递中逐渐流失。我们的挑战在于，以最紧凑的方式提供最不易被误解的信息，最大限度地保留关键内容。

我们要区分查询指标（inquiry metrics）和控制指标（control metrics）。在缺陷大小和影响相似的情况下，你可以进入需求管理系统并报告团队本周发现的20个bug。上周也是20个，并且修复了15个——看起来bug数量仍在增加。你甚至可以回溯几个月的数据，把这些数字填入电子表格制成图表。然而，当你每周更新图表，并基于它来决定晋升和涨薪时，就已经从查询指标转移到了控制指标。有了控制指标，人们就有了改变行为的动机。这时，我们开始看到关于何为bug、何为功能请求、严重程度如何界定的争论。人们可能开始自己发现并修复bug，而不经由正式渠道报告。可能会有人争辩说，标记为WILL_NOT_FIX（不会修复）的bug也应该算作已修复，如果计入它们，图表上的数字就会下降。结果，质量也慢慢下滑。

### Jerry Nadelman对于bug数量的看法

我们发现bug数量会呈现周期性变化。当开发一个新功能时，bug数量会很高。但随着时间推移，经过几天 / 几周，随着功能逐渐完成，发现的bug数量会逐渐减少。如果度量指标很重要，我们就必须查看历史趋势。对我们来说，新功能开发最初几周的bug数量应该与之前功能开发最初几周的bug数量进行对比，后期的bug数量也应是如此对比。如果不这样做，你将看到一个持续的上下波动，那么这个度量指标就会失去意义。

我们还需将bug数量与故事点估值进行对照。更高的故事点数意味着更大的复杂度，预计也会有更多的bug出现。对于一个规模较大的故事来说，发现20个bug可能并不算是大问题，但若是一个估计值点数低、理应在一天内完成的小故事中发现了20个bug，那就是一个巨大的警告信号。

本章的目标是促使你停下来思考一下，什么样的度量计划才能引导你走向正确的方向。我们完全支持查询指标，但不要止步于此——要验证它们。例如，在列出过去两周内发现的所有bug后，获取这些bug清单。弄清楚是否重要的bug得到了修复，还是仅仅修复了容易解决的问题。如果重要的bug得到了修复但bug总数仍在上升，我们如何解释这对质量的影响？

本章更多的是引导思考而非展示实例。在第 9 章中，我们将讨论能够经得起检验的测试度量指标实例。

对度量指标的一个常见期望用途是预测未来，有时也被称为预测，这值得一提。

## 6.6 项目预测

上一节提供了两个预测的示例：随时间变化的缺陷数量和随时间变化的测试用例通过数量。我们对这两个指标并不特别热衷。在敏捷开发背景下，目标是快速解决值得修复的 bug，bug 的唯一记录可能只是版本控制系统中的一个变更。

“预测（Projections）”一词源自“project”，在此并不严格限定其意义。在处理软件质量时，我们可能希望做出几种预测，这些预测可能包括以下几个方面：

- 受影响人数：这个变更或缺陷将影响多少用户或客户？
- 每日经济损失：问题持续存在的每一天，造成的收入损失是多少？这被称为“延期成本”（cost of delay）。
- 间接成本：除了用户无法使用功能的直接成本外，我们在用户采纳、客户流失、销售和品牌声誉方面是否有间接成本？
- 修复工作量评估：查找问题、修复及重新测试所需的工作量预计是多少？
- 投资回报率比较：相比于其他潜在的工作，该需求或变更的投资回报率是多少？

Amazon 曾声称，网页加载时间延迟 1 秒会导致每年损失 16 亿美元的销售额，这一说法已经有 10 多年的历史了。时至今日，这类问题导致的损失可能会变得更大。有人曾经做过这样的分析。

现在确实有一些工具可以用来分析日志以获取这些信息。对于 Web API 而言，这些工具能分析出响应时间的平均值（均值）、中位数（中值）和最常见的响应时间（众数）。同时，查看处理请求的最慢时间也很有帮助，比如最慢的 25% 请求的统计指标（例如平均值、中位数和众数）。另外，我们也可以直接导出整个数据集来查看原始数据。

在传统项目中，你可能会发现一些方法来衡量已完成的工作量，以及错误出现的频率，从而预测完成整个项目需要多少个周期以及每个周期应该有多长。随着每个周期推进，待测试的内容量可能会逐渐减少。在最后一次运行中，如果回归测试频繁失败，并且我们无法一次只发布一部分内容，那么我们倾向于回到早期的完整用户旅程中，重新执行这些测试。关键在于利用 bug 报告、度量指标和分析手段来平衡各方面因素，并预测结果。

首先，我们要弄清楚当前的状况；接着，确定需要做出哪些改变，识别哪些方面需要改进或调整；之后，思考如何有效地传达这些信息，确保团队成员或利益相关者能够理解并采纳建议。在第 8 章和第 9 章中，我们将详细探讨如何具体实施这一系列步骤。

## 6.7　推动变革

我们可以认为，测试“仅仅”是一种技术性调查，旨在揭示与质量相关的信息。就这一定义而言，没有什么问题，因为其涵盖的范围并不大。如果测试工作发现了问题，并且这些问题被详细记录下来，但却从未有人阅读……那么实际上不会有任何改变，测试工作的商业价值也就等于零。或许公司很幸运，没有出现“致命性 bug”，用户也不在意。在这种情况下，理智的管理层可能会削减测试预算，或者公司也可能会因此而倒闭。

我们大多数人可能并没有遇到那种完全忽视测试发现的问题的情况，但我们可能面临另一种困境：测试确实发现了 bug，但只有一部分得到了修复，且不够彻底。更糟糕的是，开发人员没有从错误中吸取教训，反复犯同样的错误，不断产生相似的 bug，这种情况会拖累整个团队的效率。有些测试人员觉得这样很好，因为有工作可做，就不会失业。曾经有一位测试人员对我们说，每次发布都会包含大量用户界面的 bug 或更改，使用录制回放自动化脚本时，这些变更都会导致脚本失效。通过手工重新创建脚本（实质上是手工测试），他可以发现这些 bug，然后等待修复，并再次验证修复情况。整个“自动化”过程实际上与人工测试是重复的，并没有增加额外价值。但只要他愿意，他就能保住工作。

对于拒绝变革的测试人员，最好的结果可能就是获得一份长久但使人变得思维惰化、只是机械执行脚本的工作，我们认为这并不是一件好事。从第 12 章开始，我们将着手讨论实践策略，但在此之前，先来讨论一个与测试真正相关的优秀技能——总结信息的能力。

## 6.8　总结信息

测试人员身处信息洪流之中，我们需要从中汲取关键信息。因为高层领导者很少有时间和精力去深入了解这些细节，即便他们有时间，也无法获得他们所需的高层次信息来做决策。这些决策包括：

- 软件今天能否上线？
- 我们何时能启动广告宣传活动？

- 为了让软件“足够好”，现在需要修复哪些内容？
- 新功能是否足够好，可以在 ×× 会议上进行演示吗？
- 我们能发布（新功能）了吗？

过去常用的模式是给团队施加压力，促使团队宣称产品已经准备好发布。而当产品并未达到发布标准时，就会去批评那些承受了巨大压力的团队成员。对此，我们想寻求一种更好的方式解决这种问题。

语境驱动测试（一种测试思维的体现，通常是指测试人员首先查看特定迭代的细节，如产品特性、业务需求、相关人员等，来选择他们的测试目标，即强调人的作用，寻找利益相关方关注的 bug）将测试人员定位为调查员和信息传递者，而非决策者。这意味着测试人员不会说“测试已完成”，而是会说“我针对这六个风险进行了测试，发现了这些问题，并认为继续测试没有更多价值”。这样的对话可以在需求开发 / 测试层面、回归测试层面（例如 API、某个 sprint 冲刺），甚至季度全量测试或项目测试层面进行。当我们看到某些“大规模”方法中的额外负担（如 Large-Scale Scrum 在实施过程中确实可能存在一些额外的负担，这些负担主要源于跨团队协调、产品积压工作的管理、角色和职责的扩展、工具和技术的适应性以及组织变革的挑战）时，我们试图通过“架构师”或“发布列车工程师”等角色来实现这一目标。接下来，让我们通过一个简单的文本示例来看看如何为一个虚构产品“POWERTRAIN”制作这样的总结。

在对 POWERTRAIN 进行了 4 小时的测试后，我们面临着三种选择：在当天解决以下问题后发布、直接以当前状态发布，或是明天继续测试。我们倾向先解决问题再部署。以下是我们发现的四个最严重的问题，预期如果发现更多错误，它们的严重性也不会超出以下情况：

- 在旧版本的 iPad 和 Safari 浏览器（特别是运行 2019 年以前操作系统版本的型号）上进行回归测试时，发现了一系列问题。这些版本虽得到支持并可以使用，但存在一些用户体验问题（缺陷 #2220），尽管有直观的临时解决方案，但用户体验仍然不佳。Safari/iPad 用户占总体用户的 0.25%，占销售额的 0.05%。我们同时也测试了其他浏览器。
- 新鲜蔬菜图标显示为“损坏图标”（缺陷 #2120）。
- 同时应用五个或以上属性过滤，再加上高级搜索条件（包含多个 AND 或 OR）时，无法返回任何结果（缺陷 #2229）。
- 评论字段限制在 2048 个字符（缺陷 #225），而需求是不限制字符数。值得注意的是，数据库中 95% 的评论长度都小于这个限制，并且错误提示信息清晰明了。

我们预计开发人员能在今天下午解决上述问题，并于明天上午 9 点部署产品。我们的测试工作主要集中在搜索功能、产品展示及购物车部分，因为这些是变动最大的模块。我们还快速检查了报告和控制面板功能，并创建了自定义目录功能。目前，我们面临三个选项：继续在这几个关键领域进行4小时的深度测试，对变化最大的区域进行更深入的测试，或是根据当前情况规划产品发布。

上述示例提供了一个文本总结，可能显得有些“繁琐”。在后续章节中，我们将探讨如何利用仪表板、思维导图、热力图和其他可视化工具，直观展示已测试内容与未测试内容的对比情况。

上面的总结信息中含有一些隐含的信息点，本节我们就来讨论它们。

首先，它向管理层提供了多项选择：“我们可以这样做，也可以那样做，或者采取第三种方案。”当只有一个选择时，人们会感到没有自由。当有两种选择时，他们可能会陷入两难境地。而给出三个或更多的选择后，人们开始感觉到自己掌握了控制权，能够根据情况做出更适合的决定。

其次，总结中表明，这些只是我们目前发现的bug。如果有更多时间，我们很可能会发现更细微的bug。

最后，它解释了哪些内容没有被测试。这为决策者提供了基于质量因素做出判断所需的信息，同时也提供了一种策略上的灵活性。也就是说，如果列出的bug看起来并不严重，那么即使不修复也可以相对安心地上线。毕竟，进一步的测试可能会发现更多此类bug。

而如果存在更多bug，但它们存在于我们选择不测试（或仅简略测试）的区域中，那么我们就不会面临“为什么没发现这三个问题？”之类的质疑。相反，我们让管理层参与到了决策过程中来，他们甚至不会提出这个问题，因为批评这个决定就是在批评他们自己。

向人们提供信息，让他们参与到决策过程中，这样他们之后就不会对你所做的决策进行批评。

有时候，组织可能不会听从理智的声音。他们会忽略你的警告，即使产品状况一团糟，即使是字斟句酌的警示也可能会被置若罔闻，你发现自己无力改变最终的结果。

即便在这样的困境中，你仍然可以找到积极的意义。当下次类似情况发生时，组织就有了学习和改进的机会。当他们说“这个项目感觉很像之前的POWERTRAIN项目”时，你可以回应道：“还有谁经历过POWERTRAIN项目？我们还想重蹈覆辙吗？”

如果你希望从事涉及测试的职业，并期望在这个领域有所作为，那么培养能够影响变革的能力是至关重要的。其中一部分涉及策略和政治手腕——你需要意识到大多数决策实际上在会议之前就已经初步形成，如果在会议中试图改变决策方向，可能会无意中让其他人显得不够称职或决策不当。

简洁有力的总结是一个好的起点。无论是口头表达还是书面文字，都需要练习这项技能。了解你的听众需要的信息量，学会根据他们的接受能力调整信息的多寡。首先陈述现状，接着给出原因，与受众熟悉的案例类比，最后提供多种可选的解决方案。

通常情况下，从事测试工作的人员往往没有决策权，却在承受压力，甚至常因团队中有人做出了仓促发布产品的不良决策而受到批评。我们也许无法完全避免这种情况的发生，但可以通过一些方式帮助领导者认同决策过程，有时甚至是促进整个组织从中学习和成长。

## 6.9　本章回顾

本章讨论了进行高效测试所需的测试相关技术，包括识别可能困扰用户的问题、准确报告问题、运用数据讲述一个有说服力的故事，以及做出预测。

然而，“变革”这一测试环节经常被忽视。如果没有这一环节，测试就仅仅是“我们为了将软件投入生产环境而必须做的例行公事”。另一个常被忽视的测试元素则是测试数据。在下一章中，我们将阐述为何测试数据如此重要，并为读者提供一些策略来收集和管理测试数据。以适应变化，消除错误警报并缩短调试时间。

# 第 7 章
# 测试数据管理

在本书介绍软件测试的过程中，讨论了向被测软件输入某些内容，然后执行一些操作，就能得到预期的输出。其中还谈到了软件所处的状态，但没有谈及数据的状态。

以添加页面及搜索功能测试为例：首次测试执行成功，但再次运行时触发“页面已存在”的错误。解决方案是采用动态页面标识生成机制，从而确保测试资源的唯一性。但是，随后又出现新的问题——搜索结果数量发生了变化。另一个典型案例是用户数据管理系统：分别在用户生日前后执行保费计算逻辑，会导致保费核算结果异常。这类由测试数据状态变化引发的问题，统称为测试数据管理问题。本章将讨论如何解决这一问题。

通过本章，读者将学到多种创建、存储、编辑、删除及恢复数据状态的技术。这些技术能让测试人员快速进入应用程序的关键测试场景，以便集中精力进行测试，而不是忙于配置各种设置项。同时，这些方法还能确保测试工具生成可重复、可靠的测试结果。为实现这一目标，我们将探讨几种常见解决方案及其面临的挑战。

本章主要探讨以下主题：

- 测试数据问题；
- 脚本化应用程序设置；
- 标准数据种子；
- 合成用户；
- 从生产环境拉取数据；
- 开发、测试和生产环境；
- 测试数据法规。

## 7.1 技术要求

测试数据需要执行保存、归档、加载、版本控制等管理动作，这使得它在某种程度上与代码非常相似。本章的目标是促进技术人员与非技术人员之间的沟通协作——即使是不懂编程的测试人员，也能够为测试数据制订技术需求，并推动产品负责人将这些需求作为持续开发的功能特性进行排期。您还将了解到如果没有这些管理工具，团队将需要额外投入多少时间成本。而通过阅读本章内容，开发人员可以快速理解这些概念，并立即付诸实施。

本章提出的解决方案倾向于高层次、与编程语言无关的概念，因此无需特意掌握任何编程语言。通过学习本章，读者将会在数据库和 SQL 语言方面获益良多，使用键值对存储和 NoSQL 数据库的团队同样也将从本章中受益。

## 7.2 测试数据问题

本书探讨了不同的测试模式，例如将特定功能作为独立元素测试看作一场用户旅程（像用户实际使用软件一样）。在用户旅程中，我们可以发现，细化自动化检查的颗粒度是很有意义的；而在其他情况下，通过整体审视整个系统则可以提供更大的价值。一位对我们有着深远影响的博主——乔尔・斯波尔斯基（Joel Spolsky），在他的一篇文章中也支持这种区分，并强化了用户旅程的重要性。本章，我们将引入更深层次的复杂性加以探讨。

下面是乔尔说过的一段话：

“计算机行业常戏称使用自己所开发产品的行为是‘吃自己的狗粮’，我忘记了这个方法多么有效，直到一个月前，我将 CityDesk 的一个版本带回家（离发布还有大约三周时间），并尝试用它搭建一个网站。”

“哎呀！出现了几个严重错误，让我根本无法继续操作，因此我不得不先修复这些问题才能继续。我们之前在测试中曾细致地检查每一个菜单项，都没有发现这些阻碍我们完成产品预期功能的重大问题。而尝试像客户那样使用产品时，在短短几分钟内就能发现这些重大问题。”

乔尔的这一见解无疑是正确的，但它也留下了一些未解答的问题。其文章中没有说明为什么这些功能在单独运行时都正常，组合在一起就会出现问题。其中一个答案就是“测试数据问题”。

乔尔所开发的软件 CityDesk，主要功能就是让用户发布网页。用户编辑页面后保存，再将其发布到网络上。从某种程度上说，它是一个早期的内容管理系统，就像是文字处理软件一样，能够在页面上显示内容、从磁盘中加载内容以及发布到网络（或发送到打印机）。在此过程中，还涉及数据状态，即数据在内存、磁盘或数据库中的表现形式。

### 7.2.1 数据组合问题

模型-视图-控制器（MVC）是面向对象编程的主要方式。在 MVC 架构中，对象管理着应用程序中的核心数据。当用户操作屏幕时，比如在绘图应用中创建一个新的圆，控制器会操作模型，例如向模型中添加一个位于中心（X，Y）位置、大小为 A、颜色为 B 的圆。随后，系统会调用视图，视图负责在屏幕上重新绘制。图 7-1 是一个模型-视图-控制器协同工作的示例。

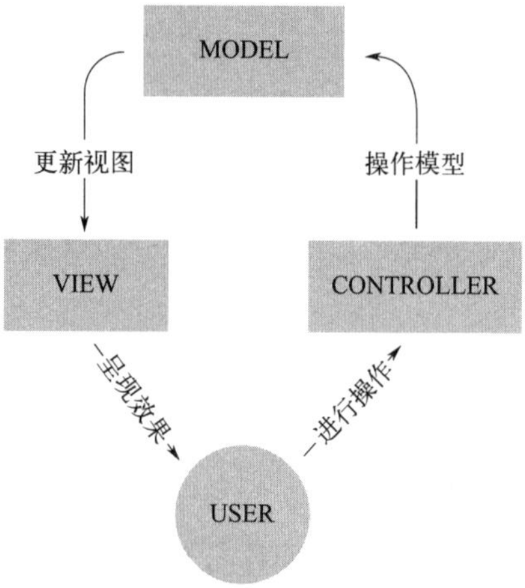


图 7-1　维基百科上定义的 MVC

大多数 MVC 框架也有将文件保存到磁盘或加载文件的命令。以绘图为例，我们希望保存关于圆的所有信息，而不是保存成图片，如果丢失图形的结构化数据（如圆形的位置、半径、颜色等），用户后续就无法再选中或修改图形，比如调整大小。

bug 可能会出现在软件状态发生变化的任何地方。软件的状态可能是在内存中的数据，也可能是正在执行的代码。图 7-1 中的箭头所表示的状态转换过程（这些转换可能改变内存数据、显示效果等）正是需要重点关注的环节。

本书将会把模型内部的数据称为模型的状态。随着时间的推移和软件的使用，这种状态会发生变化，这意味着视图应该根据状态的不同而绘制不同的内容。在大多数情况下，手工测试人员可以通过在脑海中跟踪状态的变化来推断出正确答案。在此，各位读者可以花费一些时间，思考其中蕴含的意义。

在前面的示例中，VIEW 函数负责在屏幕上绘制，用模型中的数据填充变量，比如填写名字、姓氏等信息。但模型中存在的组合数量可能接近无穷大。

例如假设屏幕像素是400×400，即使仅绘制一个直径为3像素的黑色圆形，其圆心位置可以是（1,1）、（1,2）、（1,3）、…、（2,1）、（2,2）、（2,3）、…，直至（400,400）。这样计算下来，就有160000种组合。如果画上两个圆，那么就有160000×160000，即256亿种组合。若再考虑不同颜色、不同直径和其他形状，就会呈现更为丰富的效果。

组合问题不仅仅局限于模型中可能的值或视图处理模型的各种方式，它同样也存在于控制器到模型的交互中。如果我们在图像中只添加一个圆，会很顺利完成。再添加第二个形状（比如正方形），包括保存和重绘功能，程序依然可以正常运行。但请考虑一种情况：开发人员将每种图形对象存储在不同的列表数据结构中，而圆的 export->() 函数会覆盖相同位置的所有圆形。我们只有在创建带有两个圆形的图像、保存并退出应用程序，然后重新加载图像时，才会发现这个问题。每种对象只绘制一个实例的测试场景（回想本章开头引用 Joel Spolsky 的话！）并不会暴露这个 bug。同样，仅仅绘制圆形并在屏幕上查看也不会发现此问题。在实际工作中，我们确实也在通信类软件和保险计费类软件中遇到过这种问题，对于保险计费软件来说，这个问题尤为严重。

如果数据的状态（无论是在内存中还是磁盘上）能影响软件的行为，那么我们就应该使用各种数据来测试软件。此问题被称为测试数据问题。

### 7.2.2 测试数据和数据库

在21世纪初的一次 STAREast 大会上，哈利·罗宾逊（Harry Robinson）向 Matthew 讲解了模型驱动测试。当时，罗宾逊是微软的一名员工（后就职于谷歌），专门研究基于模型的测试，Matthew 正在从事数据库方面的工作，专注于一个数据抽取—转换—加载（Extract-Transform-Load，ETL）程序。在走廊里，他偶然听到了一些有益的建议，当时的对话大概如下：

> Matthew：“哈利，这是一个简单的数据转换任务，它不需要维护状态。”
> 哈利：“……是你以为它没有而已。”

哈利的观点非常中肯，即使那些看起来没有状态的程序，也存在我们可能忽略的隐含状态转换。为了能准确理解这一观点，下面讲述一个关于数据库应用的故事。

我们曾参与的一个项目，需要重新计算人们在医疗保险计划的特定年份中自付的医疗费用金额，这部分被称为免赔额。测试人员设置了低于、等于和超出免赔额的医疗索赔数据，然后运行程序界面查看修正后的数字。

软件输出了正确结果，然后就发布到生产环境。第一天运行时，程序仅用了30 秒。第二天运行时，大约花费了 5 分钟。第三天，运行时间延长到了约 25 分钟。到了第四天，程序运行超过了 1 小时。进入第二周后，程序的查询变得极为复杂，以至于数据库超时，这时我们被召来进行项目救援。

该项目就是哈利所说的一个活生生的样例，即状态远比你想象的重要得多。

在数据库中，类似的问题会尤为突出。假如有一个数据库，通过州缩写在表中存储各州销售税信息。为了计算销售税，软件会取州地址进行查找。而软件的另一个功能则允许用户根据税收变动来更改税率。如果负责不同功能的测试人员彼此之间不互相沟通，那么账单就可能会出错，因为使用的州销售税率并不符合预期。表驱动功能可能比这要复杂得多。一个明智的开发人员经常会在数据库本身中定义大量的业务规则，只需要一条 INSERT 语句就能创建新功能，或是使用 UPDATE 或 DELETE 语句来更改现有功能。

为了确保成功，数据库需要包含已知的正确数据，以便将输出结果与预期结果进行比较。对于依赖表驱动结果的程序而言，开发人员可能需要将填充和更改数据作为测试流程的一部分来考虑。这正是本章关注的重点！

管理测试数据最简单的策略可能就是预定义一套数据集，可以根据需要随时加载到系统中。我们将这套数据集称为标准数据种子（standard data seed）。

## 7.3 标准数据种子

许多商业软件系统本质上都是持久化数据存储与前端界面的结合体。前端展示的数据都来源于某个地方，比如通过 API 调用数据库。而后端可以是任何形式，它可能在我们的控制之下，例如我们客户的数据库，也可能不在我们的控制之下，例如 TweetDeck 工具。该工具最初由一家独立软件公司创建，是一个帮助用户查看和规划 X（原 Twitter）帖子的工具，所需的数据直接来源于 X.com。

假如我们现在要测试像 TweetDeck 这样的一个工具。你可能会以某个用户身份登录，然后搜索特定内容，并确认这些内容是否在用户界面上显示正确——但这完全依赖于 X.com 是否拥有正确的数据。像“3 天前”这样的时间条件会逐渐过期，你将无法验证它们，无法持续确认它们的准确性。如果其他人也与你正在使用同一个账户，他们可能会修改数据，导致你的搜索结果出现差异。

下面，通过标准数据种子解决该问题。

标准数据种子（standard data seed）是指预先定义好的、经过保存及版本控制的数据集，可以在每次测试运行时加载到系统中。在电子商务领域，通过加载标准数据种子可以为测试用户加载大量的订单数据，以搜索这些订单，并获得预定义的结果。然后，我们可以添加一个新的订单，执行搜索并且应该能查找到该订单，该订单也应该出现在数据最前面，再执行一次其他内容搜索，该订单应该不会被搜索到，如此类推。在测试结束后，便可以删除数据，以使下一次测试运行重新加载后获得全新的测试环境。

涉及到外部服务时，情况会稍微复杂一些，但基本概念是相同的。一般来说，企业会通过使用桩（stub）、模拟对象（mock）和伪造对象（fake）来模拟外部服务，以提供预定义的结果。这种方法被称为服务虚拟化。有一些工具能捕获软件对第三方 Web 服务的调用记录，随后搭建替代服务器来重现这些预定义的数据响应。

经过多年的研究，我们发现成功的标准数据种子基本上都有以下特点。

- 数据导出、清除和加载的能力：为了拥有标准数据种子，我们需要隔离目标数据并保存，然后清除数据库，并在后续重新加载。对于文字处理软件来说，这可能就像使用保存和加载功能一样简单。实际上，我们发现这种功能不仅对测试和开发有帮助，对运营也同样有益，因为它可以简化支持流程和备份工作。我们曾与一些没有这种功能的团队合作过，他们在每个重大版本发布时，都不得不通过用户界面反复输入相同的数据。甚至有一家客户反映，他们在测试数据设置上花费了 40% 的时间。而采用标准数据种子后，这个比例可降低到 5%。一旦标准数据种子就位，就可以运行一个“干净”的测试，并准确预判所有返回结果，如用户名不会改变，搜索结果将是可预测的，订单历史也将是可预测的等等。数据种子还可以涵盖预期的测试场景，例如在 Socialtext 的项目中，我们设置了两组账户数据，其中某个用户只能查看其中一组，这样就能确保搜索结果仅显示其有权访问的账户数据。这虽是重大改进，但仍非完美方案。因为当存在大量测试用例或测试人员需要并行执行时，一组用户可能会污染数据，导致其他用户获得错误的搜索结果。因此针对这种场景还需专门设计测试流程。
- 同时运行测试的能力：确保这一点的一种方法是让每个测试都有专属服务器。这在几年前还是不可想象的事情，但现代的云计算工具使之变得简单且可行。另一种方法是在同一台服务器上部署多组标准数据种子。例如将一组标准数据种子导入到单独的目录中，创建者在导入时指定用户 ID（userid）和组名（groupname）的值，该组的元素仅对该用户可见。我们在过往的实践中发现，最佳实现方式是在测试准备阶段动态生成唯一的用户 ID（userid）和组名（groupname）。这种方法的好处是可以同时运行多个测试，而不会相互干扰。
- 考虑日期：正如之前提到的，TweetDeck 存在数据过期的实际问题。解决方案通常需要从架构层面入手，为了使软件具备处理特定“截止日期”的功能，通常需要在设计阶段就考虑这一需求。这样可以确保系统能够加载标准的数据种子，例如设置为距今恰好一个月的时间点上的数据。接下来，我们就可以通过记录目标日期与这个固定"截止日期"之间的天数差来简化日期的存储，即以天数偏移量的形式来保存日期信息。多年以来，我们不得不编写中间层转换程序，将文件中的日期向前推进，生成新的导入文件，以便导入的数据能显示为当前日期的偏移日期，例如三天前。在测试会计应用程序、季度报告、保险应用程序（其中保障日期至关重要）等情况时，这种处理方式变得尤为重要。我们更倾向于将更改日期（有时称为时间旅行）作为一项功能来构建，而不是试图绕过这个问题。

- 版本控制：团队需要一个类似于代码审查的流程，以让成员随着时间的推移更新标准数据种子。我们见过的最有效的方法是每个团队都拥有自己的数据，在内部更改代码时进行沟通，并将其存储在与生产代码和测试代码相同的版本控制系统中。

笔者曾经在 Socialtext 工作，产品是一个 wiki，即一种可编辑的网页。该服务器按照账户进行组织，账户可以访问一个或多个子 wiki，这些子 wiki 是以子目录的形式存在。用户归属于一个主账户，并且可能拥有其他子 wiki 的访问权限。该工具允许管理员导出 wiki，导出的内容会存储为一个单一的 tarball 文件，文件中通过文本存储网页内容和用户信息。在 Unix 系统中，tarball 是指将多个文件合并成单个文件的归档格式。开发人员可以导入 tarball 文件，导入后可创建子 wiki，而且还可以根据需要删除和重新添加。这些测试数据需要精心设计：既要保证数据量足以支持导航和搜索功能测试，又要确保加载时间控制在数秒内完成。

数据种子中有一个有趣的事情，就是测试数据驱动行为，接下来，我们将深入探讨这一点。

### 表驱动法：测试数据驱动行为

假如有一个生成用户手机账单的应用程序，一旦程序在内存中收集了所有项目并得到了小计，它就会遍历两个表来查找并应用任何州的销售税以及地方税，这些表格实际上驱动着应用程序的行为。如果在测试期间所有表中的数据都是正确的（假设所有州的销售税均为 5%），软件就可以产生正确的输出。然而，如果在实际使用中，没有用正确的州税率数据填充表，或者当州税率发生变化时没有及时更新这些表，那么软件就会突然出现错误。

我们将这类表称为查找表（lookup tables）。这类表能够定义哪些信息会被记录，哪些用户有权访问哪些信息，以及谁拥有编辑或删除的权限。在我们合作过的一家公司中，查找表包含了描述保险产品的智能代码，智能代码是手动输入的。有时候，这些表也会含有一些错误。

如果应用程序的部分行为是由表驱动的，那么一个负责任的风险管理流程应当审查表中的内容，明确数据如何变化、会带来哪些风险，以及测试流程应该如何应对这些风险。拥有一个既现实又标准的数据种子和对表实施变更控制流程，是降低此类风险的两种方法。

标准数据种子中数据的导入和导出能力引出了我们的第二种策略：通过命令而非用户界面快速创建信息，这种策略称为可脚本化的用户和数据结构。

## 7.4 脚本化用户和结构

当我们通过用户界面测试了创建用户和账户的功能，在同一轮测试中就不需要再次重复执行此操作。然而，我们可能还会遇到一些复杂的测试场景，比如上一节中提到的账户权限示例，这就需要大量的前置工作。

一种方法是编写自动化脚本，但并不直接参与功能测试，只是通过用户界面创建账户。但界面自动化脚本往往很脆弱，软件的微小变动都可能导致脚本失效。脆弱的测试难以维护，因为它们混淆了不重要的变化和重要的变化，导致软件在不应失败的地方出现了失败。修复自动化脚本通常需要重新运行到失败处，找到新的预期结果，修改代码，然后再次运行。这无疑增加了维护成本。此外，界面自动化脚本往往运行缓慢，因为它们需要加载真实的网页或运行连接到服务器的应用程序。

另一种选择是在设置阶段，通过某种自动化方式快速创建所需的资源。在 Socialtext 项目中，我们并没有通过用户界面创建账户，而是使用了一系列设置命令，类似于以下命令：

```
st-create account account%%unique%%visible
st-create account account%%unique%%invisible
st-add user user%%unique%%@socialtext.com --account account%%unique%%
st-import -account account%%unique%%visible data-seed_1.tar
st-import -account account%%unique%%invisible data-seed_2.tar
```

这些命令看起来可能有些复杂，但如果理解了前面所说的策略，那么含义其实是很直接明了的。首先创建了两个账户，并为它们加载数据，预期只从第一个账户中获得搜索结果。接着调用 st-add 命令将用户添加到第二个账户中，并重新进行搜索，这时候应该能看到来自两个账户的搜索结果。当然，潜在的测试场景是无限的。我们还可以添加第三个账户，将用户从第一个账户中移除后再进行搜索，以此类推。当第一个账户的权限被移除时，预期不会再看到来自那个账户的搜索结果，因为用户已无法访问该账户。

上述命令行代码块中的示例意味着我们可以在测试服务器上执行代码，或者作为一条执行 SQL INSERT 语句的命令、一个发起 API 调用的命令，或者其他方式。关键是要确保这一过程可脚本化。

创建账户和用户有助于测试尚未发布的软件。然而，一旦系统投入生产环境，实际情况中的数据可能与测试数据存在差异，从而可能导致出现未曾预料的问题。因此，下一节探讨一种在生产环境中运行检查而不引发问题的技术。

## 7.5 探索合成用户

我们测试的大多数系统都有用户和登录的概念，但也并非所有系统都是如此。有时候，被测系统是在线宣传手册或桌面应用程序，它们不需要用户身份验证和登录操作。然而，大多数需要编写测试文档的复杂软件都会包含某种形式的登录机制。设置不同用户的目的是隔离用户可以查看的内容，以及展示定制化和用户创建的内容，可能包括订单列表、购物车信息、信用卡详情、收发的电子邮件、公开发布的社交媒体消息，或者是浏览用户有权访问的他人发布的消息等功能。

这意味着每个用户看待系统的视角都是独一无二的。他们创建的数据组合可能对其他任何人都不可见。即使用户偶然报告了问题，由于缺乏技术细节或复现条件，这类问题通常也难以排查。此外，测试人员可能希望像真实环境中的用户一样查看系统，以便在生产环境中进行测试。在持续部署的模式下，软件的新版本会直接部署到生产环境中，但仅对具有正确权限的用户可见——这些用户很可能是开发团队的成员。如此，开发团队就能够在实际生产环境中验证新功能，验证通过后再全量发布。

为了使用合成数据，软件需要一类具有特殊权限的测试用户，这些测试账户需要能够执行普通客户在真实账户上所能做的一切操作。在电子商务系统中，操作可能包括登录、添加商品至购物车、下单、支付订阅费用，以及在订阅取消后无法访问软件等功能。然而，对于合成用户，订单不应实际发送至仓库，信用卡也不应被真实扣款（尽管订单页面显示扣款成功），重要的是，这些测试操作不应出现在财务报表或用户汇总中。更复杂的是，为了更全面地测试支付流程，可能需要配置两张虚假信用卡：一张用于模拟订单成功支付的情况，另一张则用于模拟支付被拒绝的情形。

我们称这些生产环境中的测试用户为“合成用户”。这种模拟账户不仅对测试人员有帮助，对销售、市场营销以及任何想要进行产品演示的人都非常有用。虽然另一个常见的做法是使用预生产（staging）环境，但我们发现预生产环境往往不够稳定。此外，通过功能标志（feature flags）为不同类别的用户开启或关闭功能的能力也极为强大，并支持在生产环境中进行测试和演示。这种方法还可以让团队能够在无需复杂部署步骤的情况下快速回滚变更。

迄今为止，大多数示例都是关于以测试用户的身份登录生产环境。这类用户可以下订单，但这些订单不应该出现在销售报告中，因为它们并不是实际收入。创建一类模拟用户，使其与报表、外部系统以及对其他用户类别的可见性相隔离，通常需要额外的工作。然而，这样的设计对开发人员、销售团队和支持团队来说都是非常值得的。

当开发人员和供应商谈到合成用户时，他们通常指的是比字面意思更复杂的概念。具体来说，他们指的是我们之前描述的所有属性，以及按需创建（及删除）用户的能力，以便在生产环境中将它们用作某种测试自动化的一部分。通常，这种测试自动化不仅仅是测试，更多的则是对系统的监控。例如，我们合作过的一家公司有一个自动化工具，能够打开浏览器、登录、等待主页加载、执行简单搜索、登出，然后关闭窗口。之后，该工具会等待 15 秒，并重复执行同样的流程。在每一个步骤中，工具都会记录时间，执行动作，等待页面加载，并将时间、动作及消耗的时间记录在数据库中。这样一来，公司就能够计算出页面加载的平均时间（均值）、中位数（中间值）以及众数时间（最常用的）。同时，如果网站出现故障或严重错误，该工具还能立即通知技术支持人员。

随着时间的推移，技术支持团队开始收到用户对于网站运行缓慢的投诉。当问题反馈到开发人员面前时，开发人员自己登录并未发现问题。登录工具显示登录速度稍有延迟，但不足以让大多数人察觉。后来，有人按小时对数据进行分析，发现早上 8 点到 9 点以及下午 1 点左右，登录速度特别慢。最后的结论是，企业客户全天都需要使用该软件，但夜间和午餐时间则处于不活跃状态，直到用户重新活跃时，工具会强制要求重新登录。事实证明，出于安全考虑，团队刚刚推出了一项新功能，即用户 30 分钟不活跃会被强制注销。

在这种情况下，解决方案相当简单，即将用户的活跃状态时间延长至 20 小时，并增加一个【保持登录状态】的复选框，使登录状态可持续一周。如此改动可以让用户在隐私安全与便利之间找到平衡。

合成用户能够像测试工具探索测试环境一样探索生产环境，并快速报告真实的端到端结果，包括时间延迟和错误情况。这些时间、错误和结果很容易以图表的形式展示，成为仪表板的一部分，向公司展示各项指标的运行情况。IT 运维部门几十年来一直在进行这类监控，但大部分报告都是内部系统指标，比如可用磁盘空间、处理器使用率以及进程在服务器上运行的时间。合成用户则允许团队从外部测试实时软件，如同真实用户一般操作。它们提供的报告虽不直接等同于技术性的测试调查，但却是强有力的、增值的工具。

合成用户倾向于在生产环境中执行操作，比如订购图书或购买股票。正如之前提到的，重要的是确保这些操作不会触发真实的业务事件。例如，合成用户可能会在生产环境中不断循环下单购书，但我们并不希望每周真的发出 1000 本书，也不希望对信用卡（可能是虚拟的）进行实际扣款。此类执行“几乎”完成但并未真正完成事务，且不在报表中体现的操作，被称为合成事务。生产环境中的合成用户和合成事务都是测试监控策略的重要组成部分，它们能直接影响到软件的质量评估。本章重点讨论的是测试数据，从某种程度上说，合成用户提供了测试数据，因为它们允许测试人员以用户视角观察实时系统。在某些情况下，团队可能需要保留特殊的合成（实时 / 生产）测试数据账户，因为它们可以持续提供价值。然而，合成用户和账户并不能提供全部的数据视图。获取数据的另一种方法是从生产环境中提取数据到测试环境中。

## 7.6 利用生产数据

有时候，工作并不完全受用户界面驱动。数据处理团队经常创建报告或处理事务（如处理保险索赔），或者只是将数据从一个系统迁移到另一个系统，包括 ETL（Extract，Transform，Load）工作。保险公司、银行、ERP 软件开发商和调查公司的主营业务都是如此。从事欺诈检测、数据提炼或数据挖掘的任何人也可能进行此类工作。

在这种情况下，公司可能希望通过复制服务器的实时数据来模拟生产环境。通常是按照某种时间表进行，比如每季度一次，或者复制生产数据的某一部分。这样可以确保团队查看的是实际数据，且数据量充足。

试想一下，如果你遇到疾病隐私问题，但公司里负责测试的人员可能会查看你的数据，或者有人能查看你的银行账户信息或信用评分，这将令人非常不安。近年来，各界对信息风险、隐私法规以及对客户隐私权益越来越重视，使用真实生产数据进行测试的做法将变得越来越不可用。本章后续的“7.8 测试数据法规”一节会讨论这些问题，而本节将在假设你已经找到解决这些问题的方法的前提下进行讨论。

利用生产数据可以支持各种积极的测试。例如，假设有一个数据提取任务，需要经过复杂的计算，确定哪些用户拥有某种类型的保险并已达到免赔额。开发人员可以将业务需求告知测试人员，然后，测试人员通过创建数据库查询来识别目标用户及预期的输出结果。开发人员实现数据提取后，将两个结果进行对比。如果结果一致，并不表示数据提取绝对正确，甚至不意味着开发人员完全理解了需求。但它确实也说明了，在现有的用户群体中，两位不同的人员针对整个抽样群体，对需求做出了相同的合理解释。在处理客户名单、理赔和交易时，这样的测试可能涉及数十万乃至数百万次。经过多年进行此类测试的经验，我们发现各种各样的条件组合是最有可能揭露需求未涵盖的场景，而简单的描述并未说明所有情况的应对操作。

访问生产数据还可以让测试人员从整体上审视问题。例如，如果平均每位客户的索赔金额是每年 7000 美元，但在某个特定的数据提取中，这一数字仅为 900 美元，这可能就是一个线索，表明数据提取存在问题。

鉴于我们一直在讨论将生产（实时）数据迁移到测试环境的话题，因此我们最好花些时间了解一下“环境”是什么。

## 7.7 开发、测试和生产环境

本地存储的电子表格程序不需要特定环境，用户可以在任何环境下运行。如用户在电子表格中输入公式、制作图表，甚至写一些简单的宏。用户每做一步，都能立即看到结果，即编即测，结果立竿见影。然而，一旦涉及到服务器端存储信息，并需要执行服务器端代码时，我们就需要考虑代码从开发人员到生产服务器的路径。经典的做法是设想一个某种形式的晋升路径（promotion path）来管理代码的迁移过程。本节将通过几种不同的方式描述这个路径可能的样子，其中某些方式可能与实际项目中使用的方式非常接近。

以一个新开发的轻量级网站为例。该网站规模小、运行快，开发人员可直接在本地（使用与生产服务器相似的 Linux 系统）运行代码。现代的持续集成系统能生成包含 Web 服务器全部依赖的交付件，甚至直接打包成容器镜像（如 Docker）。开发者可在本地运行该镜像进行测试，随后通过构建 / 部署系统将其推送到云端服务器完成部署。对于单人开发测试的场景，可能仅需本地和生产两套环境；规模较大的项目则可能需要配置一个或多个测试服务器，比如两个预发布 (staging) 服务器：其中一个完全隔离，不连接任何第三方服务；另一个则可以对接合作部门的测试服务器进行联调。最终才是正式上线的生产环境——也就是面向用户的真实系统。

实际上，上述提到的每个环境（如本地环境、测试服务器、回归和生产环境）都不止一台服务器，而是一个微型网络。在这个网络中，包含了公司运行软件所需的一切元素，从数据库、Web 服务器到监控系统、容器编排等所有组件都被整合在一起。然而，这样的环境往往会缓慢、脆弱且维护成本高昂。

我们之所以需要这些环境，一个重要原因是为了在数据库中准备随时可用且可预测的测试数据。对于开发人员和初始测试而言，空数据库通常就已足够。有时，开发人员可以通过模拟（mocking）所有外部服务来简化测试环境。然而，测试的后期阶段通常需要类似于生产的环境，以确保所有服务能够以集成的方式协同工作。

传统的“开发（dev）/ 测试（test）/ 预生产（staging）/ 生产（production）”环境模式往往导致需要维护的环境数量不断增加，成本也随之上升。虚拟化、容器化以及云计算的到来简化了这一过程，可按需为用户提供环境，也实现了过程的合并。采用这种工作方式的公司可能只需要维护开发环境、预生产环境和生产环境。然而，按需环境也带来了三个挑战：成本、创建时间以及数据管理。成本方面，尽管云服务提供了弹性计费，但过度使用或配置不当仍可能导致费用激增；时间方面，虽然理论上环境可以迅速创建，但实际配置和优化可能耗时众多；数据管理问题是最复杂的，因为需要确保测试数据既有代表性又不会泄露隐私。经典的单体架构是指完全自给自足的单一应用程序，拥有单一的代码库，一次性构建和部署所有内容。这种架构易于上手，但随着时间推移，其会变得庞大、成本高昂、脆弱且难以更改。此外，数据的存储也是一个问题。实践中，大多数公司要么维护少量开发使用的数据库，要么在创建数据库时有许多标准的数据种子可供选择。

另一种开发环境的设置方法是明确需要单独测试的内容，并维护一个依赖关系树，这样就可以仅针对服务所依赖的部分进行测试。这种方法是在完全独立测试服务和端到端测试整个系统之间的一种折中方案。当我们创建一个只包含服务及其依赖项的测试环境时，通常会使用像 Kubernetes 一类的容器编排工具来实现，我们称之为创建“星座”测试环境，就像一组星星组成的星座一样。

## 7.8 测试数据法规

《健康保险携带和责任法案》（HIPAA）并没有直接禁止将数据复制到测试环境，但它明确规定只有需要访问数据的人员才能获得访问权限。例如，客户服务人员应能访问当前客户的信息，但访问程度应限制在其为客户提供支持所必需的范围内。因此，公司及其审计人员必须评估确定用于测试所需数据的数量和敏感度，确保符合 HIPAA 的隐私和安全要求，同时也要考虑到数据的最小化使用原则，尽量减少潜在的隐私泄露风险。

金融监管更为严格，包括支付卡行业数据安全标准（PCI DSS）和个人识别信息（PII）。原因显而易见，银行和保险公司并不希望每个人都能获取全名、出生日期和唯一法定标识符三项信息。在美国，法定标识符通常是社会保障号。这就造成了测试和开发部门与安全部门之间的紧张关系。测试和开发团队追求的是创造和验证功能的灵活性与有效性，需要能够自由地访问和操作数据来确保软件质量，而安全部门则希望将权限限制在尽可能小的范围内。

其他法规还有美国食品药品监督管理局（FDA）和欧盟的《通用数据保护条例》（GDPR），以及 SAS70、SSAE 16、SOC（服务组织控制）和 ISO 9001 等自愿认证标准。这些自愿认证通常要求企业书面记录其业务流程、为防止欺诈所设立的控制措施、如何进行审计以确保遵循流程，以及审计日志的跟踪方式。遗憾的是，企业在撰写这些流程文档时，往往基于一种理想化的“应该如此”，并未充分考虑实际操作中的灵活性和效率需求。系统中的工作人员常常面临两难选择：要么违反规则以提高测试效率，要么严格遵守规则但牺牲测试效果。

一些公司采取折中方案，在数据向后迁移的过程中对其进行匿名化处理。对于用户数据，会对保障号码进行匿名化处理、将地址更改为附近区域内的其他有效地址、更改姓名和出生日期——同时确保年龄在 18 岁以上的用户信息显示为成年人，18 岁以下的用户是未成年人等等。如此，对数据进行了混淆处理，但仍保持其足够可用和有用。这一过程相当繁琐，以至于市面上出现了许多大型且昂贵的专用软件工具。这些工具可能值得考虑，但我们还是建议亲自阅读相关法规。根据我们的经验，大多数公司只是沿袭以往通过审计的做法，未必真正深入了解规定。我们不希望测试被可能并不存在的规定所束缚，而是希望测试人员成为这一领域的专家。

成为专家的必要条件就是要深入了解实际情况，包括用户行为监控功能（User Spy Feature）。

用户行为监控功能指能够以用户的身份登录，并查看他们所看到的精确内容。细心的读者应该已经意识到其中潜藏的巨大风险。

然而，对于用户生成内容（UGC）驱动的软件而言，用户行为监控（或用户导出 / 导入）功能对于技术支持、测试和开发来说，可能是极其强大的功能。一种做法是监控每一次会话，对其进行审计，并在以监控身份操作前获得用户的明确许可。另一种方案是像之前讨论的方式那样将数据匿名化。不过，这仍可能会存在一些问题，例如当匿名化的数据出现在屏幕上时，某些数据可能难以理解或看起来毫无关联。

公众压力的增加，以及隐私法规的日益严格，迫使企业更加谨慎地权衡用户监控功能的利弊。至少，企业可以在架构中添加日志记录功能，记录谁使用了用户监控功能登录、监视了哪些账户、何时进行监视，以及采取了哪些行动，或实施双主管审批机制，甚至要求留存授权录音等证据，确保这些日志或资料可以接受审计。

## 7.9 本章回顾

测试数据管理这一话题听起来就像摇篮曲，可以帮助人们快速入眠。然而在实际工作中，了解测试运行时的预期结果是非常重要的。如果想要知道预期结果，就必须知道测试数据中有什么内容。本章讨论了设置测试数据的方法，比如建立标准的数据集、使应用程序设置脚本化，以及在生产环境中创建测试用户。获取准确测试数据的方式包括从生产环境中拉取数据，或管理开发和测试环境中存在的数据。最后，还考虑了可能给测试数据带来额外挑战的法规问题。通过本章的学习，读者应当已掌握创建稳定且不会过期失效的测试数据的方法，从而避免相关问题对测试计划的影响。不仅如此，读者还应能识别并修复系统架构及测试计划中存在的问题。

掌握了测试数据管理后，我们对所谓的“Just Testing”便会有清晰的认识。也就是说，给我们一个构建版本，我们就可以进行测试并给出测试结果。接下来，本书将进一步探讨如何界定测试范围、测试频率，以及在何时介入。为了理解这些内容，我们需要将焦点从测试业务本身转向其边界，即测试与交付相结合的地方。在第 8 章中，我们将通过讨论交付模型来深入研究软件测试与交付的交集。

# 第二篇 测试与交付

本篇将讨论如何将测试整合到整体的开发图景中。例如，测试如何融入Scrum，这是Scrum的作者们从未真正讨论过的话题。这并非疏忽，而是有意为之。因为Scrum的核心理念是赋予团队自主权，让执行工作的人员自行决定如何完成工作。随着Scrum越来越受欢迎，并开始应用于市场营销、人力资源管理，甚至儿童家务清单等领域，提供具体的技术指导实际上变得越来越没有价值。然而，让每个团队都从头开始摸索显然是不明智的。因此，本篇首先介绍了不同的交付模型，然后将测试分解成不同的构成元素，并重新组装以满足你的交付需求。

本篇主要内容如下：

- 第8章 交付模型与测试
- 第9章 测试的构成元素
- 第10章 制订测试策略
- 第11章 精益软件测试

# 第 8 章 交付模型与测试

在前几章中，我们将软件测试作为一个独立的过程进行研究——也就是说，对正在运行的软件进行测试，以找出质量风险。第 3 章和第 4 章中的单元测试、测试驱动开发 (TDD) 和实例化需求部分将测试和开发稍微结合了一些，但大部分时间我们没有讨论软件是如何来到测试阶段的、团队是如何反馈缺陷的、软件是如何发布的、测试是如何处理现场问题的，等等。借用一个比喻，这有点像讨论钉子和木块，却不提锤子、测量、设计和木工技术。

本章我们将拓宽视野，讨论测试工作和测试人员如何更广泛地与团队互动。测试可为团队提供信息，不仅使团队了解目前的处境，还有想要达成的目标、如何实现这些目标，以及如何优化风险管理和其他活动的时间。为此，我们将在测试语境中探讨软件开发的各种模型。需要说明的是，本章无意定义何为“正确的”或“真正的敏捷”。正如阿尔弗雷德·科尔兹布斯基（Alfred Korzbski）所说的那样，“地图并非疆域”，抽象理解的世界并不等于现实世界。本章的目标是助你洞察那些塑造了团队当前状况的理念，并为你提供多种选择，以指导团队未来的发展方向。

在本章中，我们将主要讨论以下话题：

- 瀑布模型；
- Scrum 和 SAFe ；
- 极限编程；
- 看板；
- DevOps、SRE 和平台工程。

本章旨在为读者提供一系列工具，以解释当前交付流程中的权衡，也就是说，解释为什么当前执行 X、Y 和 Z 动作，会预期产生 A、B 和 C 的结果。如果测试人员遇到质疑，那就是第 12 章至第 15 章将讨论的内容，我们称这部分内容为“职场实践”。

现在，让我们开始讨论不同的软件交付方式，以及测试如何支持这些交付风格。

## 8.1 技术要求

本章将全面探讨软件工程过程，并深入讨论一些编程概念。对于刚接触软件工程过程的新手而言，在交付理念方面将会有很多收获。对于精通此领域的人来说，可能是首次从测试的角度完整理解整个软件过程。预期读者将学会如何解释过程、定制化过程，以及理解其中的权衡。

为此，本章将从基础的瀑布模型开始，甚至从编码和修复（code and fix）开始介绍。

## 8.2 瀑布模型

瀑布模型最广为人知的是温斯顿·罗伊斯（Winston Royce）的论文（链接8-1）。早在1970年，罗伊斯就观察到软件交付的最简单模型是编码和修复——编写代码直到遇到问题（很可能是编译错误），然后再编写更多代码来修复。虽然我们对这种风格嗤之以鼻，但对于某些场景也可能是合适的，比如客户、经理和程序员是同一个人的情况，或者也可能适用于大学一年级的编程作业。

20世纪70年代，软件开发已经成为一个足够大的行业。例如IBM system/360在20世纪60年代至70年代开发，拥有数百名程序员。即使对于规模更小的项目，管理者也开始提出一系列问题，比如：

- 这会花费我们多少钱？
- 什么时候能完成？
- 我们将得到什么具体的东西？
- 能确保软件具备（例如）单点登录、密码重置、搜索结果分页，或其他特殊功能吗？
- 得到的软件能正常工作吗？

本书的重点是回答最后一个问题。但到目前为止，你应该对其他问题，以及对造成问题难以回答的不确定性有所了解。在首次介绍编码和修复之后，罗伊斯的第二个概念就是被称为瀑布模型的方法（图8-1）。

这里的想法很直观：确定你要构建的内容，明确如何构建，进行测试，然后投入使用。但人们忘记了罗伊斯论文中紧跟在图表后的话：“我相信这个概念，但其实施起来充满风险，容易失败。”

罗杰·弗格森在大谷州立大学教授的软件开发管理课上曾说过：瀑布模型在项目一开始就固定了进度表，那时团队对他们将要构建的东西知之甚少，并将成功视为遵循某些人敲定的时间表而理所应当产生的结果。可见，瀑布模型的主要好处是使管理者的工作变得简单。

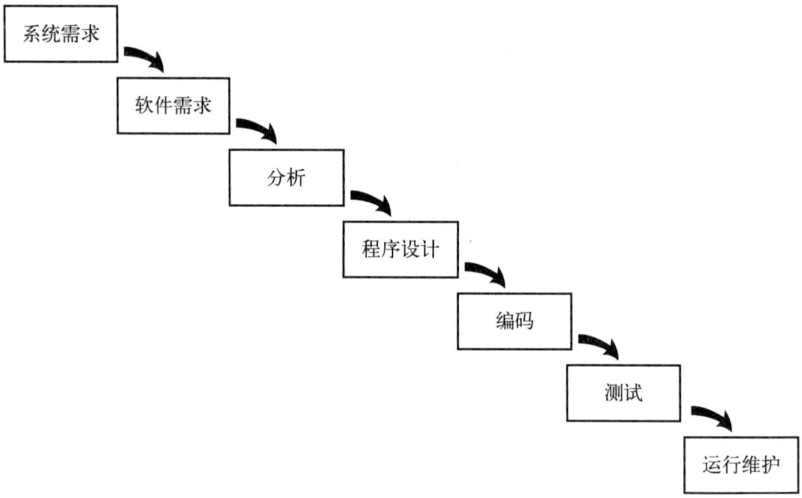


图 8-1　瀑布模型图

在手头有了时间表后，高级管理层可以询问进展情况。如果事情进展顺利，他们可以回去打高尔夫。如果进展处于警告状态，管理层可以指出问题并要求更频繁地汇报。如果进展是红色警告，管理层可以要求更频繁地汇报，创造紧迫感，并施加压力，直到有人告诉他们一切都会好的。

这就是测试发挥作用的地方。

注意，在项目的其他阶段，都有人可以说该阶段已“按时完成”。需求之所以完成，是因为预定的截止日期已过。技术规范也是如此，这是对软件功能的工程语言描述。设计文档也同样会随着预定日期的到来而宣告结束。即便是编码，也可以“按时完成”，只不过可能完成得不够完美，并且编码还可以在测试阶段继续进行。

正是在测试阶段，我们才会首次真正客观地反馈软件的问题。测试人员将不得不去找项目经理，并说：“我知道你想在一个月内发布，但我无法登录。如果我尝试搜索，我会收到错误信息。我在更改任何关于我的个人资料时都会出错。产品图片也不显示。还有……”

只有在测试中，我们才能得到真实情况的客观反馈。后续章节将讨论关于软件交付的更现代的方式。在所有这些模式中，测试都被提前并更频繁地进行，与软件交付的交织更加深入。许多模型提供了迭代方法，可以快速将简单的系统投入使用，以获得快速反馈。

罗伊斯也没有局限在前一个图表上。他迅速引入了“回流（backwash）”的概念，即过程可能不充分，并被推回到前一阶段。后来他承认，在测试中发现的缺陷可能会将过程推回到更早的阶段，甚至可能回到需求阶段。他建议先构建一个（最终会被丢弃的）原型——因为团队很可能会丢弃第一个版本。最终，罗伊斯在瀑布模型论文中提出了连续细化的建议。图 8-2（参见链接 8-1）中的示例可能令人不知所措，感觉混乱。实际上，它是一个大而全的模型。这个示例略带瀑布模型的灵感，但每个阶段都有一系列的细化步骤，包括原型设计和预期变化。

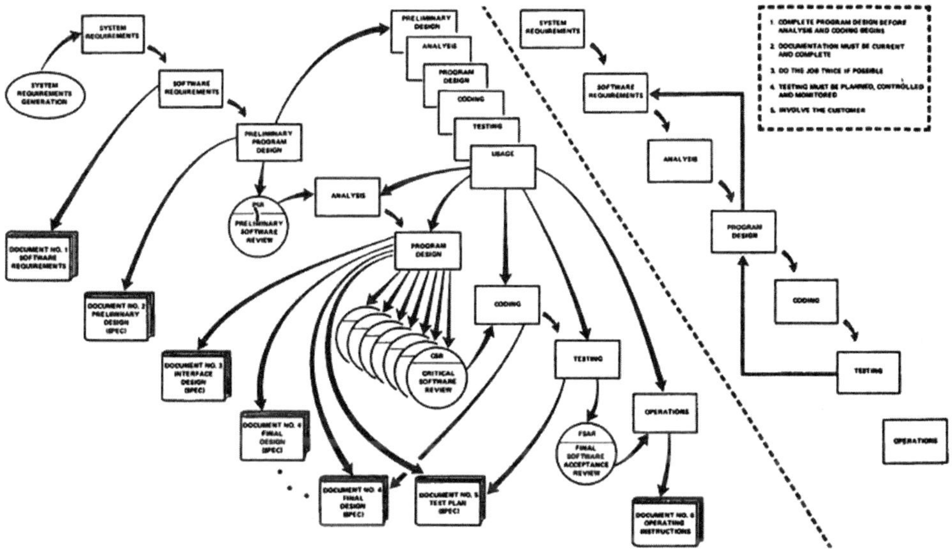


图 8-2　瀑布模型论文中的最终过程建议

我们意识到上面的例子可能有些难以理解。想象一下 20 世纪 70 年代末的一位中层经理，在个人计算机尚未普及之前，阅读这篇论文并试图为他们的公司搞清楚软件开发过程，并且知道老板会询问关于成本、时间和功能的问题。在当时，打字机和油印机是最先进的设备，流程文件放在三孔活页夹中。这种情况下，直接采用前述的图表，为每个方框写一个进度描述，然后宣布完成，听起来确实很吸引人。

但随后，所有的开发过程都将试图平衡瀑布法引入的“回流”问题。

我们并不是对瀑布式思维过于苛刻。我们认可其优点，甚至在软件开发中有一席之地。

### 8.2.1 瀑布模型的优势及其适用场景

在瀑布开发中，测试看起来只进行一次。然而，如果我们能深入测试这个环节，在大多数项目中，它更像是以下过程：

（1）测试所有内容；

（2）确定需要修复的内容；

（3）等待修复；

（4）重新测试已修复的内容，围绕变更的内容再测试，核心组件和其他重要部分再测试；

（5）确定仍需修复的内容；

（6）等待修复；

（7）重新测试已修复的内容，围绕变更的内容再测试，核心组件和其他重要部分再测试；

（8）确定仍需修复的内容；

（9）等待修复；

（10）重新测试已修复的内容，围绕变更的内容再测试，如此类推。

随着时间的推移，重复测试的数量往往会减少。当测试完成时，我们就把产品投入使用，并称其为完成。

如果软件在运营后继续开发（如果变更较小，则有时称为“维护”），团队需要找到一个新的测试策略。这种持续维护更类似于我们接下来要描述的迭代开发：进行更改，然后做一些测试，最后上线新功能。

瀑布模型方法对于需要在一天、一周甚至一个月内建立的项目来说，可以完全正常工作。发现缺陷的周期越短，市场情况变化越少，瀑布模型就越有意义。

瀑布模型的另一个应用是为尚不存在的硬件构建软件。不仅硬件不存在，而且硬件的性能比以往任何存在的硬件都要强大，因此无法在模拟器上运行。在这些情况下，把设计写在纸上，程序员就可以把工作分解为不同的组件，这些组件通过明确定义的接口进行交互，一旦可以进行编程，程序员们就可以各自负责一个明确定义的部分，从而使并行开发变得更加容易。可是如今我们却忘记了这一点，使得软件开发中经常出现分支和合并问题。

在结束瀑布模型讨论之前，让我们花点时间谈谈 V 模型。

### 8.2.2 V 模型

前文介绍了直到最后阶段开发人员才获得反馈的传统测试方式。V 模型则将测试过程细分为多个阶段（图 8-3）。在 V 模型中，首先是沿瀑布模型向下，进行需求分析、设计和编码实现，然后在测试阶段向上爬升，进行单元测试、集成测试和系统测试。在 V 模型中，可以在一开始就编写系统测试计划，为设计方案制订测试计划，并对文档进行测试。

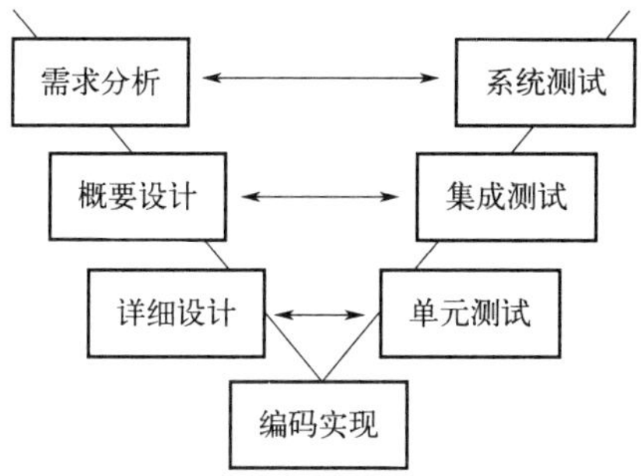


图 8-3　V 模型

V 模型确实是一种测试的思考方式，只是我们从未真正看到事情按照文档建议的方式发展。我们在航空控制等实时系统方面的经验有限，但有些朋友从事过这方面的工作，并非常努力地以严谨的方式应用 V 模型。然而，它与瀑布模型有相同的根本问题，即在最后阶段才构建整合所有部分。

实际上，我们所见过成功的“瀑布模型”项目在开始时有原型，过程中有变更，开发者一边编码一边进行单元测试，测试人员在流程早期就获得了部分可以运行的软件进行探索，并试图找到更好的方法，更频繁地执行测试和集成。

### 8.2.3　迭代式、增量式和迷你瀑布模型

在使用瀑布模型时，直到测试和集成阶段才真正知道各个部分如何组合在一起。现代工程实践，如持续集成，可以减少这种不确定性　—至少可以确保单元测试运行，并在过程中逐步构建软件。一些团队希望每个微小的功能都在构建过程中得到很好的测试，这个过程被称为增量构建，有时也被称为增量交付。例如，团队可能会将每个功能定义为一个故事，并在过程中测试每个故事。在使用瀑布模型时，通常仍然需要进行某种形式的最终验收测试。如果团队之前有疏忽，直到最终测试时，才发现可能一切都不起作用，项目会因此延迟数周甚至数月。也就是说，瀑布模型直到最后阶段才能交付价值。

相比之下，迭代式交付需要按顺序列出必要功能以构建一个简单可运行的系统——也就是说，实际使用软件所需的所有功能，但首先是最重要的功能。对于求

职网站来说，一开始可能只是一个职位列表，没有搜索功能，用户只需通过电子邮件发送简历即可。从商业角度看，你可以出售广告和职位列表。在此基础上，你可以提供有多少人点击的统计数据，然后隐藏电子邮件地址，让用户提交简历，这样你就可以跟踪申请情况。接下来，还可以实现让用户可以创建账户并上传简历的功能，这样用户可以一键申请。之后，开发搜索功能，使雇主能够搜索现有简历。此外，人们可以根据工作类型提交多份简历，以帮助用户突出显示不同方面的经验。

显然，迭代式交付可通过一系列的迷你瀑布模型来实现（图 8-4）。每隔几个月或更短的时间，团队就会经历一次需求收集、设计、编码、测试和部署的循环。在没有精湛的软件工程技能的情况下，测试过程往往会变得更加昂贵，并导致更大的延误，因为团队在测试过程中需要覆盖越来越多的软件功能特性。在 20 世纪 80 年代和 90 年代，当软件通过物理磁盘逐次发布时，迷你瀑布是有意义的。21 世纪初的领导者在这种环境中成长，他们将这种模式带入了一个非常年轻的互联网，但互联网及物理服务器的兴起改变了软件部署的方式，迷你瀑布模型的测试问题成为一个主要痛点，这导致了对工具化和测试执行过程自动化的关注，这是我们在第 2 章中学到的教训。

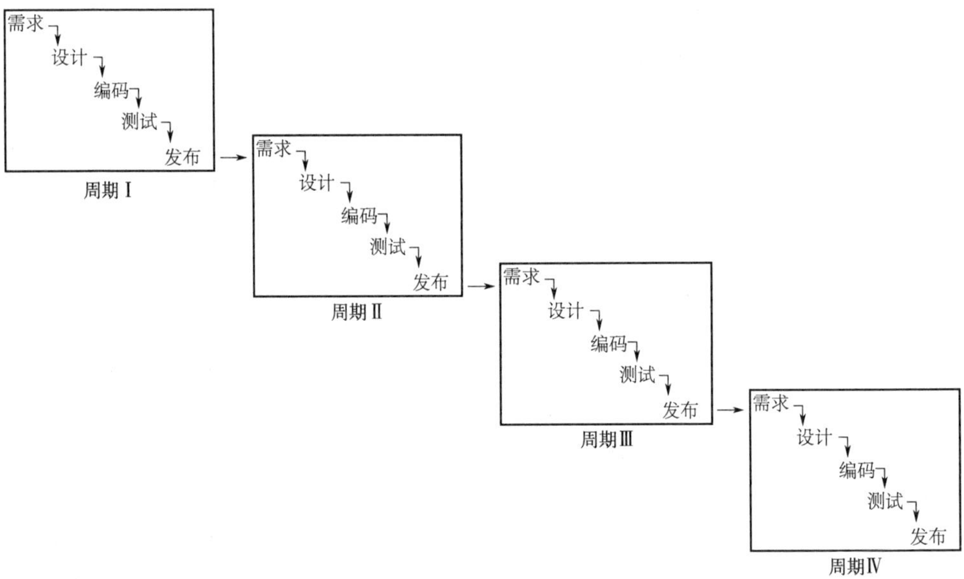


图 8-4　迷你瀑布模型

迷你瀑布模型是增量式的。如果软件在第一周期后就能发布，则该方法也是迭代式的。Basecamp 的母公司 37Signals 将这一理念发挥到了极致。Basecamp

有初始 30 天的试用期，所以该公司发布了一个没有后端计费系统和信用卡功能的产品。毕竟，在一个月内产品不需要这些功能。如果等到所有功能开发完成再发布，而且用户在试用期结束后才付款，从商业角度看，这会使 Basecamp 回款时间推迟大约一个月。

正如先前所讨论的，迷你瀑布的主要问题是测试。每次变更都需要完整的软件交付流程。比如，某个开发周期可能只是简单地在报表中加一列，而这种高频的小变更导致了测试工作的压力变大，因为每次都要考虑回归测试、兼容性等问题。

另一方面，以向报表中添加一列为例，实际不需要测试软件的其他部分。如果我们能够查看代码更改，识别唯一的变更是在报表中，并理解架构，可能只需要测试报表本身。学习技能和方法来理解需要测试多少内容，是本书的重点之一。

在 2000 年后，原本通过物理磁盘交付的软件开始转移到互联网上，包括电子商务在内的新应用开始在互联网上发展。就在这种变化发生之前，一群创新者开始创建新类型的软件过程，称为敏捷过程。这些过程被设计为支持增量和迭代交付，但原因各异。我们首先要提到的实践是极限编程（XP），它席卷了编程界，但对管理层来说难以采纳。第二个是 Scrum，管理层更易于采纳，但没有为测试人员提供具体建议。我们将讨论这两者可以如何合作，它们对测试意味着什么，以及软件界从中吸取了哪些经验。

## 8.3 极限编程（XP）

极限编程，也称为 XP，起初本质上是一个思想实验，探索如果将好的实践推向极限会发生什么。以下是 XP 提出的一些问题：

- 如果较短的交付周期（迷你瀑布）是好的，那么将工作组织成两周或更短的迭代，并且至少每三个迭代部署一次怎么样？（这个目标后来缩短到每个迭代）
- 如果与客户紧密合作是好的，那么是否可以让一位现场客户成为团队成员？（对于远程团队，这将是一位常驻团队的客户 / 决策者，而不是仅仅提供一份需求文档）
- 如果代码审查是好的，那么是否可以持续进行代码审查，常态化进行结对编程？
- 如果测试是好的，那么是否可以在编写代码之前进行单元测试，使用测试驱动开发（TDD）？

- 如果增量工作是好的，那么是否可以将功能切分成子功能，由一对程序员在一两天内构建？这些子功能会有客户能理解的验收标准，并且可以自动化测试。
- 如果更频繁的集成是好的，那么每完成一个故事就运行自动化构建和所有单元测试怎么样？
- 如果让程序员“拥有”一个功能是不好的，那么简单地实行集体代码所有权，并允许团队中的任何人随时更改代码库中的任何内容会怎样？

极限编程有十二种实践可供探讨 ( 链接 8-2)，但上述问题列表已经表明了 XP 的一些亮点。回顾 XP 引入后的 25 年，一些实践现在已经完全成为主流，如持续集成和单元测试。得益于 Scrum（我们将在下一节中讨论），许多团队都配备了全职人员，有权代表客户发声。如今，在软件开发中“教练”角色也很常见，这在 XP 之前并非如此。最重要的是，XP 打破了瀑布模型，将设计、编码和测试交织在一起，由程序员或程序员结对完成。

在结束 XP 的讨论之前，让我们探讨一下 XP 旨在解决什么问题。

极限编程的第一个重大项目是克莱斯勒综合薪酬系统（Chrysler Consolidated Compensation），简称 3C 项目。通过 3C 项目，克莱斯勒公司试图将其所有的薪酬系统合并。3C 是一个命令行程序，能从数据库读取数据并创建文本文件，然后发送给供应商。因此，3C 没有用户界面，其更像是一个提取-转换-加载（ETL）数据项目。因此，该项目的创建者不必考虑复杂的用户交互，也不必处理在事件驱动的软件中经常出现的问题。

值得注意的是，3C 还是一项新方法的实验，涉及增量和迭代开发。在 3C 之前，克莱斯勒采用瀑布式方法，可能会花费一年时间与外部供应商编写需求文档。一年后，第二个供应商可能会介入，将需求转化为完整、正确、一致的技术规范。这个过程可能又需要 18 个月，因为第二个供应商可能会抱怨第一个供应商做得很糟糕。在这之后，内部程序员可能会被召集来花一年时间进行设计，然后频频指出外部供应商不了解公司，他们必须重新做一些工作。经过两年的设计，甚至更久，编码才能开始。到那时，项目已经进行了五六年。公司希望抓住的任何机会可能都已经成为过去式。当一位新的首席技术官或副总裁进入公司，或者公司经历重组或重新进行预算划分时，项目可能被取消。到那时，项目将没有任何成果展示，也没有交付任何价值。

由于希望每六周或更短时间内发布代码，实际上初期的 XP 团队处于一场竞赛中：在领导取消项目之前，团队争取部署可运行的软件。3C 并非此类重大项目的首次尝试，但它是第一个交付实际成果的项目。软件的第一版功能并不全面。它没有薪资扣除功能，不处理税务，且只适用于公司总部的员工。具体而言，它仅处理每周工作不超过 40 小时的小时工的薪资，因为它无法处理加班的情况。因此，3C 的第一版实际上只处理了公司总部实习生的考勤，但它完成了整个流程，不仅仅是将数据加载到暂存表中，而是完成了从头到尾的业务流程并最终可打印考勤记录。

在这里起作用的系统性因素与大致同一时间形成的 Scrum 截然不同。接下来我们将讨论 Scrum，然后是看板方法，最后再谈谈更现代的技术方法以及它们对测试策略的影响。

## 8.4 Scrum 和 SAFe

假设你负责一个软件开发项目，并且你可以从经验丰富的专家中精选人员。与其让多个设计师负责设计阶段，多个程序员负责构建阶段，不如精心从群体中挑选成员组建团队。在团队会议上，你告诉他们，每个人都是因为被认为最适合参与这个对公司或组织极为重要的项目而被选中的。这可能会让他们感到些许不安。接着，你向他们详细介绍待解决的问题，提供完成类似项目所需的时间与成本，以及系统的期望性能指标。当他们逐渐意识到自己被选中承担重要任务时，你再次提升挑战，告诉他们要在一半的时间与成本内，打造出性能是其他系统两倍的产品。然后你告诉他们，如何实现目标由他们决定，你的职责是确保他们获得所需资源。如果他们有求于你，你随时待命提供咨询。你希望定期收到他们的进度报告，尽管这些报告不像瀑布模型那样频繁或详尽。最终，在约定的时间里，他们交付了一个性能和成本都达到你预期的系统。

听起来像童话故事，不是吗？

这段引言出自 Peter DeGrace 和 Stahl 的著作 *Wicked Problems，Righteous Solutions*，描述的是他们在 1993 年定义的 Scrum 过程。三年后，Ken Schwaber 和 Jeff Sutherland 在 OOPSLA 会议上提交了一篇论文，正式确立了我们今天所知的 Scrum 过程。

下面是 Scrum 的简要概述：

- 软件开发工作被安排为持续 30～90 天的冲刺（Sprint）。每个冲刺结束时，团队都会交付一版功能得到增强的软件。
- Sprint 中要完成的工作被组织在一个名为 Sprint Backlog 的列表中。
- 员工从 Sprint Backlog 中领取新工作并进行处理。
- 团队成员每天进行站立会议，讨论如何加速 Sprint。这有时被称为 Daily Scrum。在 Daily Scrum 上，团队成员通常讨论他们昨天做了什么，今天将做什么，以及是否有阻碍。
- 在 Sprint 开始时，团队会开一个计划会议来讨论 Sprint 目标。

- 在 Sprint 结束时，团队向客户展示他们构建的成果。演示过程中的反馈将被带到下一个 Sprint。团队还会对上一个 Sprint 进行回顾，以优化工作方法。
- Scrum 中有三个核心角色：产品负责人、开发团队和 Scrum Master。Scrum Master 的角色是确保团队遵守约定的工作规范，推动会议进行，并可能承担一些服务型领导的职责。

图 8-5 展示了 Scrum 过程。

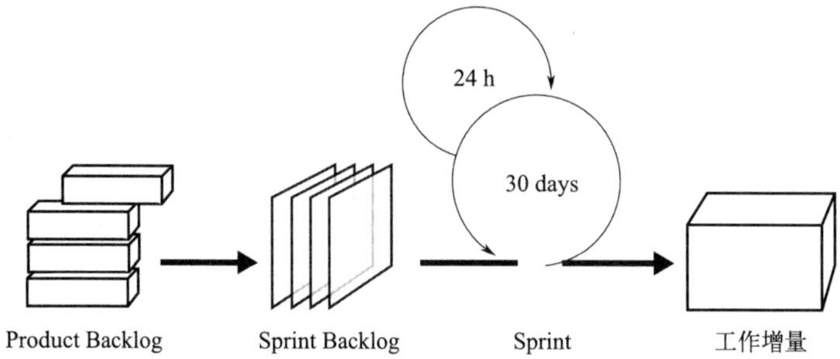


图 8-5　Scrum 过程

注意，这里所定义的 Scrum 过程并不仅限于软件开发。当今的多元化团队常利用 Scrum 来制订营销计划、设计大学课程的教学大纲，甚至规划家庭的日常家务。这正是 Scrum 设计的初衷：它允许团队自定义流程，并且只要团队在事后回顾中达成一致，就可以随时对流程进行调整。

采用 Scrum 的团队通常会将其现有工作分解成多个迷你瀑布流程，类似于图 8-4 所示，其中每个阶段都对应一个冲刺。

### 8.4.1　Scrum 的背景

XP 的创建是为了在项目被取消前快速交付软件，而 Scrum 的创建则源于另外一个相反的问题——高层管理者频繁更改项目优先级，导致团队无法完成任何工作。因此，Scrum 更多的是“单独待上 90 天，实际构建出一些东西”，而不是“压缩发布周期以配合资金决策循环”。XP 更加专注于工程实践，并将程序员放在首位，而 Scrum 则让技术人员自行决定他们的实践方式，自由地按照自己的意愿进行工作。

曾有一段时间，许多人推广 Scrum 和 XP 结合应用。Scrum 用于项目管理方面，而 XP 用于软件开发实践。也曾有一段时间，XP 非常受欢迎，甚至在实体书店摆放着二十多本关于 XP 的图书。然而，出于某些原因，Scrum 在这场竞赛中最终“胜出”。Scrum的实施或许更加简单，团队可以按照迷你瀑布模型工作，参加每日Scrum会议，并以用户故事的形式表达需求。Scrum的实施无需变更职位，而纯粹的XP则取消了业务分析师等角色，并强制程序员进行结对编程，这通常遭到程序员和管理层的抵制。同时，XP还要求实施测试驱动开发，以及编码规范。Scrum变得流行，尽管其中的团队自我管理的概念不那么受欢迎，但除此之外，站立会议、用户故事和Sprint，已成为21世纪20年代软件开发的默认方式。

到目前为止，我们主要关注了两种类型的测试，覆盖特定更改的功能测试和最终的回归测试（所有这些更改是否能够良好协同工作？新的更改是否破坏了原有功能？）。Scrum和XP都对传统测试方式提出了挑战。随着两周一次的Sprint成为常态，任何回归测试过程都必须在一两天内完成。设想一个测试过程需要一天，接着是一天的修复，一天的重新测试，以及一些最终的修复和重新测试，然后部署。这就需要4天，而一个Sprint总共也就10个工作日（如果遇到节假日，就只有9个工作日）。加上最后一天1小时的演示和回顾，第一天的一些规划和分析，突然之间，团队在Sprint中只有50%甚至更少的时间是有效的。此外，随着时间的推移，虽然代码演进可能变得缓慢，但回归测试的潜在工作量却会迅速增加。在实践两周一次的Sprint一年后，团队需要测试的内容将是原来的26倍！除非进行某种改变，否则测试成本将持续增长，直到对项目成功构成威胁。针对这一问题，我们有两种基本策略：一是提高测试质量；二是改变工程流程，从一开始就减少对测试的需求。在第10章中，我们将探讨“事半功倍”的策略，目标是在尽可能短的时间内进行最有效的测试。

通过改变工程流程，将分析、设计、编码和测试这些环节相互交织，不再把它们当作独立的阶段，而是作为持续进行的活动。此外，团队可以采用自动化的端到端检查，甚至能完全避免在开发周期末期再专门开展回归测试——我们将在讨论DevOps和SRE的部分详细说明这一点。

Scrum和XP对高级管理层来说确实存在一个问题，即它们都是为单一团队设计的，所有成员需在同一个房间内进行站立会议。为了应对较大规模的项目，Scrum尝试通过Scrum of Scrums来解决这一问题，即每个团队派出一名代表参加每日的大会。然而，这两种方法大部分时间内并未提供如何组织大型项目的具体方案。

接着，SAFe，即规模化敏捷框架（Scaled Agile Framework for the Enterprise）应运而生，它在某种程度上源自统一软件开发过程。

### 8.4.2 SAFe及其背景

在瀑布模型和Scrum/XP之间，有一个重要的方法称为统一软件开发过程

(Rational Unified Process，RUP)。RUP 是一个进步，因为它是增量的，并且承认需求、设计、编码和测试是随时间交织进行的活动。RUP 仍然维持了几个明确的阶段——初始阶段、细化阶段、构造阶段和交付阶段（图 8-6）。相较于那些假设软件项目从无到有，并且在 Sprint 或迭代中无限运行的模型，RUP 阶段划分的方式无疑是一种改进。

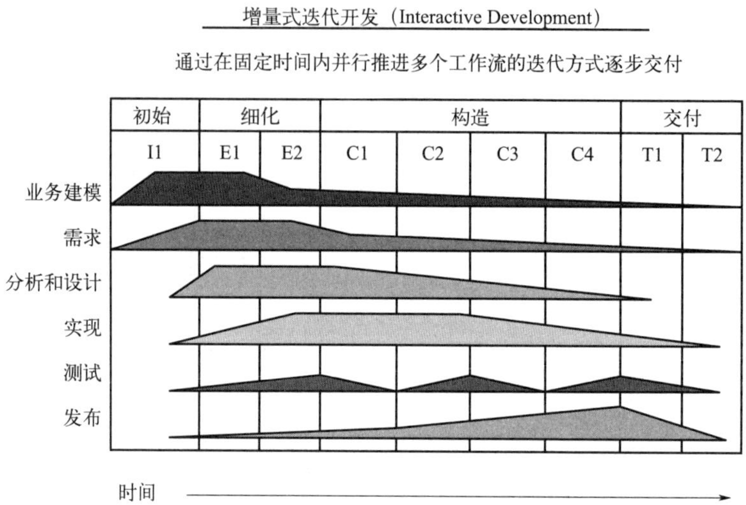


图 8-6　统一软件开发过程

（来源：Jakob Farian Krarup，在创作共用通用 / 公共领域许可下授权）

Rational Software 创建了 RUP，该软件公司于 2003 年被 IBM 收购。RUP 是统一过程（Unified Process，UP）的实现，后者是一种早期的迭代和增量开发过程。RUP 比 UP 更详细，可以被描述为一个“巨大的工具箱”。大多数项目从启动、执行到完成，都包含了图 8-6 中所示的活动。然而，RUP 的实施细节似乎更多地基于理论而非实际操作，并且缺乏足够的实践反馈。

在 Scrum、XP 和稍后将讨论的敏捷宣言出现后，一些 RUP 的关键领导者创造了 SAFe。与 RUP 相似，SAFe 是一个包含众多想法的工具箱。SAFe 的主要优势在于它能够适用于由众多团队参与的大型项目。

Scrum 和 XP 的基本构建单元是团队，而 SAFe 的构建单元则是“团队的团队”，或称作发布列车（Release Train）。正如每个 Scrum 由产品负责人、开发团队和 Scrum Master 组成一样，发布列车则由首席产品经理、系统架构师和发布列车工程师组成。发布列车设有计划间隔期（PI），可能包括四个、五个或六个两周的 Sprint。计划间隔期始于发布列车的整体计划活动，并以向客户展示成果的演示作为结束。通过这种方式，SAFe 呈现出分形结构，其每一层级都包含了下层级的多个元素，并在此基础上增加了新的角色、治理和控制措施，以适应项目投入（人力、财力、资源）的增加。

很难否认 SAFe 的有效性，因为它几乎涵盖了所有方面。在实施层面，团队可以采用 Scrum、XP 或看板等方法。整个过程受到精益思维的指导，我们将在第 11 章中讨论精益思维在测试中的应用。这个庞大的工具箱包括了度量、设计思维、质量内建、团队及更高层级的待办事项列表、团队和技术敏捷性、精益敏捷领导力、原则以及实施路线图……这些仅是“基本 SAFe”中的部分要点。并且，每个要点都可以进一步细分为更多的子项。

尽管组成 SAFe 的方法都能各自解决一些特定的问题，但尚不清楚这些方法组合起来是否能解决大型组织的所有问题。此外，它们似乎专注于流程和工具，我们将在本章后面讨论。Scrum 的共同创造者 Ken Scwaber 这样评价：

来自 RUP 的人回来了。基于 RUP 深刻的失败，他们现在正在推广 SAFe 作为敏捷组织的通用解决方案。他们通过与工具供应商 Rally 合作，使他们的方法更加复杂。同时也像 RUP 一样，咨询顾问可以为你定制方案。

本周他们在推广他们的流程和工具……他们想在 RUP 会议上或者瀑布模型会议上推广，但现在没有这样的会议。所以，他们来到了我们的会议上，奇怪的是，他们别无选择。

这不仅仅是对 SAFe 的批评，也是对其作为一种敏捷方法合法性的攻击。

为了理解这种批评，我们需要讨论什么是敏捷方法，以及考虑具体的情景，了解如何定制流程以适应特定问题和限制。这引出了我们对定制软件开发方法的讨论。

## 8.5 定制软件开发方法

在所有这些方法中，一个主要挑战是变更管理，即团队从之前的软件开发方法过渡到新的工作方法。到目前为止，Scrum 是我们讨论过的方法中最成功的认证项目，Scrum Alliance 已经颁发了 140 万个认证，Scrum.org 也颁发了超过 80 万个认证。并且，我们合作的大多数组织也在谈论 Scrum，但 Scrum 只提供了高层次的项目管理方法，它没有告诉团队如何开发或测试。当我们与团队讨论他们的工作方法时，通常会得到两种回答：

- 我们开发了以公司名称命名的内部方法；
- 视情况而定。

在这两种情况中，我们发现“视情况而定”更令人沮丧。在不止一个客户那里，我们听到过这样的对话：

Matthew：“你们是如何进行软件交付的？”

员工：“这取决于产品。”

Matthew：“就说你现在正在工作的产品吧。”

员工：“这取决于团队。”

Matthew：“就说你现在所在的团队吧。”

员工：“这取决于功能。”

Matthew：“就说你现在正在工作的功能吧。”

员工：“这取决于对功能所做的修改。”

Matthew：“就说你现在正在测试的任何修改吧。”

员工：面无表情。

方法论听起来似乎是一个过时的术语，并且如今许多人倾向于开发工具来自动化流程步骤（这将是我们的下一个主要话题）。尽管如此，方法论解答了关于事情应该如何完成的问题。若缺乏明确的方法论，我们只能临时应对，从某处获得一个待建项目的列表，从另一个地方得到一个截止日期，然后执行一些测试。这种方式很容易导致遗漏。有效的沟通能确保团队成员对流程有统一的理解和执行标准。

最重要的是，明确“如何做事”能够告知团队成员哪些事项是优先的。除了具体的方法外，一些团队还遵循特定的理念或原则。如果有一套普遍认同的原则，那么技术娴熟的团队将能够根据这些原则发展出自己的工作方法。在工作中遵循的两大原则包括敏捷宣言和语境驱动测试。

### 8.5.1 敏捷宣言

敏捷运动始于 2001 年在犹他州的一次小型会议。这次会议最初被称为“轻量方法”会议，旨在汇聚那些对传统软件开发中“文档、计划和规划”方法感到厌倦的各方人士。他们将软件开发视为一个通过实践来学习发现的演化过程。会议的发起者们最终选择了“敏捷”这一术语来定义他们的理念，敏捷软件开发宣言如图 8-7 所示。

敏捷宣言反对严格按照“完全、正确、一致”的方式书面规定每一个步骤，再通过机械化流程将需求转换为设计、编码和测试，而忽视人与人之间的交流。敏捷软件开发因其特有的交付风格而闻名，这包括使用故事卡片、团队成员在无隔断的同一空间内协作、一次只专注一个项目、举行站立会议、各阶段交错、频繁交付和追求卓越技术。此次会议中只有一位自称为测试者的参与者，那就是

Brian Marick。另一位测试者 James Bach 也受邀参加会议，但他最终未能出席。后来，James Bach、Cem Kaner、Brian Marick 和 Brett Pettichord 共同提出了语境驱动测试的原则。

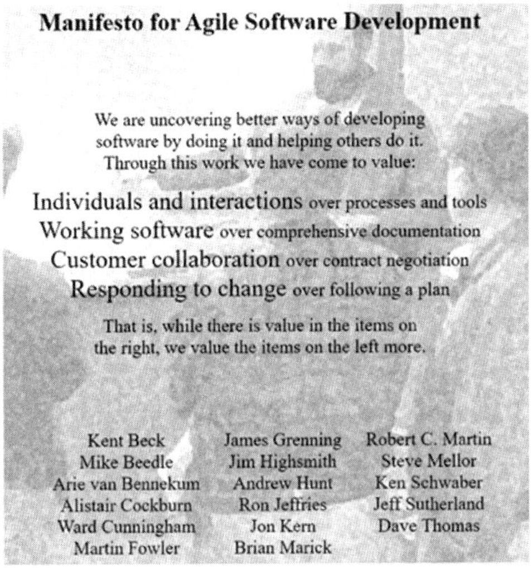


图 8-7　敏捷软件开发宣言

## 8.5.2　语境驱动测试

语境驱动测试的核心思想是：测试方法应由具体语境决定。例如，联邦航空管理局（FAA）空中交通控制系统的测试策略可能与视频游戏的测试策略截然不同。即使是在视频游戏领域内，单人的卡带机游戏与多人在线的网络游戏的测试方式也可能大相径庭。语境驱动测试不仅关注测试的执行方式，还明确指出决策者应该是测试人员。因此，测试人员拥有对自己的工作流程的自主权，他们有权决定工作的最佳方法，也需承担解释和论证这些选择的职责。当然，若雇主判断测试人员的风险管理投入没有得到预期的效果，可以重新安排或替换测试人员。

以下是语境驱动测试的七大原则：

- 任何实践的价值都依赖于其应用的具体语境。
- 某些语境下存在优良的实践方法，但并不存在所谓的最佳实践。
- 在任何项目语境中，人以及人们之间的协作是最为关键的因素。
- 项目的发展过程往往无法预测。

- 产品是针对问题的解决方案。若问题未被解决，那么就不会有产品。
- 高质量的软件测试是一种充满挑战的智力活动。
- 在整个项目过程中，只有团队成员共同运用判断力和技巧，才能在恰当的时机做出正确的决策，从而有效地进行产品测试。

### 8.5.3 原则实践的体现

- 测试团队的存在是为了提供与测试相关的服务。他们不负责管理开发项目，他们的角色是服务于项目。
- 测试是为了满足利益相关者的需求而进行的，目的可能包括开发、资格认证、调试、调查或销售产品。针对这些不同的目标，可能需要采用完全不同的测试策略。
- 不同的测试团队拥有不同的使命是完全合理的。一项对某个任务至关重要的核心实践，在执行另一个任务时可能毫无帮助甚至产生负面影响。
- 不准确的度量指标可能带来危害。
- 任何测试用例的根本价值在于其提供信息的能力（即减少不确定性）。
- 所有的预言机制都是有缺陷的。即便产品通过了测试，实际上也可能在未被监测到的方面出现了问题。
- 自动化测试不等同于自动执行的手动测试：把自动化测试当作自动化的人工测试来谈论是没有意义的。

本书采取了语境驱动的方法，换言之，本书旨在为你提供一个广泛而深入的工具箱，帮助你确定自己的测试方法。本书的目标是加快你的学习速度，从而在你选择测试方式时能够做出更好的决策。如果你在日常工作中缺乏自主权，那么可以说，你并不需要这本书，你的领导可以直接指导你如何完成工作。但请警惕：如果不掌控自己的工作流程，你将永远受制于它。

### 8.5.4 将看板作为一种定制方法

在结束关于定制方法的讨论之前，我们想提一下看板。看板受到同名的日本精益系统的启发，它不采用基于推模式，而是采用基于拉模式。实际上，看板可以简单地视为一个基于工单的系统，团队成员依次拉取并处理工单，同时限制进行中的工作量。团队可以通过从Scrum开始，逐步放弃Sprint的概念，并将计划、演示和回顾转为随时进行，从而模拟看板方法。

下面是一个看板样例，图 8-8 中的矩形代表用户故事。

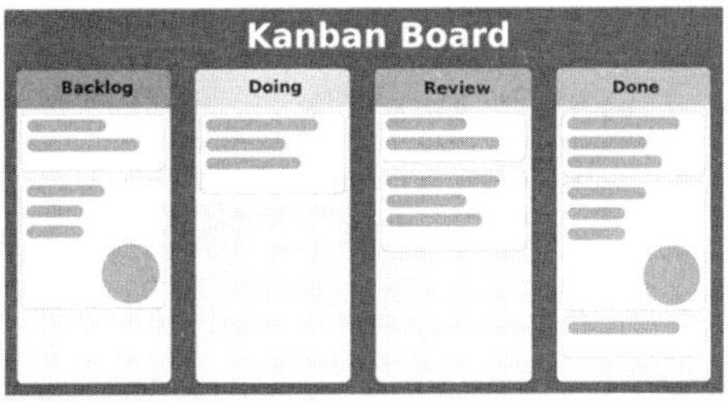


图 8-8　看板

请注意，这里定义的看板并未涉及任何形式的测试。前述的小型看板将编程和测试合并为一个“进行中（Doing）”的步骤。最初实践看板项目的是微软 IT 部门的 XIT Sustained Engineering 团队，他们负责维护多个内部使用的应用程序，并处理小型变更请求（通常是 bug 修复）。如果某个变更请求需要进行测试和部署，它可以独立进行，而不会影响其他请求的处理。

我们的核心观点是：软件开发过程在解决某些特定问题的同时也可能引入新的问题。有时可能根本不存在需要该方法解决的问题，或者该方法引入的问题可能大于其解决的问题。此外，测试本身就面临许多挑战，选择的交付方法必然会产生一些风险。我们可以改变测试策略来应对这些风险（见第 9 章）或指出问题并帮助组织进行改变。语境驱动的原则和敏捷宣言可能有助于这种改变。

## 8.6　持续交付和部署

尽管 Scrum 和看板使团队能够独立地处理许多小型任务，但大部分架构仍然保留着那种起源于物理磁盘的“软件构建”传统。直到 2010 年左右，网络应用已成为主流。在网络环境中，团队可以不断地执行变更，甚至在几小时内发现并修复 bug，这远好于在 Scrum 模式下要两周后才发现、修复并重新部署的情况。

值得一提的是 Etsy 使用的模式。该公司使用 PHP 进行开发，PHP 允许程序员在页面中嵌入代码，以便动态更改网页。它是解释型的，每个页面都是一个独立的文件。只要不更新数据库或更改共用代码，程序员就可以仅更新自己的网页，而不会为其他网页带来风险。通过在持续集成服务器上构建的合并和部署工具，Etsy 使得程序员能够部署一个独立的更改，而无需经过回归测试。程序员可以更改一段代码，将其部署，然后前往监视系统查看该更改是否产生文件错误、加载时间过长等问题。然而，涉及金钱或客户私密信息的代码必须经过更为严格的流程，因为更改数据库和共用代码可能会影响其他程序员。这些方法结合起来，形成了人们所熟知的持续交付模式，并对测试和发布方式产生了深远的影响。

Etsy 的一大优势在于其技术架构，许多大型组织不支持使用 PHP，或至少不愿意转向使用 PHP。到了 21 世纪 10 年代中期，互联网发展出了一种新的标准方法来实现持续交付，称为 SOFEA（面向服务的前端架构）。

在 SOFEA 模型下，标准网页更像是一个模板。一个 SOFEA HTML 页面可能包含预定义的布局和命名字段，如名字、姓氏、购物车中的商品数量、总价格等。JavaScript 被用来调用不同的 API 来获取这些信息，然后更新网页本身的文档对象模型（DOM）。

在 SOFEA 模型下，网页、JavaScript 和 CSS 只是静态文本。API 是独立的，通常是微服务。任何程序员都可以更新这些组件，部署工具只需将 1～5 个文件作为一组一起部署。这对较大的团队来说可能会在版本控制和部署方面带来一些挑战，但这些问题都是可以解决的。

对我们而言，持续交付是一个过程，系统的单一逻辑更改可以轻松地推送到测试或预生产环境中，在这个环境中，可能会因为需要人工测试、需要与其他更改同步或其他原因导致延迟，然后某人点击“部署”，代码便转移到生产环境。而在持续部署中，一旦新代码通过自动检查，构建软件就会立即将其推送到生产环境。

读到这里你可能会想到风险，为了处理其中的风险，实践中常常存在代码完成到代码投产之间数天的延迟，这并不完全符合最初的愿景。为了解决这一问题，持续部署的倡导者发明了全新的工具和基础设施。例如，通过使用配置标志，可以同时运行新旧代码，如只为测试用户或“beta”用户运行新代码。这些工具的集合通常被称为 DevOps、SRE 或平台工程。

## 8.7 DevOps、SRE 和平台工程

在 21 世纪初，大多数新的软件开发工作都是围绕网站或数据中心进行的。在这两个领域，存在两个阵营：创建更改的开发人员和保持系统稳定的运维人员。由于保持系统稳定的最简单方法是阻止变更，所以这两个阵营往往存在冲突。DevOps 运动试图通过使运维人员与开发人员站在同一阵线，并使用相同的编程语言、工具和技术，以及将编程技巧应用于运维问题来协调这两个阵营的利益。

到了 2011 年，持续交付被提出作为软件的理想状态，只推送发生变化的内容，不推送其他任何内容，从而消除回归测试。然而，软件开发仍然保持整体构建的传统，这种传统可以追溯到 Windows 和 DOS 应用程序。

DevOps 和平台工程通常涉及自动化构建 / 部署流程，并创建持续集成管道。

容器软件（如 Docker 和 Kubernetes）的出现，使得每次构建都能创建服务器软件镜像成为可能。DevOps 启用的一些风险管理功能包括：

- 多部署点：如果程序员能只部署即将更改的 API，并且该 API 通过了测试，那么可以只部署该更改点。
- 发布指标：通过在网页上显示性能图表，开发人员应用更改后，监控页面加载时间或错误数量是否增加。
- 蓝绿部署：这种方法下，新服务器群组加载新代码，然后负载均衡器将流量重定向到新群组。旧群组将保留到下一次部署，便于回滚。
- 配置标志：这些标志允许软件只在特定条件下运行。例如，某个功能可以首先只对员工开放，随后对高级用户开放，最后对所有用户开放。代码会检查该功能是否对当前用户开启，这样在发生故障时可以通过简单的数据库更改来关闭该功能。
- 集成构建：将自动化检查集成到构建管道中，并在云中按需提供测试环境。

所有这些功能都优化了风险现状。对某些更改而言，其中一些功能可以让团队大幅减少甚至完全省略回归测试。

平台工程（Platform Engineering）是一个术语，用于构建工具链，为测试环境和生产变更提供自助服务。

站点可靠性工程（Site Reliability Engineering，SRE）是一种风险管理角色，类似于测试，但侧重于观察整个系统，包括生产监控。

追求前述策略的公司通常在积极地通过工具和自动化测试来边缘化测试人员，这是减少风险的理性策略。测试人员可以利用这些工具增加自身价值，或者，幸运的话，在别处另谋高就。

## 8.8 本章回顾

“编码、测试和修复”的开发模式带来了一系列问题。本章主要介绍了人们为减少由编码和修复带来的风险而进行的各种调整。通过阅读本章，你可能会识别出自己团队中的一些实践，并可能意识到这些实践所引入的问题，或发现某些遗漏的问题。

测试人员在审视这些软件开发实践时，希望能够发现彼此支持、提升开发效率与质量的方式。例如，在极限编程中，通过测试驱动开发产生的回归测试套件与结对编程的第二视角相结合，有助于减少变更的风险。重构作为 XP 的另一个实践，通过改进现有代码的设计，使得软件构建可以分解为许多小的变更。重构之所以有效，是因为有了测试驱动开发构建的回归测试套件支持。然而，XP 在设计时没有考虑用户界面，并没有提供深入的 UI 测试策略。Scrum 没有具体讨论如何进行测试，采用迷你瀑布模型存在着回归测试不断增长的风险。市场上的看板甚至没有提供 Sprint 结束时进行回归测试的阶段，而 DevOps 方法往往将自动检查与人工代码审查混为一谈。

语境驱动的测试人员需要关注团队正在做什么，了解团队认为他们在做什么，以及风险所在。本章概述了这些概念的来源，旨在为你提供理解、应用和分析的基础。在下一章，我们将进一步整合测试的各个部分，使你能够完成更全面的分析和综合比较，最终设计出适应团队需求的测试策略。

注意：本章将本可以单独成书的思想压缩至五分之一篇幅。我们的目标是将这些概念精炼至其本质。这种压缩必然是有损的，从积极方面来看，我们相信这有限篇幅中的每个字都承载着极高的价值。

## 8.9 扩展阅读

- *Wicked Problems*，*Righteous Solutions*（链接 8-3）。
- *The Scrum Development Process*（链接 8-4）。

# 第 9 章
# 测试的构成元素

我们可以将软件交付方式看作为应对各种风险而进行的准备。这些风险可能包括简单的漏洞、隐藏在罕见组合中的奇怪漏洞、性能和安全问题等。不同的交付方式，其可承受的风险类型和测试要求也各不相同。例如，有些交付方式（如将软件固化到游戏卡带芯片）在交付后无法再修改，而有些则允许我们在系统持续运行的同时更新软件。交付节奏的差异，决定了我们能在什么时候、以怎样的方式发现并应对这些风险。具体的工作语境将指导我们需要组合哪些元素及其组合方式，以便开展有效的测试工作。

测试用例本身并不是这些基本元素之一。

测试用例是关于被测对象的一系列带有预期结果的指令。我们通常认为测试用例的价值不高，尽管经常有人为其辩护。对项目经理而言，测试用例提供了项目进度的直观感受，通过查看测试的通过、失败和完成比例，可以了解项目的当前状态。尽管擅长测试的人可以明确测试的关键内容，但测试用例常常包含一些复杂且难以再现的配置步骤，我们称之为“配方”。此外，测试用例中还包含了关于功能及其测试方法的有效指导。通过将多个测试用例的标题与应用程序的功能对比，我们可以感知到测试对功能的覆盖程度如何。

我们建议将这些关注点分解开来，考虑哪些适用于你的团队以及如何应用，然后在第 10 章重新组合它们以构建测试策略。

在本章中，我们将覆盖以下主题：

- 配方：如何做困难的事情；
- 覆盖程度：是否足够好地进行了测试；
- 缺陷：软件的状态如何；
- 计划：接下来测试什么；
- 策略：风险和优先级是什么；
- 仪表板：如何传达所知道的。

## 9.1 技术要求

从本章中获取最大价值的方法是结合你最近的实际项目来考虑这些观点。通过比较工作实际如何完成与应该如何完成，你可以进行一项“假如采取不同行动”的思想实验。这意味着你将能通过分析测试理念来达到更高层次的认知。若缺少这种分析，你将更多地停留在知识和理解层面。尽管本章没有软硬件相关的具体要求，但能够阅读简单的软件代码将有助于理解“覆盖程度——是否足够好地进行了测试”部分。该部分中最长的程序有九行代码，我们将提供详尽的解释。

本章旅程将从理解配方开始。

## 9.2 配方：如何做困难的事情

我们曾与一家客户合作，他们使用测试用例管理系统存储测试用例。通过这个软件，可以选定一个项目，获取测试用例列表，并查询这些测试用例的详细信息。当有版本计划时，他们会在用例管理系统中创建一个“测试执行”集合，并标记“测试执行”中的用例为通过或失败。当 Matthew 与这家客户接洽时，他们仍在使用这套已经停止服务支持的测试用例管理系统，这套系统包含端侧运行的软件和服务器上运行的服务。如果升级到下一个版本，不仅需要额外的预算，还必须升级部署在服务器上的服务。但由于服务器的操作系统也已经过时，无法满足新版本的运行要求，因此还必须连同操作系统一并更新。更糟的是，服务器的硬件配置也已经严重落后，根本支撑不了新版系统的运行。最终，管理层对测试用例进行了批量导出，然后将这些旧测试用例转移到云盘上的电子表格中，并废弃了原有的测试用例管理系统。

然而，没有人注意到这一点。

说没人注意到可能有些夸张。有时，团队成员在测试某个特别复杂的功能时，会忘记如何进行一些非常规的配置。例如，设置西班牙语账户时需要在某个界面上设置特定的标志，这很容易被遗忘。

测试用例有时包含用于设置账户的数据库命令，比如用 SQL 执行插入动作或执行删除命令来清空上次运行的数据。在接下来的六个月里，或许每月会有一次，当团队成员在不知道如何执行某项设置时，他们会翻查电子表格。大约六个月后，我们重建了软件的核心功能，此后便不再需要参考那些电子表格。总体而言，重现那几百个测试用例中最难复现的核心价值，大概只耗费了 4 人天的工作量。

鉴于整本书都在探讨如何在工作中执行最有价值的动作，我们建议从测试用例中捕捉最有力、最有价值的信息片段，并为后续行动提供指引，而让人们自行处理那些显而易见的问题。如此，识别、存储和检索配方成了测试中值得重点关注的部分。

### 9.2.1 配方的定义

我们可以将配方定义为：一种并不直观，且在操作不当时可能导致测试结果失真的工作流程或功能操作；其执行过程通常会引发软件中具有观察价值的状态变化，并因此值得记录、保存和查阅。

或者定义为：测试过程中那些经常进行且极为复杂的部分，值得被记录下来，以便于和他人在将来进行查找和重复使用。

起初在定义配方时，我们称它们为片段，因为我们发现，测试用例整体冗长繁复，真正有价值的，往往只是其中某个关键的片段。与其保留整个测试用例，不如提炼出这些值得保留、易于查找和复用的片段。虽然我们不太愿意引入新的类比，但测试配方确实类似于实际的食谱配方，你需要使用标准的食材、设备和过程来达到预期的效果。厨师可能会根据实际需要调整食材的比例，比如根据客人的需求加减食材。在软件领域，我们通常把这种类似的概念称为设计模式，它们是一套通用的解决方案，用于解决一系列问题，可以组合起来构建软件。

设计模式源自城市规划和建筑构造，涵盖了如门廊或庭院等概念，这些在建设城镇时考虑使用的通用元素，很像软件开发中可能会用到的通用结构。而配方提供的是具体的操作步骤，以确保获得预期的结果。尽管依据食谱配方有可能将布朗尼蛋糕烤得过头而烧焦，但测试配方却是精确的，如果出现问题，那就是一个 bug。因此，我们认为配方这一术语比设计模式更能准确地描述这种情况。

从测试过程中提取关键、重要且非直观的要素，并将它们存放在易于查询和访问的地方，这看似不太可能实现。然而，许多人都熟悉食谱书的概念，像食谱书那样整理和存储测试的配方，可以使这些复杂的测试操作更加系统化和标准化，便于理解和执行。我们不希望过度强调这种类比，但它确实有助于理解。

配方到底是什么样子呢？让我们来看一些测试配方的例子：

- 在一款零售电商应用程序中，使用 SQL 查询在过去 2 天内到货且在 10 天内过期的产品。
- 在一款餐厅应用程序中，用 SQL 查询印有特定 logo 的杯子、餐巾纸和袋子。
- 在一款企业社交媒体应用中，介绍了如何通过用户界面创建拥有访问子账户权限的账户。现在需要将该子账户设置为失效状态，确保包括父账户在内的所有账户都无法检索到这个子账户。

- 在一个复杂的保险应用程序中，介绍了如何对产品进行编码：产品号码的第二、三位代表免赔额，第五、六位表示共付额，第七、八位为在某个额度范围内的保险赔付比例，这个额度的上限由第九位和第十位数字定义（单位为千），第十一位和第十二位数字表示超出该数值的覆盖比例。使用 SQL 确认数据库中的这些数据。
- 描述了更改特定州销售税率的过程。
- 介绍了如何清除某一天特定账号的索赔记录，使其可重新运行。
- 说明了如何确定特定会员 ID 在特定日期的保险赔付情况。
- 描述如何将一个基于网络的产品作为小部件嵌入 Microsoft SharePoint、SalesForce 或 Quickbooks 等平台。
- 在计算器应用中，提出一系列测试思路，例如测试计算器在科学记数法下的表现，其中数字范围为从 1～10 乘 10 的不同幂次。另一测试方案是将一个极大数字与一个极小数字相加，然后进行除法、乘法或加法操作，测试数字是否维持预期的精度。

可以看到，最后一个例子如果按传统的方式书写，可能需要一个包含 10 行的表格，甚至会拆成 20 个不同的测试用例（每个占一页）。而在测试配方的记录方法中，我们只保留核心的测试思路。对于熟悉测试用例的人，把配方视为要额外保留的测试用例的一部分，可能对理解配方的概念有帮助。我们发现配方在测试用例所涉及的文档中占比大概为 0.05%～25%。一旦理解了配方的概念，你可能会发现它们无处不在。

此前提到，我们最初考虑称配方为片段，这一点非常重要，这说明配方应该是简洁明了的，因为人们可以自行理解剩余的部分。当你面对似乎价值不高的庞杂文档时，我们建议你暂停并进行思考。

### 测试文档的价值

压缩算法通过一种特定方式来工作，即在全部内容中寻找重复的术语和短语，软件会用符号替换这些短语，并在文件顶部添加一个符号查找表。例如，一段 200 字节的短语若重复 100 次，可以被替换为仅出现一次的短语以及能够替代它的约 100 个符号。简化考虑，这段重复的文本在文件中的体积理论上可以从 20000 字节（200 字节 ×100=20000 字节）减少到 299 字节（200 字节 ×1＋1 字节 ×99=299 字节）。这里的基本思想是，在测试中，冗余信息不会增加任何基本价值，而且可能需要更多的时间来读取和加载等。在上述例子中，冗余数据大致可以被压缩至原始大小的 1.5%，剩下的内容仍是人们可以轻松理解的。

> 这种分析方法不仅仅可以应用到测试文档上。例如测试领域内的国际标准 ISO 29119，获取这一标准需支付数百美元，你将获得一个印有你名字的许可副本。我们购买了一份。值得注意的是，文档的第三卷有 127 页，其中包括组织测试规则、测试策略、测试计划、测试状态报告和测试完成报告等多个文件。例如 4.31 测试状态报告，它列出了报告期间的测试状态。这些通常是低效的重复引用。作为一个实验，我们将文档剪切并粘贴到文本文件中进行压缩，实现了从 311K 到 60K 的 81% 压缩率。这并不是什么好事。

我们的目的并不是批评 ISO 29119，而是指出冗余且价值不高的文档会带来额外的成本。编写这类文档不仅耗时，并且使信息难以查找，同时这些文档还会迅速过时。因此，你可能面临不断更新文件的重压，或者不得不宣告“文档作废”：

- Kent Beck 在他的著作《解析极限编程：拥抱变化》中使用了“轻装旅行”的比喻。他将软件开发者比作游牧民，强调无需携带行李、轻装上阵能让团队迅速前进。他认为，自动化测试和生产代码是两个最重要的东西。他主要关注的是程序员角色，并且他所指的测试主要是单元测试。配方的理念与此相似，只选择保留那些必需且被重复使用的测试元素。

有时候，人们在查看测试配方时，会提出疑问，比如“这些不都应该自动化吗？”“为什么要把 SQL 代码放在 wiki 文档里？放在 Confluence 上应该更合适”，或者“这不是和技术文档重复了吗？”这些都是值得探讨的问题。

有时候，相关文档可能完全缺失。在这种情况下，我们可能需要为产品的工作方式编写文档。此时，关于产品工作方式的最佳文档来源是测试，其中包括用作示例的自动化检查。

### 9.2.2 配方是否应该全部自动化

以一个示例来说，从数据库查询一个活跃的产品 ID 进行测试。测试人员首次进行这项操作时，可能会把查询代码放在描述该功能的相关网页上（关于这一点，在“9.3 节”中有更多的讨论）。如果这段代码被许多人使用，那么它可能被加入版本控制系统。把这个查询转变为一个程序，可能也相对容易。

然而，有时候测试人员可能需要更改参数，使用不同的参数，或者获取第二、第三或第四个结果，因为他们当天已经使用过第一个结果了。他们可能还想改变排序。一种可行的做法是将查询代码保留在版本控制系统中，并通过网页上的相关描述链接到该查询。我们的观点是，这类问题没有所谓的对与错，选择最适合你团队的做法即可。总体而言，推动测试配方向可编程的方向演进，往往更容易取得长远成效，但这只是一个宽泛的经验之谈，并不能适用于所有情形。

另外，并非所有配方一开始就可编程实现。有些测试配方只是关于设置或“如何测试”某个功能的指导。这类配方虽然起初是手工步骤，但有时也能通过部分脚本化加以优化。例如，你可以将某些设置步骤脚本化，制作成命令行工具，然后在测试中使用这些工具来模拟电话呼叫，如下所示：

```
setup_fake_calls      -d database_connection_string
                      -f from_number
                      -n number_of_calls
                      (opt) -t to_numbers_text_file
                      (opt) -sdt start_date_time
                      (opt) -eddt end_date_time
```

但有时，这样的工具可能没有意义。

### 9.2.3 配方是否与技术文档重合

在 Socialtext 公司，我们开发了一个名为 SocialPoint 的产品，这是一个将 SharePoint 与 Socialtext 集成的方案。在这种集成中，Socialtext 以小部件的形式嵌入到 SharePoint 内部。使用配方的概念来指导设置过程，Matthew 在测试文档 wiki 中的 SocialPoint 特性页面上编写了该工具的设置文档。文档详细介绍了如何配置和使用 SocialPoint，从而使用户能够有效地利用这两个平台的集成功能。

这个工具通常不需要频繁测试，只在进行更改、SharePoint 发布新版本，或者在引入大客户且存在潜在风险时才进行测试。随着时间的流逝，Matthew 逐渐忘记了这个工具的具体操作细节。当他在使用中遇到问题时，他联系了客户成功团队，请求他们帮助在测试环境中安装该工具。客户成功团队的回应是，他们只能按照测试文档操作。如果按照文档操作还解决不了问题，那么工具很可能出现了故障。

测试文档在测试之外的领域应用，这可能正是成功的一个表现。

测试文档主要是测试人员编写和使用的，如果其他人也表现出使用这些文档的兴趣，那实际上是件好事，所以我们的建议是不必过于担心。当然，如果测试文档与其他文档有较大的相似性，那么可以考虑将它们合并使用。

这引出了接下来要讨论的重要问题：覆盖程度。多年前，我们开始为公司创建功能覆盖看板，即整个产品的功能地图。理论上，这种看板可能与其他一些文档重合，然而，当需要这样的功能覆盖看板时，我们发现组织内其他任何地方都没有现成可用的。通过制作这些看板，我们创造了一个既满足需求又具有测试之外价值的工件。这是极好的，但之所以建立它，是因为我们需要它来详细描述测试的覆盖范围。

如果只有一堆测试配方，我们将花费大量时间整理这些配方，然后试图寻找需要的那一个。这也是我们需要功能覆盖看板的原因之一。

## 9.3 覆盖程度：是否足够好地进行了测试

管理层问你是否完成了测试。你说没有，你需要更多时间。

还需要多久？为什么？这些问题你能回答吗？

要形成一个经得起考验的答案，我们需要以某种方式来度量软件空间的宽度、高度和深度。然而，正如第 1 章所述，这个空间是无限的。

俗话说："Doing the impossible for the ungrateful." 在一定程度上，我们确实能够做到一些看似不可能的事，至少，持有这种可能性的想法是有益的。

所有测试覆盖都基于某种模型，而所有模型都是对实际工作的不完美近似，因此具有一定的局限性。在第 2 章中，我们探讨了一个不精确且具隐喻性的狗狗公园案例。我们把测试比作在狗狗公园中散步，可以把公园中的各个部分视为功能点，并对每个功能点的测试程度打 1～10 分来进行评估。这种评估容易受到个人主观的影响。两个评分为 2 的功能点，并不等同于一个评分为 4 的功能点，这种评分方式称为序数测度（ordinal measure）。

序数测度是指用数字，例如"1、2、3"，建立一个排序。当我们利用序数测度进行测试时，通常会制订一个类似如下的评分标准：

- 0 -还未检查此功能
- 1 -点击了一次按钮
- 2 -测试了最主要的工作流
- 3 -测试了最常见的合理工作流
- 4 -测试了最常见的合理工作流和异常情况
- 5 -测试了最常见的合理工作流、异常情况以及此功能的主要外部集成路径
- 6 -同上，但增加了测试不常见的工作流和难以配置的边缘场景交互
- 7 -同上，但进行了更长时间的测试，包括多次进入和退出
- 8 -记录了所有的想法，让另一位团队成员独立提出测试想法，对比后又产生了更多想法
- 9 -至少五位团队成员各自独立提出测试想法，进行测试并记录，之后进行了复测，分享文档，再次提出新想法并进行复测
- 10 -此功能已经彻底测试完毕

正如我们在第 1 章了解到的，达到 10 分覆盖程度的情况应该是极为罕见的。但是，对于计算机来说，达到这样的程度或许是可能的。

上面是根据 Matthew 的经验快速制作的一个初步量表。我们建议任何使用这个概念的团队制订自己的量表。有了量表后，另一个评估指标便是质量，这可以简化为经典的绿色（状态良好）、黄色（存在问题，但无严重阻碍）和红色（功能严重故障）评级。James Bach 首次提出了这个观点，即将功能、覆盖程度和质量结合起来创建一个简单的视觉仪表板，这种仪表板可以呈现在白板上，他将其称为轻量级测试仪表板（链接 9-1）。表 9-1 是一个基于计算器功能的测试仪表板示例。

表9-1 测试仪表板

| 功能 | 覆盖程度 | 质量 |
| --- | --- | --- |
| Divide | 3 | |
| Multiply | 3 | |
| Subtract | 3 | |
| Add | 4 | |
| Equals | 2 | |
| Clear function | 2 | |
| +/− function | 6 | |
| % function | 2 | |

表 9-1 左侧列出的功能并不完整。如果该计算器运行在手机上，将会漏掉许多场景，例如在移动设备上旋转视图、科学记数法、可能引起内存问题的长时间运行事务、启动及重启计算器、不同的移动设备、屏幕尺寸、操作系统等潜在的平台问题。

这个想法最初提出时，团队在同一个办公空间中工作，并使用马克笔在白板上绘制仪表板。在接下来的几年里，在线表格逐渐流行起来，人们开始能够将仪表板放到墙上的显示器上。现在，团队可以直接共享 URL。让我们想象一下下面两次对话之间的不同。

对话一：

经理："进展如何？"

测试人员："哦，还在进行中，遇到了不少 bug。"

经理："我需要了解最新状态。"

测试人员："稍等，我去检查一下缺陷跟踪工具……"

经理："立刻处理。我需要知道其当前状态，你预计什么时候能完成？"

测试人员："我不知道，可能大约需要 4 天。"

经理："没有那么多时间，今天能完成吗？"

测试人员："呃……"

对话二：

经理："进展如何？"

测试人员："你有链接吗？所有信息都在仪表板上。(点击标签并检查)减法和加法显示为红色，这个测试周期对它们的测试还没太多进展。百分比存在一些问题，测试也不充分。其他部分看起来都还好，但是对除法和乘法的测试还不够。"

经理："你预计什么时候能完成？"

测试人员："预计明天下午能得到修复版本。之后，我们需要重点关注那些测试不足的功能，大约需要4天。"

经理："时间来不及，今天能完成吗？"

测试人员："你需要和开发人员谈一谈。如果他们能在今天解决那些已知的关键问题，我们大约两小时后可以重新进行测试。另外，新版本推出后，我们还需要留一段时间来确保没有问题。若要在下午3点前完成部署，这意味着我们最好在下午1点之前，理想情况下是中午前获得修复版本。但你看仪表板中的覆盖情况，你能接受这么低的覆盖程度吗？"

正如你所见，结果本质上是相同的，4天的测试时间应该缩短至1天，但第二位测试人员向经理解释了相关的覆盖程度和风险，并且还把决策的主动权交给了经理，让测试角色仅仅是为决策者提供信息。在本章的后半部分，我们将讨论如何在这个讨论中加入风险成分。例如，如果等号和清除功能未做更改且团队足够成熟，那么覆盖程度到2可能就已足够。如果功能可以单独部署，可能就会省去回归测试的需求。然而，理解覆盖的程度在讨论风险时是有益的，它可以帮助决定接下来应在哪些测试方面进行投入。

本节的目的是引入一种定性的度量方法来评估功能的覆盖程度。团队可以通过列出主要的用户旅程或者功能类别来检查覆盖程度。

我们之前看到的所有度量都是主观的、人工的、量化的和定性的，类似于影评人给电影打分。而代码覆盖率则是客观的和具体的，但同样有可能被误解。

### 9.3.1 代码覆盖率的精准衡量

第3章介绍了语句覆盖率的概念，即测试覆盖的代码行数与总代码行数的比例。下面是一个用C语言编写的简单程序，能够轻松实现100%的语句覆盖。这个函数接收两个数字，将第一个数字除以第二个，并返回一个整数结果：

```
int integer_divide(int numerator, int denominator) {
    return numerator/denominator;
}
```

我们可以通过一行代码达到 100% 的代码行覆盖率，类似这样：

```
ASSERT(integermath(2,2)==1);
```

通过测试 2 除以 2 等于 1 就可以达到 100% 的代码行覆盖率。

然而，我们的测试想法可能会更丰富，会考虑大数除以小数，负分子，负分母，小数除以大数，整数的大小限制等等。

在 C 语言中，当我们执行除以零的操作时，很可能会触发异常，导致整个应用程序崩溃。

可见，语句覆盖率并未考虑输入的实际意义，同时也有其他问题。

让我们来看一个有点刻意的代码示例。下面这个函数根据接收的第一个整数来计算分配空间的大小，然后根据 allones 或 allzeros 参数执行一些其他的计算。我们将使用“//”作为注释，并省略掉一些细节：

```
void multiplemath(int numchars, bool allzeros, bool allones) {
   //创建一个内存指针，其大小为：
   //numchars个字符的长度加上终止符，再乘以2
   ptr = (char*)malloc(numchars*(sizeof(char)+1)*2);
   if (allzeros) {
      //代码A - 对ptr执行操作
      free(ptr);
   }
   if (allones) {
      //代码B - 对ptr执行操作
      free(ptr);
   }
}
```

我们只需进行一次测试就可以达到 100% 的语句覆盖率，即将 allzeros 和 allones 都设置为 true。但这会引发错误，代码会试图在 ptr 被释放和清除数据之后对其进行其他操作。另一种达到 100% 语句覆盖率的方法是执行以下代码：

```
multiplemath(1, true, false);
multiplemath(1, false, true);
```

除了语句覆盖之外，另一个度量指标是分支覆盖。在这个例子中，分支覆盖将包括所有可能的组合情况，包括执行顶部分支、底部分支、同时执行两者以及两者都不执行。以下是这四个分支的调用代码：

```
multiplemath(1, true, true);
multiplemath(1, false, true);
multiplemath(1, true, false);
multiplemath(1, false, false);
```

虽然 malloc 可以处理负数（它们会被转换为对应的正数），但 malloc（0）是未定义的行为，numchars 值为 0 可能会导致程序出现错误。此外，在 Microsoft 编译器中，int 的最大值为 2,147,483,647，而 malloc 能处理的最大内存大小是 16,722,568。因此，如果函数传入的 numchars 值过大，可能会出问题。上面代码中，malloc 中的“*2”是什么意思？这个表达式从何而来？代码覆盖率虽有助于评估覆盖程度，但它更应被视为一个起点，而非最终追求的目标。

### 9.3.2 结束覆盖率的讨论

有时，错误并不是由业务导致的。例如，一个简单的 Windows 程序在调整大小时可能表现得非常糟糕。这并不是业务代码的问题，而是框架本身的问题。这让我们回想起在第 1 章中讨论的错误理论和平台问题。

语句覆盖和分支覆盖提供了精准的数学模型，用于衡量代码的覆盖程度。它们显然比没有任何覆盖度量要好得多。但是，所有模型都不是完美的。软件唯一完美的覆盖度量是“输入时间和空间的组合覆盖，即在不同的输入时刻配合所有可能的输入组合”，但对于需要与人交互的软件来说，这是不可能实现的。

衡量或者思考覆盖率的目的是帮助我们的沟通和决策。这是我们可以用于构建解决方案的基本工具，覆盖率可能是必要的，但它并不是充分的。

## 9.4 缺陷：软件的状态如何

大多数人将缺陷列表视为待办事项列表。他们需要确定哪些问题需修复，将这些问题发送给程序员去解决，然后等待修复、验证修复效果、围绕修复进行测试，最后要么将其打回进行再次修复，要么转向下一项任务。

缺陷列表不仅仅是一个待办工作队列。它是你了解软件当前状态的途径，也是你实现改进的途径。如果管理得当，公开发布的有序的缺陷列表能够快速显示软件状态。查看最近被提出并已修复的缺陷列表可以指导你的测试工作，特别是那些逃过团队测试、最终被客户发现的缺陷。这些缺陷能帮助你识别测试策略中的不足。反复出现的常见缺陷和缺陷类别提供了两种改进的思路。首先，你可以将这些缺陷加入你的常见缺陷列表，并在每次新版本中针对这一类别进行测试。其次，你可以将这些问题反馈给团队，探讨是否可以通过流程或代码来解决整个类别的缺陷。

例如，假设团队在验证电子邮件地址和电话号码方面一直存在问题。每次构建时，测试人员都会反馈各种错误。在代码实现中，程序员将会创建继承自 textbox 的两个新类，命名为 phonenumber_textbox 和 email_textbox，并分别为其添加需要的行为。一旦新类被创建，其他程序员就可以直接复用它们。在高效能的团队中，这可能导致Boris Beizer所描述的杀虫剂悖论（pesticide paradox），即随着团队表现的提升，发现缺陷变得越来越难。坦白说，我们并不将其视为一个严重且需要过度关注的问题。因为随时间推移，测试活动可能会减少，或者负责测试的人员可能会转向关注其他风险或其他活动，或者有人可能会调离部门。同时，根据我们的经验，高效的团队通常会不断完善平台公共组件，使其无需再细致地进行测试，并且很快就会有新的软件版本需要进行测试。

缺陷列表被整理成一个有序列表，顶部显示了缺陷编号、标题、优先级和影响范围，用户可以按优先级对列表进行排序。这个列表本身并不能完全反映软件状态，因为可能有大部分功能区域还未被覆盖。但通过了解覆盖程度和缺陷列表，再结合一些个人经验，我们仍可以对软件的状态作出快速评估。

## 9.5 排期和风险：测试想法太多，时间不足

当人们将测试视为风险管理时，那些建议的肤浅程度着实令人震惊。根据我们的观察，这些建议大多只是“软件有存在缺陷的可能，因此我们需要进行测试”。在我们决定撰写这本书时，我们承诺，本书并不是简单罗列任何人都能轻易理解的事情。相反，我们希望挑战那些看似显而易见却总是行不通的观点，我们希望揭示那些违反直觉的真理。

现在，让我们谈谈风险管理。

风险管理的一种方法是进行风险普查，即列出所有可能发生的情况。对于每一项风险，你需要评估其可能造成的影响，比如若风险成真，其可能带来的金钱损失，以及发生的概率。将影响和概率相乘，得到一个风险评分。然后根据这个风险评分进行排序，就能得到一个按重要性排序的风险追踪列表。

风险管理的核心在于合理分配资源（时间、精力和金钱）以降低风险发生的可能性。举个例子，列表中最重要的一项可能是主要投资者因为不喜欢软件的用户界面而选择不投资。负责测试的团队成员在可用性方面可能没有受过特别的培训，但他们可以在网上进行研究，投入一周的时间，并提供可能会将这个最大风险减少几个百分点的反馈。通过重新计算风险评分，我们可能会发现，团队接下来应该将资源投入到其他更需要关注的方面。

当然，我们无法确切知道风险出现的可能性（百分比），也无法确切知道其可能带来的金钱损失。同样，我们实际上也无法准确评估随着测试时间的推移风险下降的具体百分比。在软件测试中，风险有时可以降至0%，至少在完全按照我们的测试方式执行的情况下是这样。但是，风险最初的发生概率是多少呢？

大部分情况下，我们能建立的是风险清单。有些项目把这个列表放入电子表格中，另外一些项目可能会使用任务跟踪工具。无论如何，我们最终都会得到一个可排序的列表。假设测试想法的成本呈正态分布，我们可以工作一天，观察能完成多少工作，从而预测完成整个列表所需的时间。在进行测试时，我们总能扩展这个列表。因为列表总是可以扩展，我们通常从截止日期反推测试结束时间，从而在列表中确定一个分界线（cut line），即在有限的时间内能完成的工作量。分界线之上的测试想法将被完成，而之下的则不会。管理层可以随时调整任何测试想法的优先级，直到时间用尽。如果有漏洞未被发现且处于分界线以下，那并不算是问题——这其实是管理良好的表现！

在功能级别上实现这一点的一种方法是，在工作开始前，团队就功能的重要性达成共识，可以利用之前提到的评分矩阵为功能设定一个预期的覆盖级别。这种设定既可以应用于人工测试部分，也可以应用于工具测试部分。这不失为根据风险调整测试活动的一个好的尝试。

在结束关于排期和风险的讨论之前，让我们来探讨一种在时间紧张的情况下测试大规模软件的方法——迭代测试。

### 迭代测试

如果你只有 5 分钟来测试你的软件，你能制订出一个计划吗？如果是 20 分钟、1 小时、4 人时、1 天或者 5 天呢？尽管测试可以扩展以适应所有这些时间，但你能否根据不同的时间限制调整测试的规模？

我们认可的一种方法是在软件中进行逐步扩展的螺旋上升的测试。随着时间的推移，每个功能的测试覆盖程度也相应增加。以我们之前提到的计算器示例来说，5 分钟可能足以在每个类别的测试中获得 1 分，20 分钟能达到 2 分，1 人时能达到 3 分，以此类推。当然，也有许多例外：如果团队只是测试一处代码更改，测试可能会集中在修复的 bug 及其周围的功能上；电商业务测试团队可能从登录、搜索、购买流程和创建账户开始，围绕这些功能进行多轮测试，之后才扩展到其他功能。关键是能够明确指出在给定的时间内可以完成多少测试。这样一来，讨论不再是简单的是与否，而是转变为“如果有 5 分钟，我们可以完成这些；如果有 20 分钟，我们可以做那些；如果给我们 1 小时，我们能做到这个程度……”

明确这一点，我们就可以确定最终策略。

## 9.6 策略：关于风险和优先级

阅读到这里，你应该已经意识到，实际上有无限多的测试可以执行。把软件分解成各个功能，为每个功能设置测试覆盖级别，列出完整的端到端用户旅程……所有这些措施都让测试工作变得可管理。5 分钟的测试计划和围绕产品的迭代测试看起来简单，但当有太多内容需要测试而时间又极其有限时，我们应该怎么办？这里我们想介绍一个技术，名为 RCRCRC。

曾与我们合作过的朋友 Karen N. Johnson 提出了一个用于回归测试的启发式方法，旨在帮助快速产生测试想法，她将这种方法命名为 RCRCRC（链接 9-2）。以下是她对这些字母的定义。

- 最近变更的区域（Recent）：新功能和代码的变更区域更容易出现问题。
- 核心功能区域（Core）：核心功能必须保持正常运作。
- 高风险区域（Risky）：应用的某些区域可能存在更大风险。
- 配置敏感区域（Configuration-sensitive）：依赖环境配置的代码可能容易出问题。
- 修复过问题的区域（Repaired）：修复 bug 可能会引入新问题。
- 问题频发的区域（Chronic）：应用中的某些区域可能始终容易出现故障或不稳定。

在我们曾合作的一家公司，团队通常需要两天进行的回归测试被压缩到了一个上午完成。我们使用 RCRCRC 方法制订了测试想法，并把它们记录在便笺纸上。每张便笺代表一个测试想法，执行时间在 5～25 分钟之间。随后，团队建立了一个包含三个栏目的看板：待办、进行中和已完成。看板的布局如图 9-1 所示。

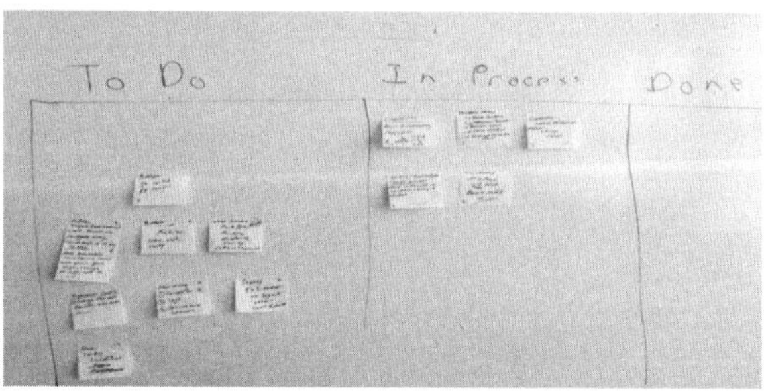


图 9-1　测试中的看板

整个上午，卡片逐渐从左侧移动到右侧，管理者可以进行移动卡片、增加新卡片等操作。在“已完成”一栏的右侧，我们设立了一个用于记录缺陷的区域。到了中午，我们讨论了已知缺陷的有效性与重要性、现有的测试覆盖程度、不足之处，以及关于如何向前推进的建议。

当谈论测试策略时，我们指的是类似于字典中的定义，为实现主要或总体目标而设计的行动计划。测试策略整合了本章中讨论的各种元素，阐释了测试的职责、需要应对的风险与范围，以及实现目标的方法。因为问题域广泛，而完成任务的时间又非常紧迫，本章的示例多集中在回归测试上，这是在有限时间内验证关键功能、降低风险的有效手段。在下一章中，我们将探讨随时间变化的测试策略。

## 9.7 仪表板：如何传达所知道的

在“9.3 覆盖程度：是否足够好地进行了测试”一节中，我们提到了轻量级测试仪表板。在本书之前的部分，我们通过了解最重要的缺陷可以快速理解软件测试过程。我们之前探讨的轻量级测试仪表板涉及到对功能的覆盖。我们还讨论了风险普查如何帮助推动质量提升的观点。传递测试状态信息的其他常见组件还包括构建状态、自动化流水线及其历史记录。这些可能构成一个持续自我更新的测试仪表板页面。测试仪表板的一些组件可能如图 9-2 所示。

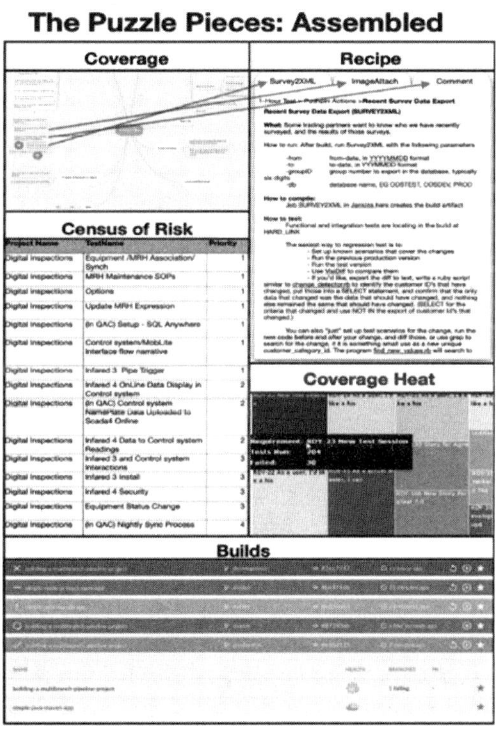


图 9-2 组装全过程仪表板（仅用于展示布局，不必在意其中文本）

让我们来看看这些年来我们制作的一些热力图的实际例子（图 9-3）。

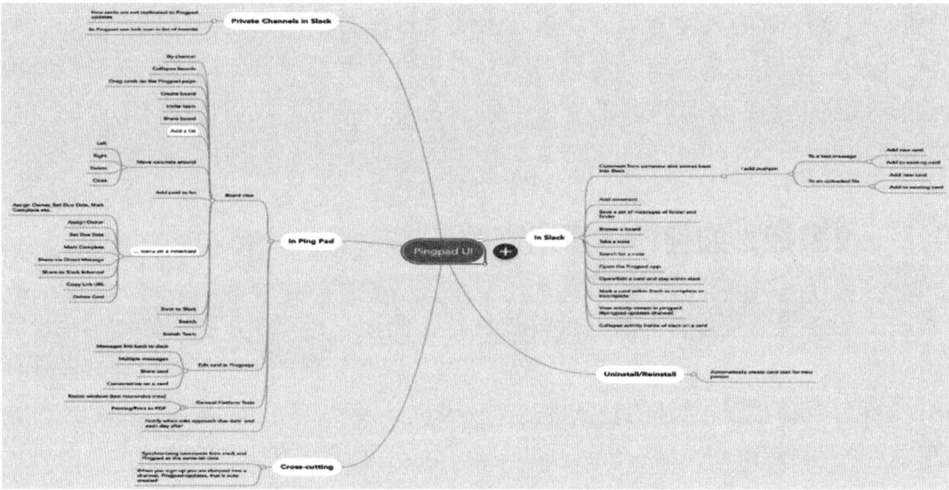


图 9-3　Excelon Development 为 PingPad 创建的测试覆盖大纲（仅用于展示布局，不必在意其中文本）

在这个例子中，我们复制了用于回归测试的思维导图，接着为节点着色，使用红色、黄色和绿色来代表质量，并设置不同的颜色深浅来表示覆盖程度。另一种方法是使用更传统的轻量级测试仪表板来显示覆盖程度和质量（图 9-4）。

| Features | | Webkit | iOS | Android |
|---|---|---|---|---|
| | Q:7 C: 9(matt) | Q:6 C: 8 (Sreejit) | Q:7 C: 5 (Paurang) | Q:7 C: 5 (Paurang) |
| | Q:9 C: 3 (matt) | Q:7 C: 5 (Sreejit) | Q:7 C: 7 Sandhya | Q:6 C: 6 (Paurang) |
| | Q:6 C: 8 (Sreejit) | Q:6 C: 7 Arun | Q:7 C: 6 (Paurang) | Q:7 C: 6 (Paurang) |
| | Q:9 C: 6 (matt) | Q:8 C: 7 Arun | Q:7 C: 7 (Paurang) | Q:7 C: 7 (Paurang) |
| | Q:7 C: 5 (Sreejit) | Q:7 C: 7 Arun | Q:8 C: 7 (Paurang) | Q:8 C: 7 (Paurang) |
| | Q:6 C: 6 (subid) | Q:6 C: 6 (subid) | Q:8 C: 7 (Subid) | Q:8 C: 6(subid) |
| | Q:7 C: 5 (Sreejit) | Q:7 C: 5 (Sreejit) | Q:7 C: 5 (Paurang) | Q:5 C: 7 (Paurang) |
| | Q:6 C: 8 (Sreejit) | Q:6 C: 7 Arun | Q:3 C: 7 (Paurang) | Q:3 C: 7 (Paurang) |
| | Q:6 C: 6 (subid) | Q:6 C: 6 (subid) | Q:6 C: 6(subid) | Q:6 C: 6(Subid) |
| | Q:7 C: 8 Beth | Q:7 C: 8 Beth | Q:5 C: 7 (Paurang) | Q:5 C: 7 (Paurang) |
| | Q:8 C: 7Sandhya | Q:8 C: 7Sandhya | Q:7 C: 7 Sandhya | Q:8 C: 6(subid) |
| | Q:7 C: 5 (Sreejit) | Q:7 C: 5 Arun | Q:8 C: 8 (Paurang) | Q:8 C: 8 (Paurang) |
| | Q:7 C: 1 (Subid) | Q:7 C: 1 (Subid) | Q:6 C: 6 (Paurang) | Q:6 C: 6 (Paurang) |
| | Q:3 C: 5(Sreejit) | Q:3 C: 5Arun | Q:2 C: 10 (Sandhya) Account Preference | Q:2 C: 10 (Paurang) Account Preference |
| | NA | NA | Q:9 C: 4 (Paurang) | Q:9 C: 4 (Paurang) |

图 9-4　为客户创建的轻量级测试仪表板（已脱敏处理）

缺陷 / 状态可以从缺陷跟踪系统导出，或者对于更敏捷的团队，可能是一个包含问题高级概要的在线文档。构建的管道可能会读取多种 CI 工具的输出，如 Jenkins、Buildkite、Teamcity、Circleci、Bamboo 或 GitLab。在自动化工具方面，特别关注当前哪些测试失败、最近有多少测试失败以及哪些测试频繁失败。仪表板的其他元素可以包括自动收集的 RCRCRC 信息，如下所示：

- 最近更改了哪些文件？它们对应哪些功能？
- 哪些文件 / 功能最近出现了缺陷或已进行了修复？
- 需要测试的核心功能的简洁摘要。
- 最近已测试且未更改的软件元素。
- 配置敏感组件及其测试与变更记录。

仪表板的目的是创建一个即时的测试概览，包括测试覆盖程度、缺陷的状态、已覆盖的风险数量以及工具和构建管道覆盖的风险，从而让管理层感觉他们有多种选择。仪表板改变了测试对话的方式，从“我们完成了吗？为什么没有完成？”转变为关于在哪里投入时间和精力的讨论。它还消除了所谓的“状态重置”，即人们记录信息并进行汇报，信息因假设和遗忘而失真，然后等待下次会议来做出延迟的决策。而基于仪表板，决策者能够根据即时的测试概览直接做出决策，在决策者做出决策之后，他们现在必须承担决策的后果。我们在讨论风险时已经讨论过，但现在他们掌握了更多的信息。因此，问题不再是“为什么 QA 没有发现那个缺陷？”而是“看来我们在测试中没有投入足够的时间来发现那种类型的缺陷。我们是否应该调整我们的时间投入？我们是否应该减少对其他事物的测试？”

为了创建仪表板，可以通过在页面中内嵌页面的技术实现，例如 HTML5 中的 iframe 标签。已经有许多产品可以帮助我们快速创建仪表板。本节旨在熟悉这种结构，在第 10 章中，我们将讨论如何构建一个适合你的仪表板。

我们将在第 10 章中探讨仪表板的更多组件。现在，请思考你掌握的仪表板的元素有多少，搭建一个仪表板需要做些什么，以及是否值得投入。

## 9.8 本章回顾

在本章中，我们探讨了一些软件测试的基本元素。测试配方指导我们如何测试那些非直观的内容。覆盖程度能提供软件状态的概览，同时帮助我们了解当前测试的质量以及各组件的状态。理解覆盖程度可以帮助我们判断是否已完成测试，并决定如何在接下来的测试中高效地利用宝贵的时间资源。覆盖程度还可以帮助我们做出像“我们完成测试了”这样的艰难决策。

谈到艰难决策，缺陷是了解产品问题及决定下一步行动的主要依据。测试计划设定了一个节奏，它需要与整个交付周期的其他部分相协调。我们考虑了测试策略以及它是如何针对风险和优先级问题演变的，特别提到了 Karen Johnson 的

RCRCRC 启发式方法。为了传递这些基本元素的信息，我们引入了仪表板，它提供了基本元素的视觉摘要，并展示了如何可视化这个仪表板。

Christopher Alexander 的模式语言正式概念化了建筑和城市规划中已经出现的元素，例如人行横道、高架步道和庭院。Alexander 的模式让建筑师能够在更高的层次上交流，并形成共识。同时，这些模式之所以被采用，是因为它们能解决具体的问题。我们的目标是在软件测试领域做到像 Alexander 在建筑领域所做到的那样，这要求我们采用一种更深入的语言模式进行阐述，涵盖解决方案以及对方案所解决的问题和可能带来的后果的理解。

但是，你的团队应该采取什么策略？

我们将在下一章中更详细地讨论这个问题。

# 第 10 章 制订测试策略

上一章深入探讨了测试的基本构成元素。在本章的最后，我们将这些部分组合起来，构建了一个用于展示软件状态的仪表板。那只是众多可能的仪表板中的一个示例，我们对它的理解仍属于概念层面。

在本章，我们将探讨什么样的软件可以视为“足够好的软件”。当我们定义这样的软件时，通常某些策略已经隐含在其中，这些策略在某种程度上解决了构建测试流程的难题。要想取得成功，我们首先需要了解当前的实际状态和理想的未来状态，然后着手弥补这两者之间的差距。这项工作必须经得起审查。换言之，当决策者询问如何前进以及想要了解“为什么”“如何做”和“何时做”时，你必须能够清楚地解释。决策者需要确信自己的问题得到了解答。这样，你的新思路才能被实施。现在，让我们讨论如何实现这一点。

本章包括以下主要内容：

- 描述当前的测试方式；
- 以风险普查的方式表达测试想法；
- 确定优先事项，管理时间、范围和人员；
- 发布和传达测试策略；
- 从当前状态向目标状态过渡。

## 10.1 我们现在在做什么

《牛津英语词典》将策略定义为“a plan of action or policy designed to achieve a major or overall aim”（旨在实现主要或总体目标的行动计划或方针）。

当讨论策略时，我们指的是为了达成目标而制订的行动计划（及相关方针）。在我们的场景中，行动计划涉及软件测试中的具体操作以及执行方式，目的是把管理层的意图清晰传递给相关决策者（包括技术团队和测试人员），帮助他们明确测试的方向和重点，从而能够自主、高效地做出测试相关的决策。换言之，策略的一部分是促使决策活动更多地由团队内部来进行。这避免了在发现缺陷时，需要等待外部人员做出决定的情况。我们越是能够实时做出决策并消除等待时间，团队效率就越能得到提升。当我们提到决策时，并不意味着需要做出多么重大的选择，比如决定应该开发什么功能。它可能仅仅涉及制订一套规则，例如规定哪些缺陷需要立即修复。消除等待时间是一种提升软件交付效率的方式，我们将在“第 11 章 精益软件测试”中详细探讨。

现在，我们来制订一个策略。

要实现这一点，最直接的方法是在自己的部门与自己的团队合作。在本章中，我们引用的实践案例灵感源自 Matthew 和 Michael 在 Socialtext 公司十余年的工作经历。Socialtext 的案例极具价值，因为它不仅展示了一种策略，还体现了长期有意识地改进方法的过程。

遗憾的是，在我们的工作中，我们观察到太多策略的启动，却鲜少看到它们顺利完成。实际上，我们曾见过一些咨询顾问展示他们在某公司进行的 1～3 个月的工作，这些工作看似充满潜力，展示效果也极佳。然而，当我们与公司员工交谈时，却发现这些工作最终被搁置并废弃。

不仅是咨询顾问，管理人员同样如此。我们发现，需要通过特定审计的公司必须制订流程文档，而管理者往往只是编制了应遵循的流程文档，却未尝试为改进流程而付出努力。一年后，当审计人员核实公司是否按照流程行事时，结论通常是“没有”。

有这样一个例子，一位经理表示他的团队将开始进行模糊性审查，因为软件需求描述不够明确。此想法听起来让人满怀期待。这位经理打印出一份检查清单，并将其贴在墙上。然而，迫于时间压力，向他汇报的项目经理们不愿意参加新会议，担心这样做会使得项目需要更多的澄清和验证，进而延缓项目进度。项目经理们期待他能起到领导作用，但他却没有。这个想法最终未被纳入测试方针，也未被纳入任何正式文件，最终就这样无疾而终。

正如这个例子所显示的，仅仅宣布采用新的软件测试方法，例如这位经理提出的模糊性审查，往往并不能带来真正的改变。实际上，这与本书推崇的语境驱动测试方法相悖。在语境驱动测试中，执行测试的人员对于何时、如何以及做什么拥有决策权。管理层可以设定高层目标，而执行测试的人员需要找到实现这些目标的最佳方式。根据我们的经验，甚至可以更准确地说，是管理层制订了一个愿望清单，负责测试的人员只是尝试尽可能地实现这些愿望。

在制订策略时，我们建议先不讨论事情应该如何进行，这部分内容留到后面再说。现阶段，应该先描述实际情况。如果团队之间没有统一的标准，就让团队各自描述其实际情况。例如，有些团队可能支持 100 个不同的界面，每个界面的测试方式都各不相同。再有，一些重大的更改，比如升级服务器，不同团队也可能需要采用不同的测试方法。

现在，我们需要开始以某种方式描述我们目前如何测试软件。我们可以从不同层面或角度来进行详细描述，如组级流程、团队级流程、测试单一应用程序的方法或如何支持一项变更。为此，我们将采用精益测试画布，这是 Matthew 在 Excelon Development 时开发的一种技术。

### 精益测试画布

商业模式画布总结了一个商业模式的所有要素：资金来源、用户如何获得价值、为提供产品公司需购买什么设备和原材料等。有趣的是，商业模式画布主要是为了让现有企业能描述自己并探索成熟企业的各个方面而设计的。接下来要介绍的精益画布，是为初创企业设计的，更专注于企业成长过程中可能遇到的下一个问题。毕竟，成熟企业可能有多个产品线，它们可能会针对不同的客户进行细分和市场推广，而初创企业更倾向于寻找单一的客户类型来实现盈利。

在本章以及第 11 章中，使用“精益”一词可能会造成一些困惑。在我们的语境中，精益指的是传统意义上的精益（健壮、敏捷、无多余浪费）、商业层面的精益，以及丰田生产方式，后者是一种注重持续改进的方法。精益测试画布是对这些理念的一种致敬。当我们开始改进测试过程时，通常会发现有些明显的问题无人问津。我们希望将测试过程简化为一张纸，帮助你识别出系统中最脆弱的环节，即需要改进的地方，以促进测试的整体提升。

图 10-1 的例子展示了测试的业务视角，而非技术视角。本章还将介绍其他组织画布的方法。

这份文件描述了某个团队、组件、项目或系统当前的测试方式。讽刺的是，如果你让团队的每位成员都来填写这份文件，你很可能会得到各种不同的答案。有时候，不同角色甚至会认为某些责任应由其他角色承担！如果是由管理层来填写，你可能会发现他们对工作完成时间的预期存在差异。

我们将查看精益测试画布中的每个元素，理解它们的含义，然后探讨如何填写及发布画布。

- 客户：这里的“客户”并非指使用应用程序的用户，而是参与应用程序测试的人员。在一个成熟度非常高的交付团队中，团队自身可能就是客户。换言之，测试已经深入地融入日常工作，外部人员所见到的只是不断交付且经过充分测试的功能。在完全相反的情况下，测试可能由一个独立的团队负责，这个团队向不同的管理层汇报。该团队可能制订了公开的服务水平协议（SLA）和书面合同，在这种情况下，客户是那些批准测试的人。一些极其复杂的程序可能设有一个系统测试团队，负责协调跨越数十个团队的工作，并可能向公司高层报告。无论情况如何，确定测试服务的客户是我们的目标。

图 10-1 精益测试画布 ( 链接 10-1)

- 价值主张：当有人提问：“为什么需要进行测试？”你应该怎样回答他们？这里需要展示某种投资回报，即在测试上投入 1 美元，预期在来年能带来 1.25 美元的收益。如果回报低于此数值，公司可能会考虑将资金投向其他领域。
- 测试和部署流程：在程序完成单元测试并将代码推送到版本控制系统之后，将代码部署到生产环境需要多长时间？这一过程可能包含若干步骤，每个步骤的时间可能以分钟、小时或天计。请参考以下例子：

① 等待代码审查批准及合并（不超过 2 天）；

② 构建和系统级测试（0.25 天到 2 天）；

③ 回归测试（每周进行一次）；

④ 部署到生产环境（在回归测试完成后）。

除了单元测试外，第二项和第三项还涉及到其他测试工具和自动化的应用。上述例子暗示了一个在每个冲刺阶段都会进行的回归测试流程，这可能成为测试和交付的瓶颈。将冲刺与变更解耦可以显著提升效率。关于如何摆脱回归测试的更多内容，将在第 11 章进行详细讨论。

- 核心职责范围：这是团队负责识别处理的各类风险。可能包含功能性问题、应用程序的响应速度、负载能力以及构建流程的速度等。

- 影响及监控和回退机制：对于一个有着较长构建流程且需要提交至苹果商店审核的移动应用程序，可能需要一周时间才能推出修复版本；而对于一个将故障修复任务放在待办列表中的 Scrum 团队，完成修复可能需要两周时间。这表明错误可能会在生产环境中存在较长时间，因此团队可能会更关注平均故障间隔时间。
- 关键资源和活动：这部分定义了测试由谁负责以及他们进行的测试类型。需列出参与测试的人员以及他们具体执行的测试项目。之后，我们还可以进一步探讨缺少了哪些内容。
- 职责范围之外：我们不负责哪些测试？比如性能、安全和无障碍测试等。团队可能会因为不必负责性能测试而感到轻松，并将这一事实明确且书面记录下来，但这也可能意味着需要从外部找人来进行这些测试，这样的外部干预可能会很严重。此外，高管可能对职责范围内和范围外的内容缺乏理解，不了解团队所负责任务的价值。在这种情况下，高管可能会觉得这个团队没有提供任何价值。如果负责测试工作的人员属于交付团队，这里可能会暴露一个问题，例如，如果除了单元测试之外的所有内容都不在负责范围内，那么谁来负责这些工作呢？不进行这些测试将会有什么后果？
- 关键指标：团队需要评估的关键事项，用以判断他们是否成功。许多团队仅将“按时交付软件”作为成功的衡量标准，而这个时间表往往由外部人员制订。这通常导致测试时间被压缩，使得软件往往带有错误就被发布，结果大家都在问为什么会这样。一个替代方案是为软件设定其他的衡量指标。在那些设有衡量标准的团队中，使用的许多指标还较为初级，例如错误数量或千行代码缺陷率。我们将在第 11 章进一步讨论衡量指标。
- 成本结构和规模扩展：测试与开发的支出比例是多少？如果要扩大测试范围，成本会怎样变化？
- 改进方向：一旦定义了衡量指标，接下来就需要决定优先改进哪些。是希望发现更多问题、加快软件交付速度、缩短回归测试时间，还是增强测试覆盖的可见性……

读到这里，你可能会认为自己已经全面理解了这些内容，因为它们看起来非常直观。然而，个人对这些测试元素的理解与团队共享的一致、连贯视角会有很大的不同。

填写表格可能比乍看起来要困难得多。

### 10.1.1 填写表格

正如我们在其他地方讨论过的，人们往往从自己角色的角度来理解测试。对一个采用瀑布模式的项目经理而言，测试应当是一个稳定、可预测且可重复的流程，需要按部就班地执行。在这位项目经理看来，测试只是上线的障碍，是必须完成的任务。这导致测试成为容易外包的工作。程序员可能将测试视为验证组件是否符合预期的活动，或者视为定义“完成”的标准，如“故事在自动化测试通过时即为完成”。在语境驱动的观点中，专业测试人员可能认为测试是向决策者提供关于软件状态和风险信息的机会。业务分析师可能将测试视为对需求的一种补充。这样的视角还可以继续扩展。

注意，当我们的目标是使测试成为一个“稳定、可预测且可重复”的流程时，每个角色对于测试所能解决的问题都有不同的期望。关键在于将测试构成元素整合起来，拼凑成一幅完整的拼图，并形成一个连贯的策略。缺乏连贯的策略，团队只能随波逐流地工作。精益测试画布的目的是记录“我们现在正在做的事情”，以便识别出缺失的部分。

如果团队在同一地点办公，可以将模板打印出来，并在公共区域展示以促进对其的交流讨论。另一个方法是作为团队建设活动，要求成员提前填写这个模板。关键不在于达成共识，而在于找出分歧、误解和那些对“测试”这个词的含义有不同理解的人。例如，A/B 测试是一种典型的营销活动优化方法，用于设计广告以提高点击率。但它同样可以应用于用户界面的改进，从而增加用户在网站或移动应用上的互动。这种测试与日志和报告相结合，可以通过技术调查提供与质量相关的信息。因此，这属于我们所定义的测试。

如果你能在填写精益测试画布的过程中发现分歧和遗漏之处，那将会是朝正确方向迈出的一大步。

对“我们现在在做什么”的第二种描述方法是电梯演讲（The elevator pitch）。

### 10.1.2 电梯演讲

在我们的咨询工作中，经常遇到一些从事测试工作的人，他们感觉自己不被赏识和尊重。他们有时会用“二等公民”这样的词语来形容自己的处境，或抱怨所承受的期望过高。对此，我们并不觉得这是一个问题。软件可以没有测试专家的参与，但绝不能没有程序员。我们应该为能参与到软件的制作过程中而感到高兴，并不应该有其他所求。实际上，事情远不止如此。通常，如果人们感觉到有不公正或不妥的事情发生，他们就会提出抱怨。这反映了他们的角色没有得到应有的重视。

测试角色可能根本未被理解。换句话说，组织中的其他人可能只关注自己负责的部分。项目经理只想签字确认“测试完成”，并不希望听到那些令人头疼的问题。产品经理则认为那些测试很简单。程序员可能将测试视为额外的工作负担。

我们开展的一项练习是让人们想象自己在电梯里偶遇集团总裁、公司的首席信息官或者首席执行官。电梯里只有你们两个，这位高层问你的工作职责，更进一步，他特别询问关于测试的事情。他听说测试非常重要，并且你在其中扮演着重要角色。他问："测试到底是如何为业务贡献价值的？难道不应该一开始就做到位吗？"

你如何回答？

我们多次进行这样的练习后发现，许多人都无法给出回答。那些能回答的人通常会快速列举出需要进行的测试类型，例如功能测试、性能测试和负载测试。一些人会给出典型的语境驱动的回答，即提供信息给决策者。但请注意，这并没有直接关联到业务成果。

答案在很大程度上依赖于具体的语境。你需要深入了解企业的业务、风险，以及与质量相关的信息如何为企业创造利益。在本节结束之前，让我们分享一个故事。

## 电梯演讲范例

2011 年，Matthew 在美国中西部一个名为 Michiana 的地区承担了一项长期的测试辅导任务。相较于其他承包商，他的费用较高，此外，由于他不是本地人，这家专注于大规模数据处理的公司还必须承担他的差旅费用。在团队之内，负责 Matthew 合同的 Michael Drzewiecki 看到了 Matthew 为团队所增加的价值，随着年底临近，聘任合同即将到期，决定是否再次聘请 Matthew 主要是一个预算问题。

在团队之外，公司无法准确衡量或识别测试卓越性的具体价值。测试的价值有时是不言自明的，正如没有人会质疑进行汽车测试的价值，因为这能减少路试和成本。但在预算中，测试辅导的费用却显得尤为突出，总会有人质疑这是否真的必要。尽管 Michael 和蔼可亲、反应敏捷，他仍然面临着向高层进行电梯演讲的难题。

在那次对话的前一周，《华尔街日报》A2 版刊载了一篇报道。报道中提到，由于美国国务院电脑程序中的一个错误，22000 人被错误地通知他们获得了绿卡。这些人利用 Facebook 发起了一场活动，要求美国不论是否出现技术故障，都应履行给他们发放绿卡的承诺。

Matthew 从日报上拿下这一页（图 10-2）放到 Michael 桌子上，然后说："我的工作，就是避免让你们公司登上《华尔街日报》的头版。"

这家公司不仅仅进行数据处理工作，它发送的纸质信件和电子邮件的数量甚至超过了美国国务院。错误地将电子邮件发送给非目标收件人可能导致个人财务或健康信息泄露，这可能带来灾难性的后果。

THE WALL STREET JOURNAL.

U.S. NEWS 10-27-11 PAGE A-2

Green-Card Lottery Skipped Key Test

BY MIRIAM JORDAN

The computer glitch that forced a redo of this year's electronic green-card lottery, disappointing thousands of apparent winners, resulted from a failure to test a new computer program, according to a report released Tuesday by the State Department's Inspector General Office.

The snafu, which prevented the program from selecting winners at random, affected roughly 22,000 people who had been notified that they were in line for permanent U.S. residency through the annual May lottery.

They were then told that there would be a new draw, which was held in July.

The shortcomings at the Bureau of Consular Affairs, which oversees the technical aspects of the lottery, "caused a great deal of stress for persons who were initially notified of their selection...but subsequently had their selections nullified," the inspector general's report said.

Officials involved with the lottery, which is designed to promote greater diversity in immigration, weren't aware of problems with the program "until after it failed and the results had to be voided," the review said.

The inspector general recommended stronger oversight of the visa program and the technical team that coordinates its computer-run lottery.

"We are taking this review and the recommendations it contains very seriously to improve the management of the Diversity Visa Program," said Rebecca Dodds, spokeswoman for the Bureau of Consular Affairs.

This year, a record 15 million people submitted entries to the lottery, which offers a quick path to permanent U.S. residence for 50,000 people selected by random draw from countries with low numbers of immigrants to the U.S.

The State Department decided the electronic draw would have to be held again because the computer glitch caused 90% of the initial lottery winners to be selected from applications received on the first two days, instead of from the entire 30-day registration period.

Disappointed applicants created a Facebook page dubbed "22,000 Tears" and began collecting signatures for letters to the State Department and U.S. lawmakers in protest.

The group later lost a court battle to have their selections reinstated.

图 10-2 2011 年 Michael 对事件报道的扫描件

Michael 看了这篇报道后，请求借去扫描，随后就不见其踪。后来，Matthew 的合同被续签了，并且薪水增加了 19%。在两次续签之间，他还得到了一个月的休假时间，差旅费用计算方式也从提交费用凭证报销改为按日定额报销。

有三种主要方式可以阐述观点。一种是使用趣闻轶事，正如我们之前所做的。一种是使用统计数据和数字。最后一种则是利用逻辑证明。

因此，请花点时间来思考你的电梯演讲。要记住，直接参与工作的人通常只关注工作本身，中层管理者倾向于关注流程，而高层管理者则主要关心资金问题。请尽量将你的工作与财务效益联系起来，或者至少让其像我们故事中那样明显易懂。

测试画布和电梯演讲主要涵盖了高层次的测试业务及其相关活动。然而，它们并没有深入我们所关注的核心问题——风险，即如何追踪风险以及应对风险。

让我们来列出一些可能出错的事项，这些事项需要花时间去仔细检查。这份列表可以被称作风险普查。

## 10.2 风险普查

风险普查包括所有可能出错的事项。有些公司将其组织成测试用例，并详细描述每个步骤。另一种方法是识别风险：为风险普查设定一个章程或使命，分配 30 分钟的时间限制，并让测试人员在这一框架下探索产品，以发现并减少该章程所涵盖的具体风险。

然而，我们不建议采用这两种方法。

这两种方法各有侧重。基于会话的测试管理（session-based test management，SBTM）包括基于时间的章程、笔记和汇报，这种方法使测试人员负责发现问题。经验表明，文档化的测试用例通常涉及大量文字工作，而且大多数信息是显而易见的，不那么明显的部分往往很快就会过时。更重要的是，这种测试用例的方法让我们回想起第 4 章中狗狗公园的案例，它重复覆盖同样的输入空间，这意味着随着时间的推移覆盖范围会减少。

我们建议采用一种更好的方法。

事实证明，测试用例中最关键的往往是标题。对于训练有素的测试人员，也就是那些能理解并能应用前文提到的观点的人来说，标题和内容几乎可以互换。

表 10-1 是一个测试用例的示例。

表10-1　基本测试用例

| 测试用例：基本购物流程 | | |
|---|---|---|
| 步骤 | 操作 | 预期结果 |
| 1 | 启动网站 | 页面加载 |
| 2 | 以 testuser1@domain.com 登录 | 页面左上角显示“Hello, test user”，页面加载完成，显示搜索框 |
| 3 | 点击搜索框 | 光标在搜索框中闪烁 |
| 4 | 输入产品名称 | |
| 5 | 按下 <ENTER> 键 | 显示搜索结果页面 |
| 6 | 点击第一个结果 | 显示产品详情页，注意此处价格 |
| 7 | 点击“加入购物车” | 购物车商品数量增加 |
| 8 | 点击“结账” | 已添加所选商品；价格与之前注意到的价格一致 |
| 9 | 点击“添加新信用卡信息” | 显示信用卡信息输入界面 |
| 10 | 按照 < 页面指南 wiki> 填写测试环境用的虚拟信用卡信息 | |
| 11 | 点击“下单” | 显示订单完成页面，并记录订单号 |
| 12 | 等待 5 分钟，点击“订单”页面 | 订单页面显示该订单及正确的订单号 |
| 13 | 在 MRP 系统中检查订单 | MRP 测试系统中显示正确的订单 |

请注意其中的几点。首先，它省略了一些非常重要的内容，比如如何找到要搜索的产品，或搜索结果应该呈现的样式。可以推测，这些内容可能在其他的

测试中进行。同样，还有很多我们应该检查但没有被明确指示去检查的事项，例如新信用卡界面的外观应该是什么样，用户的送货地址应该是怎样的，等等。有两个看似重要的事项需要注意：如何在测试中填写信用卡信息，以及如何检查MRP系统。为了保持示例的简洁性，我们将这些信息放置在其他位置，例如在第9章介绍的配方中。在我们之前使用过的大多数“测试用例”系统中，测试用例通常会包含实际需要的信息，以及一些显而易见的信息。

实际上，我们可以直接称其为“购买路径测试”，这是对要测试内容的一句话描述。而把如何执行基础操作的步骤（如登录、确定测试网站的URL、核对MRP系统、查找要搜索的产品）保存为测试配方。我们可以把所有的测试想法汇总到一个或几个更高级别的电子表格中，这就构成了所谓的“风险普查”。

测试用例这种存储信息的方式产生了大量看似重要且有价值，实际上却并非如此的内容。阅读这些测试用例令人痛苦，不仅削弱测试人员的自主性，而且由于重复执行相同的动作，随着时间的推移还减少了测试的覆盖范围，这一切都是以“可预测、可重复”的名义进行的。

好消息是，我们发现测试用例并不是必要的。坏消息是，如果你决定废弃它们，就需要找到其他的替代方案。我们建议对测试人员进行培训，并构建一种更高层次的测试策略。

## 界定真正的风险普查

我们所谓的普查，本质上是一份我们可能需要采取行动的事项清单。这些事项可能包括独立探索软件的各个元素，或是一系列端到端的用户旅程。这份普查会随时间更新。例如，周末可能需要跟踪新版本的浏览器或新型号的移动设备，与软件集成的第三方可能推出新的程序或废止旧有程序，甚至有人可能会出于好奇，“想看看如果这样会发生什么”，并列出若干潜在风险。

关键在于，这些都是突发的风险，无法通过单元测试、工具或自动化来覆盖。我们不会在每次构建时都执行这些风险检查。唯一的例外情况是，没有任何工具或自动化支持，并且某个变更可能导致其他意想不到的影响。风险普查是一个可持续更新的列表。我们会不断向列表添加新的检查项，执行检查以排除风险，然后将完成的项目移动到另一个标签页，后者记录了本周、本轮冲刺或本月已经降低的风险。风险普查可以作为一项持续的活动，我们每周大约投入1小时的时间，这些工作是在已有测试的基础上额外添加的。在第11章中，我们将讨论如何为复杂性、工作量和风险预测添加度量标准。

表10-2是一个风险普查示例。

表10-2　风险普查

| 项目名称 | 测试名称 | 优先级 |
| --- | --- | --- |
| 数字化检查 | 设备 /DTA 关联与同步 | 1 |
| 数字化检查 | DTA MxProcedures | 1 |
| 数字化检查 | 选项 | 1 |
| 数字化检查 | 更新 DTA 表达式 | 1 |
| 数字化检查 | （在 QAC 中）设置 –SQL Anywhere | 1 |
| 数字化检查 | Cascade/MobLite 接口流程说明 | 1 |
| 数字化检查 | IRA 3 管道触发器 | 1 |
| 数字化检查 | IRA 4 在 Cascade 中的在线数据展示 | 1 |
| 数字化检查 | （在 QAC 中）将 Cascade 铭牌数据上传至 TOA4 Online | 1 |
| 数字化检查 | IRA 4 数据至 Cascade 读数 | 1 |
| 数字化检查 | IRA 3 与 Cascade 交互 | 2 |
| 数字化检查 | IRA 3 安装 | 2 |
| 数字化检查 | IRA 4 安全性 | 2 |
| 数字化检查 | 设备状态变更 | 2 |
| 数字化检查 | （在 QAC 中）夜间同步流程 | 2 |
| 数字化检查 | 删除 TOA 设备和读数 | 2 |
| 数字化检查 | （在 QAC 中）IRA 配置 | 3 |
| 数字化检查 | 排除 IRA 数据 | 3 |

理想情况下，这是一个可持续更新的列表。如果需要在发布前对所有项目进行最终检查，可以使用第 9 章中介绍的轻量级测试仪表板，或者使用下一节将介绍的思维导图。

请注意最右侧显示的优先级，优先级从 1 到 10，而且这个列表是经过排序的，并定期加入新的事项，我们可能永远无法审查到列表底部，但这是可以接受的。管理层负责决定投入解决风险的时间和人力资源，他们也可以调整优先级。随着时间的推移，从事这项工作的人会加深对风险的理解并正确设定优先级。然而，管理层始终有责任审查已列出的事项，并在必要时调整优先级。当出现缺陷逃逸时，管理层不该再问“测试为何未发现该错误？”而应考虑测试实际上是在识别风险，并且该风险的优先级并不高。要找到做这件事的时间，管理层需要增加测试时间或调整事项的优先级。测试人员然后可以分析找到的错误，查看这些错误还与哪些风险相关。如果管理层在不增加测试时间的情况下提高了某个事项的优先级，那么其他一些测试可能就不会执行。但问题在于，因关注高优先级事项而发现的缺陷是否比忽略低优先级事项而错过的缺陷更重要？如果是，那么表明系统按照设计正常运作。

风险普查是一个工具，它使得针对突发风险的测试工作变得透明，从而允许管理层设定和调整优先级。一旦我们掌握了预测将完成多少工作的方法（详见第11章），我们就可以设定一个分界线，分界线标记了预期在下一个截止日期前完成的工作量。随后，管理层可以增加资源、调整优先级或延长截止日期。

## 10.3 确定优先事项、时间管理和范围

前面讨论过的风险普查提供了一个明确的流程，使得管理层能够调整测试范围。我们还介绍了另一种方法——轻量级测试仪表板。在这些例子中，团队将软件分解为不同的功能或用户旅程。接着，他们会编制一个测试项目清单，并请管理层对测试的深度和优先级提供指导。基于历史数据，团队能够预测完成测试工作所需的时间。

以功能测试为例，本书目前对此尚未进行深入探讨。大多数组织将测试简单地视为一项活动，要么执行，要么不执行。而那些被实现为自动化检查的测试想法，可能只是业务分析师创建的，或者更有可能是测试人员在有限时间内容易编写代码实现的。遗憾的是，最难编写（因此被跳过）的自动化检查才最有可能发现问题，因为它对程序员来说也很难编写。

试想一种用于判断测试某个功能的深度的标准，等级从 1 到 5，类似于上一章中衡量覆盖程度。管理层设定这个标准，他们清楚更高的等级可能会减缓测试进度。团队成员会定期集合，讨论未能捕捉到的错误可能带来的影响。甚至可以只设定两个等级，一个用于探索性测试，另一个用于正式测试。受保护的个人信息，如出生日期和信用卡号，可以采用更严格的流程，甚至可能包括更复杂的变更控制和部署流程。

如果团队在软件测试中频繁遇到失败，且这些失败并非由近期的开发活动所引起，这表明问题可能源于软件中早已存在的缺陷或设计问题，而不是最新的代码更改。在这种情况下，建议实施回归测试流程。为了更有效地管理和追踪回归测试的进度，一些公司采用思维导图等工具，这不仅可以可视化测试的覆盖范围，还能详细记录各项功能的测试质量水平。

在第 9 章中，我们介绍了用于展示覆盖程度的测试仪表板的概念。该模型采用表格形式，以功能作为行，测试环境作为列。思维导图与其相似，但引入了层次结构。从一个中心节点出发，各功能像树枝一样从中心节点展开，每个功能还可以继续细分为子功能或测试想法。虽然我们发现基于功能的方法最为成功，但也存在其他多种方法来进行覆盖，例如 Karen N. Johnson 提出的 RCRCRC 方法，或者 Rapid Software Testing 的 SFDIPOT 方法（链接 10-2）。SFDIPOT 模型可帮助测试人员深入了解结构、功能、数据、接口、平台和操作。我们观察到，这些

方法通常适合专职测试人员在较小的测试单元上使用，而基于功能的方法则能提供更广泛的视角。然而，过分专注于功能可能会让测试人员忽视那些涉及多个功能的复杂用例。

图 10-3 是 Excelon 为一家最近刚成立的公司提供咨询服务的一个真实案例。这个由四名程序员组成的团队希望按功能实现端到端的 UI 测试自动化，但他们根本没有建立起结构化的测试流程。经过一小时的交流和探索后，我们制订了这个模板，我们称之为“一小时测试”，即在一个小时内探索应用程序的功能。随着应用的扩展，这种方法会逐渐变得不实用，反馈速度也会减慢，届时我们将需要采用其他的回归测试方法。

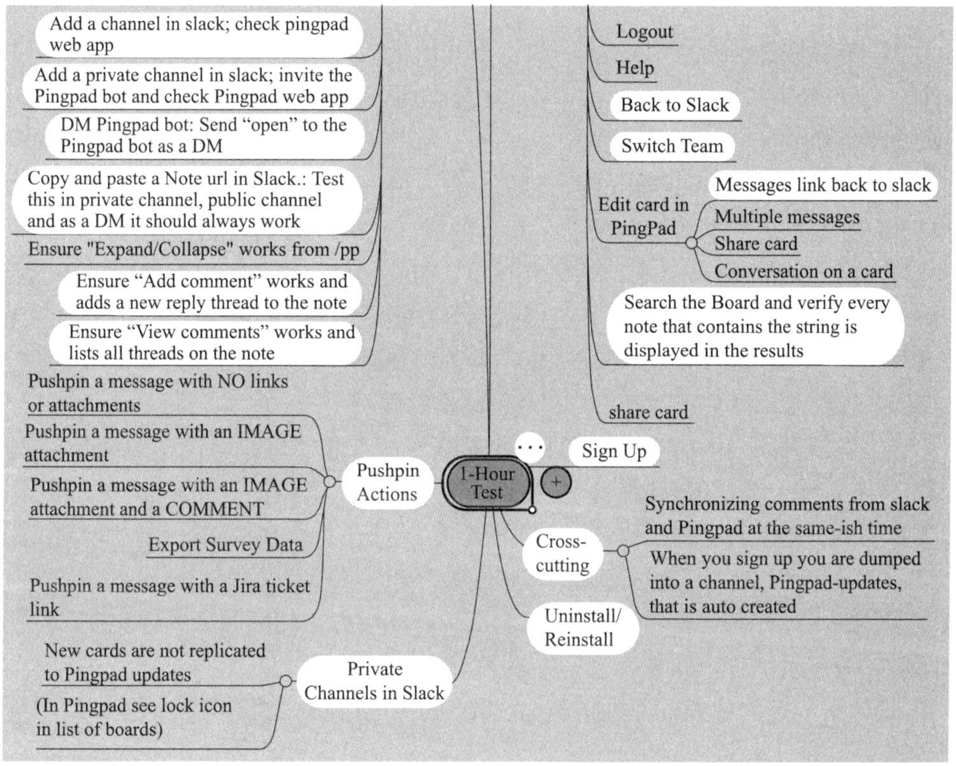


图 10-3　一小时回归测试思维导图

要进行回归测试，我们会复制思维导图并逐个节点操作，将节点标记为白色表示未执行，红色 / 黄色 / 绿色表示不同状态，深灰色表示跳过。任何人都可以通过查看这些逐渐转变为绿色或红色的节点来监控回归测试的进展。如果某个模块变动较少或无变动，我们可能会决定减少该模块的测试或跳过测试。这适用于初创公司，图形用户界面和 API 的频繁变更使得自动化测试无法作为最佳的测试方式。用户界面一旦稳定下来，团队可能会编写自动化测试脚本，逐步淘汰手动测试。最终，可能只剩下突发风险，这可能成为某人每天需要 15 分钟到几小时的日常工作，或团队成员轮流承担此责任，或每人每天测试 5 分钟。

思维导图是一系列可视化辅助工具中的最后一个，目的是帮助实践者总结工作、增加工作的透明度并清晰展示进度。到目前为止，你应该已经掌握了几种方法，这些方法可以帮助你了解工作的执行方式、测试所需的时间，以及可视化展示程序的覆盖部分等。接下来，我们将讨论如何进行策略改进。

## 10.4 今天的策略与明天的目标

从“精益测试画布”开始，你可能会列出人们在不同角色中的活动及其执行时间。本章和上一章试图将这些活动与风险和优先级联系起来。希望你能找到一些开始的方法，例如为突发风险添加一个共享的电子表格，把测试用例转换成一个摘要，或是创建一个思维导图。我们合作过的一家公司最初列出了应用中大约 12 个主要功能，每个功能包括 5～10 个子项。起初，他们需要确定应用中的每个部分分别由哪个团队负责。该项目有超过 100 名全职员工，整个过程花费了近三个月的时间。在最后一个月，高级执行官在最后阶段督促一些团队负责那些无人认领的应用部分。这个任务完成后，管理层要求每个团队为其负责的应用部分定义测试流程，并将其保存在 wiki 或可编辑的网页上。

定义流程的过程可能会产生许多“实际做法”和“理想做法”。例如，构建测试环境实际上需要很长时间，但理想情况下应该用更短的时间。运行自动化测试实际上也需要很长时间，理想情况下应该在更短的时间内完成。自动化测试的失败率实际上很高，但理想情况下应该更低。

创建一个新的测试画布，描绘出测试应有的模样，然后开始制订实现目标的计划。

这才是最难的部分，不过别担心，我们还剩近半本书要读呢。

## 10.5 本章回顾

在本章中，我们讨论了如何将测试策略整合成一个可解释的连贯整体，以及拥有真实、连贯策略的优势。现在，你应该能够对一个组织进行分析，理解其运作情况，然后概述其测试策略。

中间部分介绍了一些具体的方法来表达策略，包括精益测试画布、风险普查和思维导图。当然，这些并非唯一的工具，在第 9 章中，我们探讨了看板和轻量级测试仪表板，第 5 章简要提到了持续集成工具。至此，你已经了解了许多组织测试工作的方式，我们的目的是形成一个统一且全面的视角，而第 9 章中展示的仪表板正是实现这一愿景的集大成者。

在本章结尾，我们提到改进现有策略的方法。一个简单的方法是分析数据，比如，分析部署变更所需的时间，并努力缩短这个时间。

在下一章中，我们将探讨一套完整的改进理论，即精益软件测试。这个理论提供了一系列工具，可帮助分析接下来需要改进的指标、为什么要改进、改进成本以及预期的效益。

# 第 11 章 精益软件测试

前几章讲解了如何记录正在做的事情、了解测试范围以及理解覆盖情况。在记录下当前工作的基础上，你可能会希望找出改进方法，设定未来的目标，并衡量和跟踪计划的改进进展。你还可能希望通过测试来评估和预测系统性能。精益软件测试是由本书作者 Matthew 提出的，并在过去十年中不断完善的一种融合了测试与管理技术的方法。

本章将为你提供完善的精益软件测试方法。在本章中，我们将探讨以下内容：

- 什么是精益软件测试；
- 七大浪费；
- 流程和制约因素；
- 发布节奏和策略优化；
- 单件流（One-piece flow）和持续交付；
- 精益测试的度量与测量方法。

## 11.1 精益软件测试的定义

为了解释当今人们所理解的精益理念，我们将先回顾历史，再快速解读其现代含义，最后引入测试的相关内容。如果你对历史不感兴趣，也请耐心听我们讲完。我们相信，深入了解这些概念将有助于更好地实施精益方法。

第二次世界大战结束后，美国工业迎来了一个高速发展的阶段。随着战后劳动力的大量归来、新技术的涌现（如洗衣机、大规模生产的汽车等），以及因战争使制造业枯竭的国际市场对美国产品的强烈需求，美国制造业重回传统的大规模组装模式。然而，这使得在战争期间学会“少花钱，多办事”的人难以找到用武之地。因此，像威廉·爱德华兹·戴明和约瑟夫·朱兰这样打破常规的创新者，转而在资源匮乏、急需提高效率的日本找到了新的市场。

这种需求催生了日本制造业革命，丰田公司的大野耐一等创新者提出了丰田生产方式（Toyota Production System，TPS）。丰田汽车不仅缺陷更少、使用寿命更长，其还有一套能根据需求扩大生产规模的系统，且采用了准时制生产（just-in-time，JIT），避免了长时间交货周期及大量库存的积压。

虽然软件开发与制造业并不完全相同，前者是设计过程，后者是制造过程，但许多关于交付的理念依然适用。我们将在本章探讨这些理念的发展原因、方法及措施。

新思想往往难以扎根，但一旦找到肥沃的土壤，便能取得巨大成功。这种现象在各个领域都可能发生。新思想总会挑战现有思维模式。正如圣雄甘地所说，首先你会被忽视，然后被嘲笑，接着被反对，最终你的想法会得到广泛认可。我们发现，在这一过程中，一个有趣的现象是，这些创新理念在推广时往往遭遇阻力，因为它们挑战了现有的思维模式。不可避免地，管理层会提出疑问："我们能否在不改变现有方式的前提下引入这些（精益、敏捷、语境驱动等）新理念？"这种需求催生了一个市场，有人愿意为某种折中方案买单。根据自由市场经济的原理，总会有人愿意提供这种折中的服务。

因此，一旦某种流程创新可以被程序化复制，这种创新不可避免地会被削弱和稀释。我们的导师之一，杰拉尔德·温伯格，将其称为"覆盆子果酱定律"——越抹越薄。当美国制造业意识到日本的这些方法能够更快地生产出更便宜、质量更高的汽车时，这些理念被整合为全面质量管理（Total Quality Management，TQM）。然而，TQM 的发展历史并不尽如人意。同样的情况也发生在敏捷方法上。虽然 Scrum 如今非常流行，但其在实际应用中，尤其是在扩展框架的实践中，与最初的愿景仍存在差距。

当日本汽车进入美国市场后，它们在价格、质量、使用寿命和转售价值方面都优于美国汽车。美国公司最终开始注意到这一点，并尝试将这些理念引入美国。

## 从实践中的构想到"精益"概念的形成

将这些理念发扬光大的首次尝试产生了 TQM。詹姆斯 P. 沃麦克、丹尼尔·罗斯和丹尼尔 T. 琼斯三位作者通过逆向工程分析丰田员工的做法，称之为精益生产或 TPS。一代顾问随之崛起，开始传授 TPS，但往往伴随着与 TQM 类似的妥协。然而，精益的概念更加具体，其基本步骤包括确定价值、绘制现有工作流程、创建流程、建立拉式系统以及持续改进。你可能还记得上一章中的内容，其中有一些有意的重叠：弄清我们在做什么、明确工作流程并加以改进。本章将为你提供使用精益概念进行测量和改进的工具。

在深入探讨如何将精益理念应用于软件开发之前，我们想暂时停下来做一些思考。制造车辆和开发软件有着根本性的不同。在传统制造模式中，更多是在重复同样的工作。而在软件开发中，目标是每次做出不同的成果。如果一项工作可以被复制并以同样的方式完成，我们可以编写代码将其自动化。这意味着，我们在将精益理念应用于软件开发时必须格外谨慎，尽管我们已经做了不少这方面的工作。本章在应用精益理念时针对这些不同进行了适当的调整，并通过一个例子来说明。

丰田生产系统中有一个名为 Takt 的概念，代表生产节拍。如果丰田每月能销售 500 万辆汽车，他们就希望每月能够交付 500 万辆汽车。在理想的系统中，管理层会测算需求，然后根据需求调配工厂工作，工厂可以调整员工的工作时间、召回退休员工等，以满足客户需求。然而，在软件领域，一位副总裁走进办公室，随口一句“我们应该开发一个类似于浏览器的插件架构”，可能就意味着十几个人年的工作量。与其衡量软件的需求量（需求几乎是无限的），我们更倾向于评估团队手头上有多少完全定义的工作，并努力平衡这些工作，确保不会积压过多。另一方面，我们可以检查测试工作，看看它是否与正在进行的开发工作匹配。如果测试成为瓶颈，我们可以缩减测试工作，但是可能会增加风险。我们还可以增加测试资源、推迟发布，或者将工作重点提前转移到质量提升上。精益理念可能会拖慢开发速度，因为想在瓶颈之外提高生产力通常只是徒劳一场。

当教授精益软件测试时，我们通常从模拟软件开发开始。我们让学员进行绘图练习来代替构建软件产品。一个小组扮演绘图师（技术团队），另一个小组负责撰写需求说明，还有一个流程管理者，负责传递信息。只有需求分析师可以看到要复制的图像，这对软件开发来说是一个很好的比喻，因为传统的瀑布开发模式就是将想法写下来，然后逐步传递。在第一轮和第二轮练习之间，各小组会讨论如何改进，但必须遵守既定规则。在第二轮和第三轮之间，只要满足分析师仍然是唯一看到要复制图像的人，他们可以打破规则。在第三轮中，我们经常会看到绘图师和分析师背对背，通过语言交流，有时他们甚至会在不同的房间通过电话交流。这个练习的灵感来自 Alistair Cockburn 在 20 年前推广的一种方法，部分内容如下。

绘图练习（第一轮，10 分钟）：

- 分析师和绘图师分别位于房间两端，类似于异地团队。
- 分析师为绘图师撰写需求说明。管理者负责传递信息，他们可以观察但不能与绘图师交流。
- 绘图师可以给分析师反馈。
- 不允许通过短信或彩信交流。
- 分析师和绘图师之间不得通过言语或图形交流。

提高绘图练习效率的最简单方法之一就是消除管理者传递信息时的移动时

间。在某次练习中，绘图小组挪动到了走廊上扎营，而设计小组则移到房间里靠近走廊的边缘。这样一来，管理者只需原地递送文件即可。这就是大野耐一提到的七大浪费之一——运输浪费。

大野耐一用 Muda 一词来描述浪费，这一术语大致可以翻译为浪费。所谓浪费，是指那些耗费资源却无法为客户带来价值的活动。例如，在一个实物产品仓库中，如果产品与员工的实际操作地点之间的距离过远，而每份订单都需要多种产品，这就会导致运输浪费。

接下来让我们来谈谈七大浪费。

## 11.2 七大浪费

在我们深入探讨之前，有几个观点需要澄清。首先，在软件测试中，有观点认为没有发现问题的测试是一种浪费。我们对此持保留意见。在测试之前，某些风险是存在的，而测试完成后，这些风险得到了缓解。不过，我们要说的是，如果一个测试几乎从未失败过，那么它可能不值得继续运行，尤其是当该测试被其他测试覆盖时。例如，如果登录是所有端到端检查的前提条件，那么就无需单独测试简单的正向登录情况。如果登录功能失效，其他检查都会失败。同样，如果一个自动化测试提供的信息有限，却需要大量维护，特别是由于用户交互界面变化导致测试频繁失败，那么这种测试可能是一种浪费。

还有一种观点认为，实际上没有什么是真正的浪费，一切都是权衡的结果。比如，每天步行半英里去开团队会议并不算浪费，反而是一个日常锻炼的机会。团队成员可以趁机放松、伸展筋骨、讨论想法，这些讨论可能会带来更好的测试创意，甚至找到替代方案，整体上节省了时间和精力。当谈论浪费时，我们指的不是这种情况，而是纯粹的浪费。Matthew 曾在一次会议上有过这样的发言："你之所以提出这个问题，是因为你不了解架构。更改那个项目不会影响这个项目，我们不需要重新测试。如果我们重新测试，会延迟一周，错过最后期限。重新测试后如果没有发现新问题，我们能得到什么？"这才是我们要讨论的浪费问题。接下来，我们将尝试在制造业背景下介绍每种浪费，然后在软件领域中进行相应的分析。

### 11.2.1 浪费 1——运输

前面提到过运输浪费，是指将零件存放在需要步行较长时间才能拿到的地方。如果将零件存放在靠近装配工位的箱子里，工人就可以专注于装配工作，而不必浪费时间在走路上。在软件开发中也是类似的，只不过零件是看不见的。从某种意义上说，技术人员本身就是零件。他们每天可能会花费数小时在办公室内外的会议之间来回奔波，这可能会浪费大量的生产力。在撰写本书时，关于远程工作与到办公室工作之间的争论非常激烈。有人可能会花费 12 小时来上班、吃午饭、回家，但其中只有 4 小时是真正的工作时间。谷歌在其发展初期，就曾通过在办公区旁建造联排别墅、在办公室内安装睡眠舱、提供配备无线网络的通勤巴士等方式来帮助员工节省时间。谷歌还在办公室内设置了自助餐厅、健身房和医疗诊所，所有这些都是为了减少运输浪费。

当然，消除运输浪费最简单的方法就是允许员工在任何有网络和电力的地方工作。然而，这又引发了管理和生产效率的问题。作者认为这些问题是可以解决的，但也理解其中的顾虑。在本书中，我们对七种浪费采取的方法是，从当前的工作环境入手，改进能够改进的部分。通常情况下，在现有的系统中，有许多容易实现的小规模改进，无需对整个系统进行彻底的变革。

需要注意的是，虽然可以完全消除运输浪费，让员工整天坐在办公桌前工作，但大多数专家都认为，适当的散步对身体和大脑都有益。因此，如果每隔半小时起身活动一下能让你精力充沛，并提高工作效率，那么这并不算是浪费。

玛丽·波本迪克曾为一家工厂编写软件，后来将精益思想应用于软件开发。她将移交视为一种运输浪费。仔细阅读本章的其余部分，你会发现移交通常会带来其他类型的浪费和延误。如果一个人能够完全理解需求并独自完成解决方案，浪费就会减少，但在企业或政府机构中，这种情况很少发生。除了分析师创建需求之外，大多数软件开发工作在某种程度上都涉及移交。然而，我们的经验告诉我们，几乎每项任务都有机会通过减少移交次数来提高价值。

虽然我们认识到理想状态可能难以实现，但我们也意识到，大多数组织距离这一理想状态还有很大的差距，因此仍有广阔的改进空间。

### 11.2.2 浪费 2——库存

在制造业中，我们可以清楚地看到一个永远不会见底的巨大仓库，并计算出所有堆积如山的中间产品的价值。这些库存中，有些可能会过期或过时，即便没有过期，仓库本身也代表了数千万美元的投资。按现行利率计算，每 1000 万美元的设备投资于国库券，每年可产生约 50 万美元的利息，相当于每天超过 1000 美元的利息。公司可以清楚地看到一个仓库的占地成本，包括租金、供暖、制冷、电力、保险和安保成本，此外，与占地面积更小的仓库相比，它还可能导致更多的运输浪费。同样，正在进行的工作，以及装满半成品的桶和箱子，也需要考虑其成本。

然而，软件中的库存是不可见的，除非我们努力使其显现出来。这正是问题所在。

我们曾合作过的一家公司，其软件开发流程有点类似于 Scrum，也有点像瀑布模型。测试人员在编号为“sprint 21”的代码分支上进行为期两周的工作，而开发人员则在进行“sprint 22”的工作，业务分析师则在处理“sprint 23”的内容。项目经理关注“sprint 24”，高级经理则关注“sprint 25”，而运营人员则在尝试将“sprint 20”投入生产。当测试人员发现问题时，开发人员不得不暂时放下“sprint 22”的工作，转而修复“sprint 21”的问题，完成修复并验证后再将其合并到“sprint 22”。这种情况反映出一个巨大的库存问题，但很少有人能够察觉。

Matthew 曾建议使用团队活动室来可视化工作流程。这个团队活动室非常宽敞，可容纳 60 人工作，另外还有一面侧墙。将故事卡片贴在墙上的建议被否决了，原因并不是因为这样做太费力、太夸张或太难维护，而是因为墙上的空间不够用，卡片会占据太多空间。

这是一个待解决的库存问题。

在 Scrum 中，一个常见的问题是在冲刺（sprint）结束前将工作转移到测试中，然后抱怨测试速度太慢。这实际上是两个问题：首先，开发和测试工作在时间上的不协调使得计划难以执行，因为不可能提前测试尚未准备好的内容；其次，待测试的库存过大，导致测试延迟。

软件交付过程中的过多库存会拖慢交付进度。一个小的创意从构想到投入生产，通常可能需要 1 周时间；而当有 3 个月的积压工作时，则可能需要超过 3 个月的时间。测试中的过多库存会以类似的方式导致测试延迟，一个功能的测试可能只需要 1 小时，但由于前面有堆积了 4 天的工作等待完成，使得整个过程最终需要 1 周时间。这些是流程问题，我们将在讨论浪费问题后再进一步探讨。

### 11.2.3 浪费 3——动作

运输浪费指的是移动，而动作浪费通常涉及双手。例如，假设有新任务需要测试，这些任务位于某个分支上。测试人员需要构建该分支，然后将构建文件传输到服务器，在服务器上运行命令创建测试环境，再通过 SSH 连接至该测试环境，运行设置脚本，直到能够开始测试，过程冗长且重复。

如果这个故事没有触动你，那么恭喜你，你的情况可能比大多数人都幸运。或许在你的工作中，当程序员提交代码后，如果所有自动检查都通过，构建系统会自动创建测试环境，并在构建报告中提供测试环境的地址。

上面的第二种情况展示了减少动作浪费的方法。如果某项任务需要反复执行，自动化该任务或许是合理的选择。漫画家 XKCD 曾创作过一个图表（图 11-1），帮助判断何时值得将例行任务自动化。

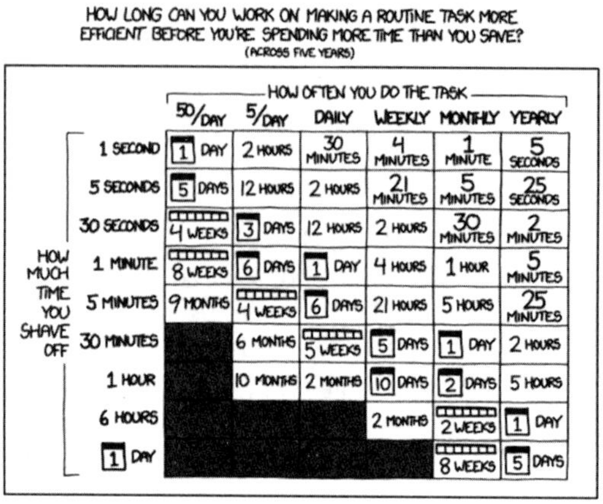


图 11-1 常规任务自动化图

该图表表达了这样一个简单的数学公式：

- A 是每年执行该操作的次数；
- B 是通过避免重复任务所节省的时间；
- 因此，5 年节省的时间 = A × B × 5。

根据该图表，只要付出的努力少于节省的时间，自动化就是值得的。

注意，图 11-1 中的例子假设你将在 5 年内获得投资回报，而软件流程持续 5 年的情况非常罕见。此外，它还假定你能准确估算任务所需时间。换句话说，这个图表过于乐观。如果根据图表推测，无法收回成本的自动化任务，或许就不值得去做。

在考虑动作浪费时，还有一个因素是规模。如果你花 6 个月开发一个每天节省 10 分钟的项目，看起来可能不值得，但如果该项目可以被上千名工程师使用，几周内就能收回成本。这个事实解释了为什么测试框架通常由大公司开发并开源。通常，开源会促使其他开发者采用大公司的基础设施。

### 11.2.4 浪费 4——等待

等待被称为“浪费之王”或“浪费之源”。前面看到的例子都涉及某种形式的等待：会议无法准时开始，因为人们正在走向会场；测试无法进行，因为测试环境还未就绪。

在许多企业文化中，等待被阻塞的任务被视为不良行为。我们往往忽略解决等待问题，并继续增加新任务。若新任务的优先级较低，并且当优先级更高的任务需要插队处理时，我们不得不频繁切换任务。我的一位同事 Sean McMillian 曾在一个票据跟踪系统中工作，系统中的票据要么不清晰，要么他没有权限进行必要的更改。他会先发送电子邮件请求澄清第一个票据的问题，然后处理第二个票据。最终，他可能同时处理 10～20 个票据，每个票据可能只需要 20 分钟就能解决，但总耗时却会长达数个工作日。如果从任务进入系统到完成计算，可能需要数周的时间。

当我们通过做新任务来掩盖等待时，至少会产生三种浪费。首先，我们没有解决等待问题，仍然在等待。其次，由于在制品（work-in-progress）的增加，我们制造了库存浪费。后面我们将从数学角度进一步解释多任务处理所造成的损害，现在可以简单将其视为一种浪费。第三，当第一项任务等待结束后，我们得切换处理它，这会在第二项任务上产生更多浪费，因为处理第一项任务延长了第二项任务的等待时间。解决的办法不是做更多工作，也不是完全等待，而是减少等待。稍后在流程部分，我们将讨论如何减少等待。

有趣的是，当我们通过自动化来防止动作浪费时，可能会引发等待浪费。XKCD 还有一幅漫画对此进行了描述（图 11-2）：为了完成任务，我们可能会过度加工，从而造成浪费。

图 11-2　过度加工如何造成浪费

### 11.2.5　浪费 5——过度加工

极限编程的早期支持者有一个口号：“You Ain’t Gonna Need It”，简称 YAGNI。

YAGNI 的基本思想是不要为了解决问题而构建一个包罗万象的可扩展框架。事实上，每当有人试图构建一个可以应对大规模变更的可扩展框架时，后期所需的变更往往都是事先未预料到的。相反，极限编程教导我们做最简单且可行的事情，同时遵循规范使我们编写的代码保持简洁。这一理念与精益生产中的过度加工概念直接相关。在制造业中，过度加工是指制造超出最低规格的产品。如果客户并不在意那几毫米的尺寸公差，而且产品的完美程度并没有带来特别的优势，那么制造一个更完美的产品就毫无意义。

在软件开发中，同样可能存在类似的情形：

- 建立一个响应速度比客户能察觉到的速度更快的网站；
- 在尚未了解客户如何使用功能之前，开发额外的功能；
- 在未能收集客户使用数据之前，根据资金流或假想的用户旅程制订测试策略；
- 开发与客户价值无关的附加功能；
- 当可以实现每次迭代、每天或每次更改部署时，却选择批量（如每季度）发布特性，批量发布本质上包含了许多额外的整合、测试、协调和发布准备工作。

过度加工浪费不仅限于软件，许多开发流程中充斥着意在减少问题的步骤，但其中包含了大量浪费。例如，假设一个团队发现了一个会导致错误的问题，于是在流程中增加了一个检查步骤。从此，每次任务完成后都必须进行一次检查。虽然这个问题可能每 5 年才会出现一次，且仅会造成几小时的影响，但现在整个团队的 100 人每一两天就得花 5 分钟进行检查。我们甚至看到过一些详尽的检查清单，因为清单过于繁琐，导致没人实际进行检查。有时，这种“为每个功能都考虑一下”的工作演变成了机械地填写电子表单，每次更改都要花 5 分钟机械地点击“不适用”。这种机械化点击可能会成为习惯，以至于整个过程毫无价值。这到底是怎么回事？

从精益生产的角度来看，答案很简单：这是过度生产造成的浪费。

### 11.2.6 浪费 6——过度生产

在精益生产中，过度生产指的是生产过多产品或过早进行生产。我们可能需要所有组件来组装一台笔记本电脑，但却生产了过多的硬盘驱动器。多余的硬盘不仅会造成库存浪费，而且花在生产硬盘上的时间本可以用来准备其他组件，从而更早地开始组装笔记本电脑。

在软件领域，项目时间安排通常会出现一些不合理的情况，导致进度延误。

具体到测试工作，往往分为前端和后端。例如，可能有一个搜索页面，同时也有一个搜索 API，搜索 API 可能先于页面完成开发。在这种情况下，测试人员不必等到所有内容都准备就绪，而是可以在等待后端与前端联调好的同时，先行测试后端。一旦两者联调完成，前端测试的范围可以缩小，重点关注外观、输出文本、输出大小和一些搜索结果，因为 API 和数据库已经过测试。也就是说，前端测试可以更多地集中于以下部分：假设 API 按预期返回文本结果，检查页面是否正确显示。一旦理解了这一点，你就会发现，将功能拆分成小块，再进行适当的高层级测试，通常可以节省时间，同时降低风险。

在软件领域，对于过度生产，我们还有不同的理解，即重新理解（relearning）。许多软件任务难以理解和掌握，如果我们每隔 6 个月甚至更长时间才进行一次，那么我们就会不断地经历重新理解。通过合理安排工作及时巩固已经掌握的内容，可以减少这方面的浪费。

### 11.2.7 浪费 7——缺陷

在制造业中，有缺陷的部件可能会被返工、回收，或直接扔进当地的垃圾场。公司可以通过测量垃圾桶的容量及每月装满的次数来衡量浪费的量。

同样，在制造业中，一位高管可以指着一堆废料说："我们每个月因为废料损失十万美元，还要支付五万美元的工资来返工，才能使这些不合格的部件达标！"

然而，在软件领域，除非以某种方式将缺陷显性化，否则缺陷带来的浪费是无形的。

让我们来看看这种浪费是如何体现的：

- 当发现缺陷时，我们需要移交给程序员修复，这是一种运输浪费。
- 在修复期间，测试人员必须等待，或者他们需要同时处理多项任务。
- 当缺陷被修复后，我们必须返工，因为代码的重要部分需要重新测试。
- 我们花在记录缺陷、分析缺陷、创建报告以及修改测试策略上的时间，都是浪费。如果一开始就没有缺陷，我们就不必进行这些工作。英国顾问 John Seddon 将此称为"失败需求（failure demand）"，即由于流程早期的某些失败而导致的额外工作。如果我们的工作方法正确，我们就不必进行记录、修复和重新测试的步骤。当然，并非所有缺陷都可以预防，但通过使用本书中的技术，缺陷可以提前被预防或更早发现，在回归测试阶段发现的缺陷数量会大幅减少。
- 如果缺陷未被及时发现并随软件发布，可能会导致客户流失、停机，甚至造成重大财务损失。在最糟糕的情况下，可能会泄露个人健康或财务信息，违反保密协议，股票交易员可能会做出错误的交易，账户资金可能会被错误扣除，保险票据可能会寄到错误的人或地址，工资单可能会出错，付款可能会发送给错误的人。

这里举一个例子，一家《财富》500强薪酬管理公司出现了一个错误，而我们的公司 Excelon Development 使用了该公司的软件服务。我们要求该公司向我们的一位承包商汇款一万多美元。该公司寄出了款项，但没有从我们的银行账户中扣除，然后又告诉承包商需要把钱退回来！为了解决这个问题，我们耗费了大量的时间和精力来确保所有法律文件都得到了各方的签署和同意，最终问题处理成本远远高于软件服务的价格。

在首次年度总结上，当时 Matthew 还是个程序员，Matthew 提到自己写了太多 bug 并自我批评时，经理却耸耸肩说："bug 总是存在的。"

为了使我们的措辞更严谨，我们可以将 bug 描述为让重要人物不满意的事情。如果某个功能让市场副总裁感到困扰，那么即使是开发团队完全按照他的指示进行的实现，这个功能现在也可能被认为是一个 bug。缺陷是那些显然有问题的东西。"我不喜欢这个用户界面，换一个吧"可能只是一个反馈，而"当我点击提交时，出现 404 错误"就是一个缺陷。

## 关于预防缺陷的警告

有观点认为，预防更多属于开发工作的范畴，而不是测试人员的职责。我们理解这种观点，从 20 世纪 80 年代到 90 年代，大量文献和演讲都在论证预防和实现零缺陷的方法。这些方法并非测试的一部分，而且效果不佳。即使在今天，实例化需求和左移方法的成功率也参差不齐。我们支持直接参与测试，而不是仅依赖流程改进和理论上的预防策略。一旦你开始进行测试，你会发现，某些程序员容易犯某些类型的错误，而整个团队可能会犯更为普遍的错误。跟踪这些错误，提出并找到防止此类错误的方法，是基于数据的预防措施，如此确实可以减少缺陷浪费。

还有一种观点认为，如果我们能够很好地与团队合作，减少失败需求，那么对专职测试人员的需求可能会消失。这种情况确实可能发生，我们也在一些高效团队中看到了这种迹象。随着团队使用的代码库逐渐成熟，如今在第 1 章中提到的那些容易犯的错误变得越来越少，因为这些库已经能够检查电子邮件地址和日历日期的正确性。对于那些担心这个问题的人，我们的建议是：无论如何都要减少失败需求。请原谅我们稍显随意的表达方式，在 2011 年撰写《如何降低软件测试的成本》(*How To Reduce The Cost of Software Testing*) 一书之前，我们就在明确地这么做了，至少到今天为止，我们还没有失业。

在我们看来，那些本可以更早发现并修复的简单缺陷就是浪费。

### 11.2.8 （新）浪费 8——能力

虽然人才浪费并不属于 TPS 的七大浪费之一，但你可以看到它在软件领域的适用性。例如，前段时间 Matthew 在一家数据处理机构担任测试教练，交付团队接到了一些例行工作，根据特定规则生成更新数据库的 SQL 语句。团队通常以两人一组的方式工作，但那周人数为奇数，因此这项较为简单的 SQL 工作被分配给了一名新程序员。问题在于，新程序员对数据库不熟悉，SQL 技能也不够扎实。本来资深程序员只需 1 小时就能完成的任务，这位新员工可能要耗费 1 周的时间，而且还需多次请教他人。于是，Matthew 选择与他结对合作，两人在 2 小时内完成了任务，而这还是因为 Matthew 放慢了速度，向他解释了每个步骤，以便新员工下次能够独立完成任务。这是一种结合培训与高效工作的方式。相比之下，另一种做法显然是一种浪费。

我们合作的另一家公司则采取了另一种做法。经理会在白板上写下“了解你的角色！做好你的角色！”我们了解到，他的目标是让每个人充分发挥其技能。如果某个角色、部门或个人存在不足，整体系统性能就会下降，问题会被关注到，该团队会因此做出一些改进。有一次，Matthew 在白板上写道：“如果我们试着找出项目成功需要完成什么，然后直接去做呢？”

这家公司的做法有其道理。如果你经常“拯救”另一个团队或角色，他们可能永远无法掌握独立完成工作的技能。通过结对提升速度与技能的故事也与此相契合，而“找出需要完成什么”的做法也可以称作管理流程，我们稍后会讨论这个话题。

### 11.2.9 消除测试中的浪费

在进行绘图练习时，团队往往能立即找到提高效率的方法。他们会撰写更简短、更精炼的指示，解释关键词含义，还可以交错安排传递信息的人员等。Cockburn 还推荐一种简单的传递形式，即列出需保留的事项、需停止的事项以及需开始的事项。

然而，我们在测试中却很少这么做。我们总体上倾向于把每个项目和每个功能都像上次一样处理。与我们合作的许多公司，在开始合作时，会花费相同的精力测试评论功能和信用卡结账功能。

但在实际操作中，不同的测试人员在测试中投入的精力是不同的。如果测试进度落后了，测试人员或许会不公开透明地调整测试优先级来适应进度，若在生产中出现问题，那就只能自认倒霉。我们可能会放过缺陷，但程序员也犯了同样的错误，需求人员也未在需求中明确指出这些问题，所以每个人都搞砸了，不是吗？

相反，有意识地调整测试优先级是减少低价值活动的一种方式。如果能够识别出缺陷的成因并加以预防，我们就可以减少测试次数。减少缺陷也能减少大量的等待、返工和失败需求。构建测试环境和测试活动中通常包含的动作浪费也可以被消除。等待需求和决策会导致大量的等待浪费，但通过在功能和任务上创建一个“工作准备就绪”的标准，可以减少这些延迟，因为功能定义会更加明确。仔细优化项目结构可以减少生产过剩的情况，此类改进不胜枚举。

根据经验，一旦团队意识到这些浪费问题，他们通常会提出许多改进的点子，其中许多都可以立即实施。单个员工通常能找到提高 5%～10% 速度的改进方法，团队则能实现 10%～20% 的提升。但真正的大幅提升来自工作方式和团队间的沟通，这些是流程问题。虽然可以通过分析第二种浪费找到这些问题，但理解流程能够让你做出预测并提供衡量标准，从而为提高交付速度提供有力支撑。

## 11.3 流程

想象你身处一家工厂。原材料进入工厂，需要依次经过喷漆、组装、重新喷漆、质检，然后装车运输。工人们每小时能将 1000 个部件码放在堆放区，初次喷漆 750 个，组装 500 个，重喷 750 个，质检 1000 个。工厂每小时的净产出是多少？

答案是每小时 500 个。这个案例中，提升喷漆或质检团队的效率显然毫无意义，但若减少这些部门的人员，将其调配至组装流程，则可显著提效。Eli Goldratt 的约束理论提供了提升工厂效率的思路。例如，若我们希望组装团队始终在工作，可以在他们面前多堆放一些零件。此外，通过各种方式提高产量可能具有经济意义，如在组装人员休息时安排额外人员，或者建立一个低效但划算的自动装配站，假如该装配站每小时仅生产 100 个部件，在这种情况下，该装配站每天也可为工厂提升 2400 个部件的产量。

在软件领域，我们很少知道限制因素或瓶颈所在。即便知道，我们也更倾向于抱怨其低效，而非增加资源改善流程。图 11-3 对上述示例做了简化。

此处，零件交付和喷漆流程每小时可处理 5 个部件，但在装配上遇到瓶颈，使产量限制为 3 个。这就是约束。然而，有多少团队能识别制约因素、优化流程或调整测试以提高效率呢？这个比例可能不会很高。

正如原料从高速公路送到工厂，再进入生产管道，工程师们都很熟悉这种流程。但对于知识型工作（knowledge work），我们似乎对流程关注不足。接下来，我们将流程视为一个系统进行讨论，包括一些测量要点。

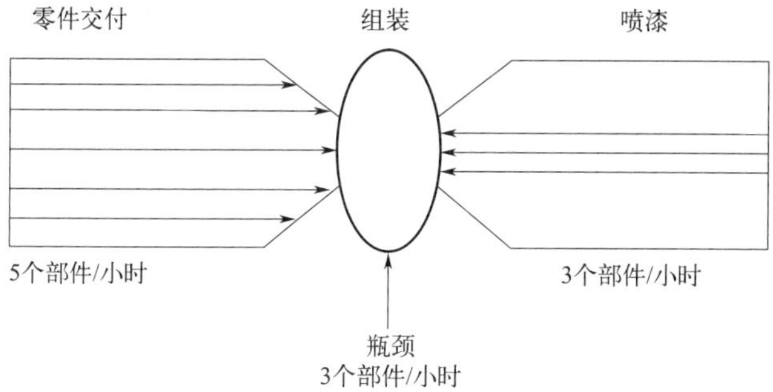


图 11-3　约束理论示意

### 11.3.1　流程可视化

在某项目中，Matthew 担任首席研发工程师。工作主要是维护现有系统，工作流程是从需求分析师处接收需求，由 Matthew 处理后，再交给业务部门代表进行测试。每周，Matthew 都会与经理进行一对一会谈，讨论包括职业问题在内的各种事项。经理希望项目更快推进。但问题是，即便 Matthew 加快进度，也不会使项目推进更快，Matthew 可以证明这一点。

曾有半年时间，Matthew 每周都会记录所有任务的进度，并根据任务所处阶段进行分类统计，最终用 Excel 生成图表（图 11-4）。

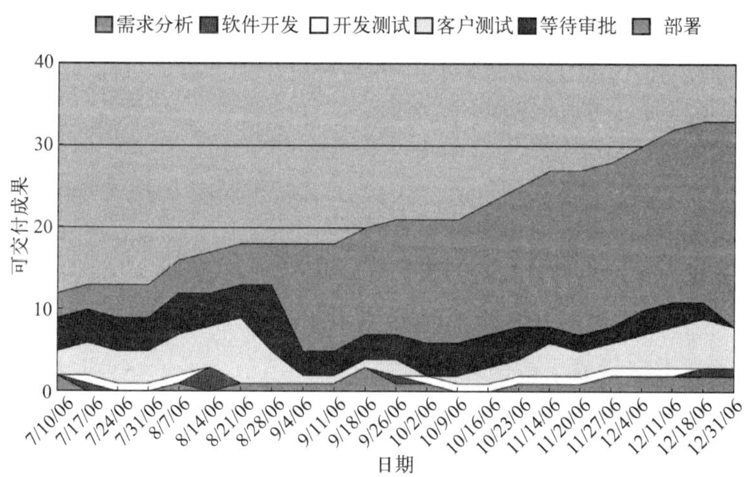


图 11-4　显示瓶颈的累积流程图

图 11-4 中，在项目初期，紫色区域不断扩大。如果 Matthew 将更多的工作推给测试，测试人员就必须同时处理多项任务，这意味着他们完成工作的速度会

更慢，每月为客户创造的价值也会更少！但如果他们不同时处理多项任务，那么额外的测试工作就会积压，并被逐渐遗忘。当终于有机会处理这些工作时，我们又不得不经历重新理解的浪费，整体交付速度也会减慢。

这位经理拿着图表找到了高层管理人员，最终高层管理人员将一个开发人员的职位改成了测试分析师。Matthew 并未因为没有完成足够的工作而陷入困境，相反，他为决策者提供了所需的流程信息，从而使他们能够调整人员配置。这就是精益软件交付。

上述图表之所以吸引人，是因为它强调了各个阶段的时间因素对项目上线时间的影响。另一种简单的价值衡量方法是估算延迟成本，但延迟成本可能较为间接且难以计算，即便是内部项目和支持项目也会受到延迟的影响。除了无法及时获得项目资金外，大多数项目产生价值的时间窗口都很有限，如果错过了最佳时机，日后甚至可能无法弥补资金损失。然而，当我们开始评估流程并衡量这七种浪费时，往往会发现现有的工作方式并未实现价值最大化。

### 11.3.2 多任务处理

我们之前提到过，等待是一种浪费，但同时处理多项任务也会造成不良影响。以图 11-4 中 Matthew 工作的公司为例，当时他同时处理 7～15 个项目，在“准备客户测试”和“开发中”之间交替进行。通常情况下，员工与领导进行一对一会议时，领导会不断分派新项目，直到员工表示工作量已经饱和。然后，员工只能将工作时间划分给多个项目，这有点像计算机运行多个程序。

让我们来看看这对流程的影响。

图 11-5 比较了两个项目的工作投入。每个项目都需要两周时间。在第一种方式中，员工先完成项目 A（第 10 天结束），再完成项目 B（第 20 天结束）。在第二种方式中，员工交替进行项目 A 和项目 B，最终项目 A 在第 19 天完成，项目 B 在第 20 天完成。

在这种情况下，第一种方式平均在第 (10+20)/2=15 天交付成果。第二种方式平均在第 19.5 天交付成果；如果同时进行三个项目，平均交付时间为第 29 天；如果是四个项目，平均交付时间为第 39.5 天。

这些计算结果成立的前提是员工能够毫不费力地在项目之间切换。然而，在知识型任务之间切换需要耗费大量脑力。Jim Benson 在其作品 *Why Limit WIP: We Are Drowning in Work*（为什么要限制 WIP ？我们被工作淹没了）中谈到了这一点。他建议进行一个练习：按顺序写一定范围的字母、数字和罗马数字需要花 1 分钟，然而交替书写这些内容可能会花 3 分钟。你会发现总体表现会大幅下降。

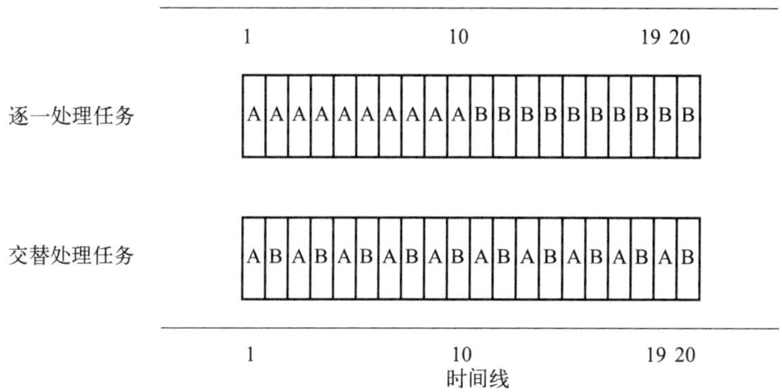


图 11-5 为本书定制的多任务处理示意图

当你同时处理多项任务时，工作质量就会下降，每项工作的启动速度变慢，从而导致所有任务的完成时间都被延长。

接下来，我们将讨论完成时间，即所谓的周期时间。周期时间影响工作的每一步，因为项目交付的总工作量包括了所有人的周期时间。

## 11.3.3 交付时间与周期时间

高管们经常抱怨项目进度缓慢。当业务案例的第一部分和第二部分最终确定并提交给变更控制委员会时，一个月的时间已经过去了。随后，确定优先级又需要一个月的时间，接着是无限期的等待，然后才能开始工作。

周期时间改变了讨论的重点。我们不再关注整个工作范围，而是关注两项指标：

- 周期时间（Cycle time）：将一个工作单元作为一项集中的、独立的任务来完成所需的平均时间；
- 交付时间（Lead time）：从分配工作到完成工作所需的时间。

图 11-6 展示了交付时间和周期时间之间的区别。

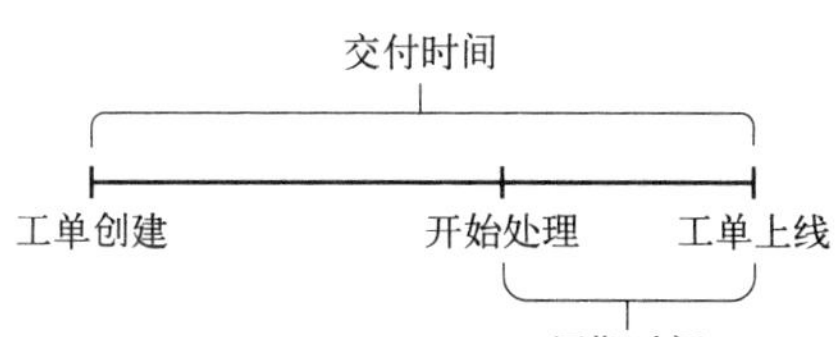


图 11-6 交付时间和周期时间

大多数管理者都在关注并抱怨交付时间过长，但这根本不是员工所能控制的！交付时间主要取决于工作方式（流程）和上游流程的效率。

与其辩解“为什么一个项目要花 6 个月才能完成？”不如换个角度回答：“从功能需求提交给我们团队开始，我们可以在 2 周内将其上线。”若项目耗时 6 个月，说明项目队列过长，这是技术团队以外的问题。

同样，“为什么测试需要这么长时间？”是一个难以回答的问题。而“从你把功能交给我到完成测试，平均只需要不到一个工作日”回答的则是另一个问题。至于为什么测试需要这么长时间，很可能是由于瀑布式开发的弊端造成的。如果 90% 的功能都需要被打回修改，而且通常需要被打回 3.5 次，而每次重新测试又需要半天时间，那么整个测试、修复和重新测试的周期加起来就很容易超过一周。我们认为，有些错误确实是无法预料的，只有在测试中才会被发现。但根据我们的经验，在使用本书中介绍的各种技术后，很多团队在测试阶段之前就解决掉了 90% 的问题，这种情况并不少见。简单地说，这意味着在正式测试开始之前，就要明确定义预期行为并进行验证。另外一种常见的做法是探索测试和编码交错进行，或者至少将工作分解成更小、更快的迭代，例如取消看板上的 QA 测试环节，代之以持续协作。

### 11.3.4 效率与拥堵

想象你行驶在一条空旷的高速公路上，目之所及，空无一物。你可以开多快？答案是想开多快就开多快（遵守相关法律法规的前提下），但你最终只能驾驶一辆车到达目的地。高速公路的设计是为了满足交通需求，目标是在尽可能短的时间内使大量车辆到达目的地。然而，设计者也深知，即使是单个突发事件，例如车道封闭或交通事故，也会对交通流量造成显著影响。

当出现拥堵瘫痪时，交通流量会降至零。交通堵塞就是一个典型的例子，而拥堵瘫痪则更为严重。例如，当交通事故、车道封闭和公共汽车爆胎同时发生时，交通就可能会陷入瘫痪，任何人都无法前进。虽然这类事件难以预测，但有一点是肯定的：当理论交通容量接近 100% 时，发生拥堵瘫痪的可能性也趋近于 100%。这种情况也存在于早期的以太网和超负荷运行的传统服务器中。在网络饱和的情况下，失败的消息会被重新发送，然后再失败，最终导致连锁故障。

由此可见，不惜一切代价追求速度并非长久之计。相反，我们应该充分了解团队的实际能力，并预留一定的冗余空间。对于数据库管理员等专业性强的岗位来说，这一点尤为重要。因为当只有一人负责某项工作时，一旦此人因病休假或被安排处理其他任务，工作就会陷入停滞。在多任务的情况下，如果汇总所有任务的等待时间，我们会发现，等待时间是相当可观的。

举个例子，假设我们可以精确地测量工作量，并且已知周期时间为 1 小时，那么期望测试人员在一周内完成 40 个任务是不现实的。会议、任务的安排顺序等因素都会影响实际效率。更合理的做法是统计已完成的工作量，并据此预测未来可能完成的工作量。

### 11.3.5 接触时间

假设有两个计时器：第一个计时器只在功能实际推进时计时，而第二个计时器则记录完整时间，从需求提出到最终交付。用第一个计时器的时长除以第二个的计时时长，就可以得到一个百分比，我们称之为接触时间（touch time）。这个百分比反映了某个功能在开发团队中实际投入的时间占比。我们曾与一家公司合作，他们积压的工作量大约需要一年半的时间才能完成。这意味着，一个只需要一周时间就能完成但优先级较低的功能，其接触时间可能只有 2%，前提是在流程中实现了完美的任务移交并进行单任务处理（single-tasking）。然而，在同一家公司，我们也经常看到一些工作量不到一周的项目却需要 6～9 个月才能完成，这是因为数据库每季度刷新一次，而测试数据在多项任务并行的过程中丢失了。

更糟糕的是，如果积压工作量多达一年半，那么排在最后面的任务很可能永远都不会被完成。因为到年底的时候，就会出现新的、优先级更高的任务。即使某个任务奇迹般地被调整到了最前面，它也很可能失去了时效性，或者当初提出这个任务的分析师已经离职。想象一下，流程的每一步都有一个收件箱，工作积压就像一个已被塞满的收件箱。如果每个流程环节都存在大量的积压，那么整个组织的效率就会很低，无法按时完成任务。

上述例子虽然有些极端，但很有代表性。当进行中的工作太多时，接触时间就会减少。2% 的接触时间意味着，如果我们能够改变工作方式，效率就能提升 50 倍。

在我们职业生涯初期，大多数软件开发工作都注重利用率，即尽可能地让员工保持忙碌。如果因为等待而产生空闲时间，就立刻寻找其他任务来填补。

但我们认为，更合理的做法是：如果因为等待而产生空闲时间，应该想办法减少等待时间，而不是安排其他任务。

### 11.3.6 Batch size

Batch size（批大小 / 批尺寸）的概念可以用一个生活中的例子来解释：假

设 Matthew 周六和女儿 Julie 一起烤饼干。如果烤盘每次可以烤 12 块饼干，他们每次烤两盘，而烤一炉需要 2 小时，那么他们预期每 2 小时可以烤出 24 块饼干。这里的一炉饼干（24 块）就是批大小。在软件开发中，如果任务的大小相近，例如每个任务都大约需要 2 小时的工作量，我们就更容易测量和预测团队的整体工作效率。在测试领域，人们喜欢用各种指标来衡量工作效率，但这种做法有时会带来误导。因为有些指标看似量化，实际上却忽略了任务本身的差异性。例如，仅仅统计测试中发现的缺陷数量并不能准确反映软件质量。因为一个无法登录的严重缺陷和 50 个拼写错误的影响完全没有可比性。在这种情况下，缺陷存活时间（从发现到修复的时间）的平均值并不能反映某种事实，因为修复拼写错误的速度很快，但无法登录的严重缺陷可能需要很长时间才能得到解决。

同样，有些团队会统计计划的测试用例数量、执行的测试用例数量、失败的测试用例数量、通过的测试用例数量以及这些指标随时间的变化，以此来预测瀑布式项目的完成时间。但这种方法忽略了流程和等待时间的影响，因此很可能无法准确反映项目的真实进度，特别是当项目管理不善时。此外，测试用例本身也存在“大小”差异。有些测试用例可能只需要 5 分钟就能完成，而有些测试用例可能需要 1 小时甚至半天才能完成。因此，仅仅统计测试用例的数量，而不考虑其工作量差异，也无法准确衡量测试进度。基于会话的测试管理（Session-based test management），将测试划分为一个个半小时的会话，这种基于会话的测试管理方法，试图为自由探索式的测试引入一些可度量性和严谨性。

为了衡量软件测试的效率，我们可以采用以下方法。

- 功能或故事：这是程序员完成的最小可交付单元。通常情况下，一个功能或故事需要半天到两天的工作量。对于那些刚从瀑布式开发转型到敏捷开发的团队来说，他们最初定义的故事可能比较大，但随着时间的推移，他们会逐渐学会将故事拆分成更小的单元。在过渡阶段，可以给故事分配点数来估算工作量。但从长远来看，我们更倾向于直接统计故事的数量。
- 冲刺（sprint）：在一个固定的时间周期内（通常是两周），团队能够完成多少个故事？我们可以通过统计平均值或中位数来衡量团队的开发速度。为了更准确地预测未来的开发速度，我们可以参考过去几个冲刺中表现较差的后 90% 的数据（去除表现最好的 10% 的数据），计算其平均值或中位数。这样可以避免异常值（例如，某个冲刺由于特殊原因完成了非常多的故事）对预测结果造成过大的影响，从而得到更保守和更可靠的预测。
- 回归测试：定义和测量每个版本需要进行的回归测试范围，并不断优化回归测试流程，例如通过自动化测试来缩短测试周期。

总而言之，等待、进行中的工作和多任务处理都会导致接触时间减少，从而降低团队的工作效率。

### 11.3.7 队列和效率

在瓶颈理论中，我们了解到，如果某个环节是瓶颈，那么在这个环节之前就会积压大量的工作。这样的好处是，至少可以保证瓶颈环节始终处于满负荷运转状态。然而，在官僚主义作风盛行的环境中，人们往往会在每个环节之前人为制造工作积压。换句话说，即使一项任务只需要10分钟就能完成，我们也可能要等上一周才能开始执行。当这个环节完成后，又需要再等上一周才能传递到下一个环节，而下一个环节可能又需要再等上一周才能开始执行，以此类推。

最终，一项原本只需要1小时就能完成的任务，可能需要3个月才能真正完成。讽刺的是，这一切都是以提高效率的名义进行的。在现实工作中，这类极端的例子并不少见。例如，员工申请报销培训费用，可能需要经过人力资源部门和财务部门的三级审批，耗时冗长。在软件测试领域，这种低效的现象也比比皆是。例如，在一些公司，项目经理的主要职责是充当催办员，他们需要不断地催促各个环节加快进度，才能保证项目顺利进行。精明的项目管理者可能会将最优秀的项目经理分配到最重要的项目中，但这意味着公司的成功将取决于能否幸运地为每个项目找到合适的项目经理。这种依赖个人能力而非优化流程的做法显然是不可取的。

### 11.3.8 到达时间

在流程的讨论中，我们还需要关注工作的到达时间。假设测试人员在每个冲刺（sprint）为两周的开发团队中，每个功能的测试周期为半天，失败率约为10%，那么期望测试人员每个冲刺测试10个功能是合理的。然而，如果所有功能都在第9天下午才集中交付给测试人员，那么他们显然无法按时完成测试任务。

经验丰富的管理者都明白，当需求增加时，需要错开工作时间，以避免造成阻塞。这就好比高速公路的入口匝道，为了避免车辆突然汇入主路造成拥堵，匝道的长度通常都会比较长，以便车辆可以逐渐加速并找到合适的时机并入主路。车流量越大的高速公路，其入口匝道也会越长。同样，在软件开发过程中，我们也需要控制工作的到达时间，避免将大量工作同时堆积到测试团队。最简单有效的方法是建立一个拉式系统（pull system）。

### 11.3.9 创建拉式系统：限制在制品数量

我们可以通过一个例子来说明如何通过限制在制品（work in progress，WIP）数量来创建拉式系统。假设一个交付团队由一名业务分析师、三名开发人员和三名测试人员组成。传统的瀑布模式下，开发人员完成功能开发后交给测试人员进行测试，然后开发人员去完成更多工作，再把更多工作推给测试。这种做法会导致测试团队的工作量忽高忽低，而且容易使测试成为流程瓶颈。

为了避免测试环节成为瓶颈，我们可以限制团队的在制品数量，例如，每个开发人员同时只能开发一个功能，每个测试人员同时只能测试一个功能。但这样一来，当某个开发人员完成一个功能的开发后，如果测试人员还在忙于测试其他功能，那么这个已完成的功能就无法立即交给测试。此时，开发人员不该再继续开发新功能，而是应该帮助测试人员完成当前功能的测试工作。这种做法可以理解为一种拉式系统。当测试人员完成一个功能的测试后，就意味着他们要从开发那里拉取一个新的测试任务。开发只有在收到测试的拉取信号后，才能开始下一个功能的开发。

这种“瓶颈”现象可能出现在软件交付周期的任何环节。我们曾经接触过一个团队，他们需要处理大量积压的工作。这个团队的业务负责人职位是“网络体验总监（web experience director）”，他每天的工作就是坐在办公室里，为网站开发团队构思各种各样的新点子。有一段时间，这个团队大约有四分之一的时间都花在了与业务负责人沟通新想法上，包括定义需求、估算工作量、完善设计方案，或者解释为什么项目进度会“延期”。从产出的角度来看，如果业务负责人能够参与到实际工作中，比如帮助简化功能设计或参与测试工作，那么整个团队的效率将会得到显著提升。

这种拉式系统的运作机制类似于超市的牛奶冷藏柜。牛奶整齐地摆放在货架上，直到顾客从货架前端拿走一罐牛奶后，后面的牛奶才会在重力的作用下向前移动。在软件开发过程中，生产环境对新功能的需求就相当于顾客对牛奶的需求，它会驱动整个开发流程向前推进。

本书主要关注软件测试中的两类测试：功能测试和回归测试。当然，软件测试的范围远不止于此，它还包括可用性测试、无障碍性测试、单元测试、A/B 测试、需求测试等等。但本书的重点是探讨如何利用人类的认知能力来识别和评估风险，以及如何将一些重要的测试用例转化为自动化测试代码。发布节奏的概念与回归测试密切相关。

### 11.3.10 发布节奏

有些公司倾向于采用批量发布的方式，并在发布之前进行集中测试。这种做法背后有很多原因，例如：

- 变更发布方式的成本高昂，出错的代价也很高。举例来说，假设公司发布的硬件设备使用的是无法通过互联网更新的芯片，或者软件需要刻录成光盘进行分发，或者客户普遍认为频繁的软件更新意味着产品质量不可靠。
- 公司正在从传统的瀑布开发模式转型，而过去一直都是采用批量发布的方式。
- 软件架构过于复杂，以至于对某个模块的修改可能会对其他模块产生难以预料的影响。
- 公司出于某些原因坚持采用瀑布开发模式，例如供应链的限制，并且认为没有必要做出改变。

我们无意评判那些坚持进行回归测试的人，也不会武断地告诉他们这样做是错误的。作为语境驱动的测试人员，我们应该根据项目的实际情况制订测试策略。其中一个可以参考的实践是规范发布节奏，包括确定回归测试的频率和每次测试所需的时间。如果回归测试过于频繁，就会浪费大量的时间和资源；反之，就会导致缺陷堆积，最终延长测试周期，进而导致回归测试的频率变得更低，形成恶性循环。

根据我们的经验，很多公司的回归测试流程都存在效率低、浪费严重的问题。多年来，我们为那些需要定期发布产品的公司总结了一些标准化的建议：

- 记录哪些测试技术能够有效地发现缺陷，并消除价值较低的手动测试步骤。
- 尽可能地将构建、测试环境准备、数据准备等流程自动化。
- 构建多个独立的模块，以便可以单独部署和测试。
- 建立冗余机制和监控系统，以便在生产环境出现问题时能够及时发现和处理。
- 将重复性的手动部署检查步骤自动化。
- 如果软件是通过应用商店发布的，并且商店的审核流程比较漫长，或者软件更新后用户的评论会被清空，那么就需要针对这种情况调整测试策略。

我们发现，很多公司都可以将测试和部署的周期缩短到 2 小时以内。对于大多数客户来说，在半天时间内完成从代码提交到产品上线的整个流程是一个比较合理的目标。当然，你也可以根据实际情况制订更高或者更低的目标。

精益测试的一个极端是持续交付，在这种模式下，软件会以非常高的频率进行发布，例如每天发布多次。

## 11.4 单件流和持续交付

如果一项工作的接触时间接近 100%，这意味着始终有人在处理这项工作，软件开发的流程就像流水线一样高效运转。要实现单件流，就需要在工作开始的早期就明确定义工作内容，但这并不总是可行。从理论上讲，单件流意味着零返工，即测试人员在探索性测试过程中不会发现任何缺陷。然而，在现实中，这几乎是不可能的。实现单件流的一种方法是将测试和编程步骤合二为一，让测试人员和程序员结对工作，或者某些情况下，让擅长编程的测试人员承担更多的开发任务。结对编程在实践中经常会遇到阻力，因为很多公司认为“两个人做一份工作”是一种浪费。相比之下，开发/测试结对在实践中更容易取得良好成效，也更容易被团队接受，因为它强调的是“两个人同时对同一项工作进行两种不同的活动”。

单件流可以理解为由一个人或一个小组完成一项小型功能的整个过程，从开始到最终完成，其间不会出现明显的等待和停滞。当功能开发完成后，通常在1～4小时内，他们可以利用运行自动化测试的时间进行休息，然后可能进行少量的人工测试，最后将代码部署到生产环境。这种工作方式与持续交付的理念非常契合。

我们的一些客户已经成功地将自动化回归、多部署点、开发/测试结对、生产环境持续监控以及快速回滚等实践结合起来，实现了真正的单件流，每次只开发和部署一个功能，从而大幅提高了软件交付的速度和质量。当然，并不是每个团队都愿意或能够做到这一点，如果他们认为现有的流程运作良好，我们也表示尊重。但无论如何，单件流都是一个值得关注和探讨的理念。

## 不稳定测试

不稳定测试通常是指那些经常失败的端到端测试。针对这个问题，已经出现了一些解决方案。例如，跟踪那些经常失败的测试，并生成相应的报告，以便开发团队能够及时修复或弃用这些测试。然而，我们很少看到有人从精益的角度来分析不稳定测试，甚至很少有人真正深入地研究这个问题。大多数端到端测试都会覆盖用户旅程的各个环节，因此测试步骤非常多，例如，一个典型的端到端测试可能包含上千个测试步骤。根据我们对当前技术的理解，随着测试步骤的增加，基础设施出现故障的概率也会随之增加，即使只有几十个测试步骤，也可能会出现这种情况。然而，很多人却没有意识到这一点，他们错误地认为只要单个测试步骤的失败概率很低，即使测试步骤的数量很多，整体的失败概率也不会太高。我们更倾向于执行大量易于调试的测试用例，这些测试用例可以并行运行，也可以轮流运行，并且每个测试用例只关注代码的一小部分功能，最好是针对独立部署的功能模块进行测试，这样可以降低因基础设施问题导致的测试失败。

## 11.5 本章回顾

本章的目标是帮助你以全新的视角审视软件开发流程，并发现那些看似平常的活动中隐藏的浪费。只要稍加努力，你就可以识别出流程中的浪费和瓶颈，以及它们对软件交付速度的影响。这将有助于你提出具体的改进建议，帮助团队更快地交付价值。

本章首先回顾了精益的历史，然后尝试将其应用于软件开发领域，并介绍了七大浪费、基于流程的思维、单件流以及持续交付等概念。最终，我们描绘了一种理想化的软件交付模式。然而，现实中很少有团队能够完全实现这种模式，即使是那些撰写持续交付文章的专家也不例外，但朝着这个方向努力仍然是值得的。

在此，我们想特别说明一下对单件流和测试的理解。很多人都认为测试应该尽早介入，预防缺陷的产生，这种观点没错，但我们认为这还不够。的确，在我们合作过的很多团队中，通过将测试左移，成功地将测试阶段发现的缺陷数量减少了 90%。但这并不意味着测试工作不再重要，也不意味着测试活动可以被完全取代。即使在测试左移的情况下，我们仍然会在测试过程中发现一些缺陷。此外，那种需要深入探索各种边缘场景的风险管理式测试，是一种与编程截然不同的独立技能，而很少有程序员愿意培养这种技能。

我们已经介绍了精益测试的相关理论知识，接下来让我们回到实践中来，看看这些理念是如何应用于实际项目中的。在第 12 章中，我们将分享一些案例研究，展示这些理念在实践中的应用效果。第 13 章将讨论由谁来负责测试，以及何时进行测试。

# 第三篇 职场实践

如果软件团队目标一致，共享愿景，彼此互惠互利，理解各自的角色，并且团队内部没有不安全感，那么前两篇的内容将非常有效。然而，现实中拥有这种理想状态的组织往往规模很小，可能通常只有两三个成员，其中一个可能是人生伴侣，另一个则可能是宠物狗。对于我们大多数人来说，我们需要借助工具来进行沟通、设定预期和边界。第三篇就是为了创建这样一个环境，以便令第一篇和第二篇内容得以有效实施。

本篇主要内容如下：

- 第 12 章　案例研究和经验报告
- 第 13 章　测试活动和测试角色
- 第 14 章　软件测试中的哲学与伦理
- 第 15 章　词语和表述
- 第 16 章　测试策略应用

# 第 12 章 案例研究和经验报告

到目前为止，本书已经讨论了测试的所有组成部分，以及如何将它们组合在一起。在讨论前面内容时，本书假设每个人都清楚自己的职责并会积极行动。但实际情况并非如此简单。

大多数时候，人们是受激励驱使的。员工希望用最少的努力获得尽可能多的回报，管理者和企业主希望以最低的成本榨取最大的价值。这三种角色都试图让客户为他们的工作、产品或服务付钱。在某种程度上，我们不应该抱怨企业效率低。相反，我们应该庆幸在多方利益相互冲突的期望下，事情最终竟都能完成。

这样说并非开玩笑，而是为了突出变革的难度。如果你正在推动一个测试领域的变革倡议，通常这种倡议由中层或基层发起，缺乏组织高层的支持和宣传。在这种情况下，可以想象，阻力会来自各个方向。若你正在建立一个测试规范，你将面临同样的挑战，并且还要应对常见的误解，比如人们往往认为测试工作是琐碎的、简单的，并且应该按照一套已有的标准方法进行。

大多数人都熟悉所谓的商业案例研究——这些内容通常被写成销售案例。一旦获得客户批准，他们或多或少都会在文章中吹捧：之前的情况还不错（毕竟谁都不愿承认存在严重问题），但现在则是非常出色。

我们精选了一些真正对读者有益的实例，但这些案例并不是为了推销产品。考虑到对客户的忠诚、保密协议（NDAs）等因素，案例中会省略一些信息，此外，细节也可能会被更改。案例研究的要点是测试策略的演变，关键是通过故事传达从困难问题中学到的真正教训。为此，本章将涵盖以下案例研究：

- 大规模的 RCRCRC；
- 测试仪表板；
- 结对编程与三人编程；
- 测试策略的演变；
- 抵制欺凌行为。

## 12.1 大规模的 RCRCRC

第 9 章介绍了 RCRCRC 的理念，即在最近变更的区域、核心功能区域、高风险区域、配置敏感区域、修复过问题的区域以及问题频发的区域中寻找测试思路。对于一个五人团队，团队可能会在白板墙上绘制功能气泡图，列出清单，并花一天时间进行测试。这种方法更多是基于启发式的，而非严格的科学方法。显然，启发式的方法容易出错，但其在某些情况下是有效的。一个简单的启发式例子：当室外温度较高时关上门，当室外温度较低时则开门。这个思路对夏天没有空调的房屋来说通常有效，在不下雨的情况下也有效。团队在发布前制作的非正式测试清单，虽然简单，却可能比花一天时间遵循预定流程能覆盖更多不同的测试场景。

BigCorp 项目涉及分布在三大洲、六个国家的软件团队。他们在开发一个运行在手机上的物联网应用，该应用集成了欧洲的后端服务，并与美国的汽车系统连接，数据服务器位于美国东海岸、德国及微软的 Azure 云。整个项目团队有几百人，如果算上那些提供部分支持的员工，人数还要更多。AutoMe 不仅仅是一个项目，它更像是一个完整的计划，预算中包括了多个条目，涵盖应用程序、售后支持、融资，以及版本迭代等。

有段时间，苹果公司会在每次推送新版移动应用时清空所有用户评价，且上述项目尚未采用我们在前文讨论过的任何回归测试策略。因此，各应用开发团队普遍都很重视每次部署。通常的部署周期为每 12 周一次，如果在发布后第二天发现问题，还能尽早着手修复并赶在下一次部署时解决；而如果在第 6 周发现，甚至可能要等到再下一个周期才能发布修复版本。按照规范，版本发布前的最后两周应专门用于测试而非新增功能。但由于没有专职测试人员，程序员们经常会随意测试，然后处理一些手头的其他项目。这样一来，在没有监督和计划的情况下，测试的实施效果就取决于领导层愿意和能够推动团队完成的工作量。有些团队确实采取了行动，他们制订了明确的测试策略，并配置了测试人员。他们花费了整整两周时间，遵循既定步骤，获得了一些可重复的结果。

从开发的角度看，项目的后端主要由两层 API 组成：第一层是应用自身的 API，其更新节奏与移动应用的发布周期接近，并且存在多个版本；第二层是欧洲数据中心的 API，第一层 API 只是对其进行抽象封装。由于系统可观测性不足，我们很难在后台准确追踪一次请求的执行过程，这也让用户体验变得极其不可预测。举例来说，用户在手机上按下按钮，可能要等两分钟车门才会解锁；如果是在没有网络信号的车库里，可能完全没有反应；更糟的是，用户以为没有反应也就算了，但过了一分钟车喇叭突然响起。更棘手的是，数据中心 API 的变更与移动应用没有任何同步机制，这意味着即使应用在部署时完全正常，也可能在发布六周后因为 API 调用方式（签名）发生变化而突然失效。

这种情况在大型企业开发中并不罕见，尤其是对于非软件公司而言。面对这种情况，我们要做的是先制订一个为期一天的测试计划。

### 12.1.1 一天的测试计划

一天的测试计划包含了下面几部分：

- 需要明确所有功能及其测试责任人。
- 至少需要在较高层次上定义一个测试方法。
- 需要找到一种方式来可视化一天测试的状态和结果。
- 尝试使用 RCRCRC 优化结果。

本书前文已探讨过我们尝试的大多数方案。当时我们在墙上挂了一张功能覆盖看板，上面列出了 10 个类别，每个类别包含 8～12 项功能，其中某些功能还细分了若干子功能。看板确定后，各团队会主动认领他们负责的部分，预期会有一些功能暂时无人认领，真正令人意外的是，由于组织重组、规模调整、职责转移、人员流动以及与外包团队结束合作，最终大约有一半的功能没有团队认领负责。构建这个看板当时花费了差不多一个月的时间，但为每个功能分配负责人却用了大约四个月。

在完成类别清单后，我们开始在 wiki 中建立知识库：每个类别对应一个页面，列出该类别下的所有功能；每个功能又有独立页面，说明它的作用、工作方式，并附上测试该功能的方法。随着功能列表逐渐完善，我们又创建了共享表格，作为新的功能覆盖看板，并使用红 / 黄 / 绿来描述每个功能的测试覆盖情况。

回顾第 2 章中狗狗公园的教训，你可能会认同这种方法是必要的。我们在较高层次上定义了功能，为测试者提供了最大的探索空间。尽管如此，如果测试活动每 12 周才进行一次，针对实际情况动态调整测试方案可能会更加合适。现在是进行 RCRCRC 的时候了！

### 12.1.2 RCRCRC 分析

像 AutoMe 这样的项目不仅规模庞大，员工与工作之间也存在脱节，使他们难以准确掌握变更的具体情况。通过邮件向团队领导询问并要求他们进行

RCRCRC 分析几乎是徒劳的，因为他们不会认为自己有这个时间。但我们确实有一两位顾问有些自由时间，因此我们自己进行了研究。方法如下。

- 最近变更的区域（Recent）：应用的发布说明提供了一份受影响的功能列表。代码本身的变更可以使用 git diff 来获取两次提交之间发生的所有更改。

- 核心功能区域（Core）：API 团队提供了最重要的 API 列表，这些是用户调用最频繁的方法。我们还与团队讨论了他们的用户旅程，并在共享表格中创建了一些宽泛、涉及多个功能或组件的用户旅程作为宏观功能进行测试。

- 高风险区域（Risky）：构建系统提供的圈复杂度指标显示，函数中决策点与循环结构越多，代码复杂度越高。根据我们的经验，这类高复杂度的代码往往更难被人工追踪且容易出错。例如，程序员可能在一个地方做了更改，但没有意识到这是在一个 if 块内部，因此漏掉了应在 else 块中做相应的更改。使用简单的排序就能找出整个应用中最复杂的代码，此外还可使用语句覆盖率作为指标找到单元测试覆盖率最低的代码。

- 配置敏感区域（Configuration-sensitive）：我们在这方面没有做过太多工作，但某次 Apple Watch 上的应用在启动时崩溃了，我们确实发现了一个严重的配置问题。自此，我们总是对相关应用进行冒烟测试，查看应用是否能正常启动。

- 修复过问题的区域（Repaired）：公司在 Jira 中跟踪缺陷，git 提交中包含了 Jira 单号。如此，我们便能生成两种报告：将缺陷与本应发现问题的测试活动联系起来，评估需要更改的测试活动的比例；按类别和功能对缺陷进行分组，查看最常发生更改的位置。

- 问题频发的区域（Chronic）：通过将经常修改的代码与复杂度高的代码进行交叉比对，我们就能够找出修复了最多缺陷并且最有可能引入新问题的代码模块。具体来说，变更频率高、复杂度高以及修复缺陷多的代码的交集向我们揭示了那些真正问题重重的代码区域。

完成分析后，我们在报告中为每个发布版本定制测试策略，这份报告也会被用于下一轮回归测试。它能够帮助团队根据之前版本的经验，决定是否需要对某些功能的测试投入更多时间，或者针对某些特定问题，添加新的测试项。

这种方法适用于有多个团队但是又需要统一部署的大型项目。对于那些具有独立部署点、软件交互在前期已设计完毕、能够独立部署、能有效监控并容易回滚的团队而言，可能不需要这样的方法，但可以将这个过程视为向前者过渡的中间步骤。到目前为止，所描述的方法并未解决 API 变更、性能和可观测性缺失的问题，解决方法将在“12.4 测试策略的演变”中进行更详细的讨论，本部分只是关于基本策略的构建。

## 12.2 测试仪表板

第 9 章中的一个例子是轻量级测试仪表板。虽然简单制作一个仪表板不复杂，但若不说明其开发背景和应用场景，读者可能难以理解其价值。因此，本节通过一个零售店供应商的实例，深入地讲述如何开发一个真实的仪表板。

在使用仪表板之前，测试工作基本上没有什么文档记录。每个人会选择一个不同的浏览器进行测试，然后在中午讨论测试进度，讨论通常是类似“Firefox 看起来表现不错”这样的对话，而对测试的深度和发现的缺陷则缺乏有效的讨论。更复杂的是，因为没有一个确切的需求来源，测试的目标也常常在改来改去。

为了建立统一的测试信息来源，测试人员创建了思维导图，然后列出主要组件并细化各个功能。随着时间的推移，当功能发生变化时，就向思维导图中添加指向需求（Jira 中的故事）的链接。基于这份思维导图，我们创建了一份共享表格（图 12-1），在表格的左侧列出了主要组件的名称，而要测试的环境则列在右侧。接着，我们制订了一套评分标准，用以衡量质量（quality）（红 / 黄 / 绿）和覆盖深度（coverage depth）。每项的覆盖深度由测试团队协商确定。通过配置自动化脚本，就能够实现输入覆盖数据后自动填充颜色，并且各个质量级别有特定的颜色。红色代表存在需要修复的缺陷，黄色表明可能需要进一步检查，绿色则表示没有已知问题。

| Features | | Webkit | iOS | Android |
|---|---|---|---|---|
| | Q:7 C: 9(matt) | Q:6 C: 8 (Sreejit) | Q:7 C: 5 (Paurang) | Q:7 C: 5 (Paurang) |
| | Q:9 C: 3 (matt) | Q:7 C: 5 (Sreejit) | Q:7 C: 7 Sandhya | Q:6 C: 6 (Paurang) |
| | Q:6 C: 8 (Sreejit) | Q:6 C: 7 Arun | Q:7 C: 6 (Paurang) | Q:7 C: 6 (Paurang) |
| | Q:9 C: 6 (matt) | Q:8 C: 7 Arun | Q:7 C: 7 (Paurang) | Q:7 C: 7 (Paurang) |
| | Q:7 C: 5 (Sreejit) | Q:7 C: 7 Arun | Q:8 C: 7 (Paurang) | Q:8 C: 7 (Paurang) |
| | Q:6 C: 6 (subid) | Q:6 C: 6 (subid) | Q:8 C: 7 (Subid) | Q:8 C: 6(subid) |
| | Q:7 C: 5 (Sreejit) | Q:7 C: 5 (Sreejit) | Q:7 C: 5 (Paurang) | Q:5 C: 7 (Paurang) |
| | Q:6 C: 8 (Sreejit) | Q:6 C: 7 Arun | Q:3 C: 7 (Paurang) | Q:3 C: 7 (Paurang) |
| | Q:6 C: 6 (subid) | Q:6 C: 6 (subid) | Q:6 C: 6(subid) | Q:6 C: 6(Subid) |
| | Q:7 C: 8 Beth | Q:7 C: 8 Beth | Q:5 C: 7 (Paurang) | Q:5 C: 7 (Paurang) |
| | Q:8 C: 7Sandhya | Q:8 C: 7Sandhya | Q:7 C: 7 Sandhya | Q:8 C: 6(subid) |
| | Q:7 C: 5 (Sreejit) | Q:7 C: 5 Arun | Q:8 C: 8 (Paurang) | Q:8 C: 8 (Paurang) |
| | Q:7 C: 1 (Subid) | Q:7 C: 1 (Subid) | Q:6 C: 6 (Paurang) | Q:6 C: 6 (Paurang) |
| | Q:3 C: 5(Sreejit) | Q:3 C: 5Arun | Q:2 C: 10 (Sandhya) Account Preference | Q:2 C: 10 (Paurang) Account Preference |
| | NA | NA | Q:9 C: 4 (Paurang) | Q:9 C: 4 (Paurang) |

图 12-1 测试仪表板共享表格

当开始新一轮测试时，这份表格将作为模板进行复制。此外，我们可以将计划跳过测试的区域填充灰色。因为测试基于共享电子表格进行管理，如果有人想要了解当下的进展，可以通过查看电子表格自行做出判断。

最终使用的表格远大于图 12-1 中显示的样子。最终的表格中加入了苹果平板和安卓平板多种型号的列，还增设了一个用于记录缺陷的列，当测试人员发现缺陷时，会记录 Jira 的缺陷单号，比如 ECOM-1321。当查看者看到所有浏览器列都标记为红色时，可以点击链接来了解问题的严重程度。有趣的是，尽管这个应用在 GUI 层面有大量的工具和自动化测试方法，但我们发现人工探索过程仍非常有价值。一方面，工具能够告诉我们测试环境何时不可用，登录过程何时出现故障等；另一方面，用户界面经常有更微妙的缺陷，最好由人类来识别。

尽管公司之前在自动化工具上进行了重大投资，但这些工具最终被废弃，未再使用。随着管理层的变动，当 Excelon 在五年后被重新召回讨论重启测试工具化计划时，上述仪表板的某个版本仍在使用中，但是 GUI 自动化却早已停用且被遗忘。最初设计这些 GUI 自动化本是用来取代仪表板的，最终却被仪表板所取代。

不过，情况也并非总是如此。我们曾使用 RCRCRC 分析办法为另一个大型项目制作仪表板，该项目最终逐渐摆脱了繁重的季度发布和繁琐的回归检查。

我们认为导致上述两种不同结果的关键因素是测试工具执行级别和图形用户界面的变动程度。用户界面一旦稳定，GUI 测试工具的价值便会提升。同时，当测试工具在 API 级别执行时，这些测试通常更加稳定、执行更迅速，并且当出现失败时，能更准确地反映出真实的错误。

有观点认为，测试仪表板只是向理想化的、全功能、随时部署模式迈进的临时措施。但是，我们已经看到许多理想化方法的失败案例，尽管也有少数成功的案例。

## 测试仪表板的盲点

从本书一开始，我们便探讨了全盘规划而非灵活应变的问题。这种做法限制了你的行动和想象力。在之前我们为零售商提供电商服务的例子中，零售商有时会走到冷库进行库存盘点，并据此订货。他们可能携带平板电脑，并且有时会遇到没有信号的问题。他们需要手动录入订货数量，但这些数据可能无法在后台保存。这种情况导致了一个问题：用户更新订单并放下平板，然后使用笔记本电脑继续添加商品，结果发现在平板上的所有更改都丢失了。

这里有两个问题：

- 设备离线时没有记录更改，并且设备重新上线后没有重试；
- 来自不同设备间的更新会发生覆盖。

如果某项商品记录为 4 件，你点击了一下“+”，而别人刚好手动把数字改为 10，理想情况下，它应该变为 11。

此外，管理层明确表示过软件不会支持多设备使用，这是第三个问题，如果管理层还提出不支持平板电脑，那就有四个问题。

如果你不想把管理决策算作问题，这也可以理解，但这些决策确实影响了一些用户：用户最终还是使用了平板电脑，他们一边走动一边盘点库存，并记录需要补充的数量。由于预算核算和现金流预测等功能只能在笔记本上完成，使用平板之后，用户会切换到笔记本电脑进行最终审核和下单。这使得从平板到笔记本的转换成了一个核心使用场景。

我们没有简单地断言“平板电脑是否应得到支持”，而是提出了一种不同的方法：派人带着几台平板进入一个空房间，花一两天时间探索软件，并对发现的缺陷进行分类。在掌握了缺陷及其修复成本之后，我们可以决定修复哪些缺陷并对功能提供何种程度的支持。我们对多设备同时使用和设备离线也采取了类似的分析办法。

这些情况都没有包含在测试仪表板中，如果只关注仪表板，就会错过一些重要的场景。相反，我们在客户遇到问题之前就识别出了这些问题，并向管理层提供了多种解决方案。测试人员不仅仅是坏消息的传递者，更是解决方案的一部分。此外，我们尝试的三人编程方法也取得了一定的成功。

## 12.3 结对编程与三人编程

极限编程（XP）引入了结对编程的概念，这种方法遭到了不少抵制，原因是人们认为这会使程序员的工作效率降低一半。坦白说，我们认为这种观点有些荒谬。一个鲜为人知的编程秘密是，大多数程序员无法且通常不会工作满 8 小时。程序员需要检查电子邮件、留言、社交媒体以及处理其他各种分散注意力的事务。对于居家工作者而言，还需处理例如洗衣服和准备餐点等家务。结对编程的秘诀在于两个人都必须全神贯注于任务。如果程序员一天中只有一半时间能深度工作，而采用结对编程可能会使深度工作时间翻倍。这并不会真正减缓进度，并且第二个人往往能够发现第一个人可能未曾察觉的问题。

乒乓式编程是测试驱动开发的一种常见做法，其中一个人负责编写测试，另一个人则编写代码以使测试通过。另一种常见方式是领航员 / 驾驶员结对，其中一人负责决策，另一人进行编码。现在，已经有许多工具支持远程采用这些方法。

我们发现，结对编程的交流方式很重要。在乒乓式编程中，存在两个角色：测试和开发。编写测试的职责不能同时由程序员承担，在结对编程的过程中编写测试也是测试工作的一部分，这一点至关重要。采用这种方法编写的代码具有更少的缺陷，并且整个测试 / 修复 / 重复的周期也将大幅缩短。

我们曾与一家公司合作，他们将测试人员纳入编码过程。他们采用结对编程，但是由两名程序员和一名测试人员共同工作。测试人员不仅在 TDD 循环中提出问题，还参与讨论接下来打算进行的测试内容。因此，程序员能根据这些经常被需求和“故事”忽视的实现细节来编写软件。由于有三人积极参与代码开发，我们称之为三人编程（tri-programming）。有能力并投身于创造工作的测试人员通常会逐渐转变成程序员。另一方面，程序员学会了像测试人员那样思考，他们会预先考虑测试人员可能提出的问题，并主动编写代码和单元测试来解决潜在的问题。这样，代码的质量在每个步骤中都得到了提高。

在我们合作过的另一家公司，如果有人提出问题，通常会被引导去查阅文档。例如，一位测试人员在使用 SoapUI 这个测试工具时遇到问题，被告知通过查阅文档来寻找答案。然而，文档中并没有答案。测试人员请求合作几分钟以解决问题，但被告知这样会打扰到办公区域的其他人。因此，他们不得不预约一个会议，这意味着两人都必须到场，并且还需要找到一个空闲的会议室。两周后，会议终于举行。他的同事表示：“这非常简单，你只需要这样做……”。最终发现，测试人员使用的是 Macintosh，而在 Mac 系统上，那个界面元素并不存在，两人在大约 5 分钟内解决了问题。

对某个问题，一个人的了解可能不足，另一个人也不太了解，但两人合作却能找到解决方案，这种情况并不少见。这正是结对编程如此强大的原因之一。根据我们的经验，很多原本需要单人通过数小时乃至数天工作来预防的问题，经常可以在几分钟甚至几秒钟的合作中得到解决。

这引出了另一个问题：从事测试工作的人是如何被看待的。

### 12.3.1 专业能力的悖论

几年前，我们举办了一次包含实践环节的培训。其间，一名测试人员发现了一个国际化错误，他使用错误的输入并得到错误的输出。我们对发现缺陷感到高兴。在接下来的一天里，我们尝试了不同方法测试应用程序。但是，这名测试人员除了不时提醒我们他之前发现的错误外，并没有参与其他测试过程。

这可能是一个沟通问题。也许他以为我们可以修复这个缺陷，并让大家测试一个包含修复的新版本。但我们的流程并不是这样的。总之，在接下来的一两天里，这名测试人员似乎没有发现其他问题，也没有参与讨论。在培训的最后一天早上，我们得知这位测试人员刚刚被提升了薪资等级。

为什么会这样？

我们的雇主建议我们换个角度来考虑。这位测试人员非常好相处，总是严格按照指示行事，并且从未发现过会严重阻碍项目进展的问题。他们会对软件进行基本测试，偶尔发现一两个小问题，但从未真正影响到项目的截止日期。当生产中出现问题时，大家通常也不会太深究，只是修复问题后继续工作。

一位领导曾经说过，测试人员至少有三个经验等级。

- 在初级阶段，测试人员探索理想路径。
- 中级测试人员可以确保软件永远不会发布。他们总是能够找到新的测试思路和新的问题，令程序员苦不堪言，而他们自己则乐此不疲。
- 高级测试人员善于权衡缺陷和风险，执行那些能最大程度提升软件可靠性信心的测试，并判断出是否已经到了继续测试不再增加任何价值的阶段。

这本书的部分目的是帮助你快速成长为一名高级测试人员。

然而，现在你可能已经意识到了存在的问题。优秀的测试人员会发现更多可能的错误，产生更多的测试想法，导致他们的测试速度相对较慢。因此，在一个过于注重绩效指标的经理眼中，初级测试人员似乎表现得更出色，他们一周能完成 20 个测试任务！而当两三周后客户发现错误时，人们也不会太深究，可能只是简单地修复问题。相比之下，那些能够提出测试想法并发现问题的测试人员，由于需要更多时间来深入分析，表面上似乎拖慢了进度。这就是专业能力的悖论，是我们反复遇到的一个问题。

我们的目标是向决策者提供不同的决策项。这意味着我们可能和决策者发生如下对话：“我们可以选择在当前这个测试水平上停止，但这意味着我们将忽视分界线（cut line）以下潜在缺陷的风险。或者，调整优先级，将原先在最前面的一些测试调整到最后。”

对于自动化的逻辑也是一样。通常情况下，负责编写自动化测试代码的人会选择编写一些容易实现的测试，而忽略那些由于工具或架构限制而难以编写的测试。

拥有测试想法是好的，进行大量测试的想法更佳。更好的做法是，明确相关风险并对风险进行综合权衡。

### 12.3.2 递交决策权

在一家小型软件公司的一个项目中，团队决定跳过性能测试。工程副总裁的职位暂时空缺，因此由 CEO 代理。Matthew 向 CEO 汇报了进行性能测试的成本。最终的决策是不花时间进行测试，而是开始逐步向市场投放，起初只向少数高级用户提供服务。这个决策不是由 Matthew 做出的，而是由公司的 CEO 做出的。可想而知，应用程序在资源有限的生产服务器上运行，自然出现了问题并导致整个生产线陷入停顿，需要进行重启和重新安装。在事后复盘问题时，CEO 表示："这是我对风险和成本权衡后有意识做出的决定。"当程序员提出反对意见时，CEO 进一步澄清："Matthew 已经向我报告了风险，这是我的决策。下次我会采取不同的做法。"之后，就没有更多的反对声了。

本章的后面部分将探讨边界问题，即如何让合适的人负责决策以减少冲突。在深入讨论之前，先来看看测试策略是如何发展变化的。

## 12.4 测试策略的演变

在第 1 章中介绍了一种测试策略——"数据覆盖"。这种方法快速、简单，甚至不要求测试者对应用程序有深入了解。这种测试的典型例子包括测试 2 月 30 日，或输入过去的日期来购买机票等。

这类测试练习简单有趣，也代表了许多组织对第一个构建版本进行测试的方式。

随着技术的进步，日期时间选择器、电话号码和电子邮件输入这些功能可能由某些开源工具实现，程序员很可能会重用现有工具而非手动创建。因此，在许多项目中，经典的快速测试策略可能不会发现许多缺陷。这并不意味着不存在缺陷，只是在某些公司中，传统而简单的测试方法可能价值有限。因此，我们建议从关注单一功能扩展至关注更复杂的工作流程，如电子商务的购物路径、多用户场景、权限等。例如，在社交媒体中，简单的发布和回复可能表现良好，但如果一个用户在另一个用户回复前删除了帖子，会怎样呢？通常，更复杂的攻击背后隐藏着最严重的安全漏洞。

在这里所强调的是，测试策略依赖于具体语境。如果第 1 章的测试策略未能揭露任何缺陷，那么执行更注重"用户旅程"的测试或基于历史缺陷的测试可能会更为有效。Boris Beizer 悖论是：用来预防或发现缺陷的每一种方法都可能留下一些更难察觉的缺陷，对这些缺陷来说，现有方法可能无效。换句话说，一旦你使用了某种测试技术并深入理解了它能发现的缺陷类别，并与团队合作进行预防，这些缺陷类别就不再显现。为了持续增加价值，测试需要不断创新。如果测试不进行创新，其价值将被边缘化。此外，如果线上问题可以在影响扩散前快速解决，测试的价值也可能被边缘化。现在几乎没有公司通过光盘发布软件，年度税务软件是少数的例外之一，但它是通过互联网更新的，甚至直接在互联网上运行。得益于蓝绿部署和配置标志的快速切换能力，许多公司选择了"快速行动，冒险尝试”的策略。

或许是因为测试在某些领域的价值正在被边缘化，我们观察到实际执行测试的角色正在发生变化。这种变化与 Scrum 和敏捷运动的兴起密切相关。从 21 世纪第一个十年末开始，我们观察到测试组织结构的转变：从向高级管理层报告，变为向产品组负责人报告，再到测试人员直接嵌入各团队中，由团队领导负责。随后，在一些公司中，我们看到了传统测试角色的消失，转向了混合工程角色，其中每个人都是技术团队的成员。这种转变可能表现为“软”混合工程，其中每个人都有相似的职称，但人们倾向于在特定领域深入发展；或者是“硬”混合工程，其中每个人都是一名程序员，并且对生产代码做出实质性的贡献。这种模式在那些采用新兴云原生架构的公司中尤为流行，因为这些公司有能力通过工具来解决一些较大、较明显的问题。这种趋势同样出现在大型组织中，如微软早在 2014 年就开始积极推动计划，以消除软件测试开发工程师（SDET）这一角色。

然而，这就带来了一个难题。剩余的缺陷将更难发现，发现它们需要更多的专业知识。同时，公司正在削减拥有这些专业知识的角色。这意味着，平均而言，留下的人需要比以往依赖测试人员时掌握更多的测试知识。

对于仍设有业务分析师角色的公司来说，有另一种选择。业务分析师在一定程度上定义和传达了要构建的内容。如果他们的工作呈现不佳，最终的软件可能会与真实的需求不一致。让分析师参与测试，可以使他们占据开发过程的首尾两端。这样一来，他们可以直接承担自己决策的后果，并提供反馈，以帮助制订更好的需求。

采用敏捷方法的公司可能不会设有业务分析师，但可能会有 scrum master、产品负责人、产品经理、团队领导、UI/UX 设计师等角色。在不理想的情况下，这些角色可能会在将需求交给技术人员后便不再跟进。让这些角色参与测试可能具有一定的价值。然而，在这种模式下，程序员仍然被预期要更有效地自测他们的代码。

或许程序员确实能够承担这一责任。这里没有绝对正确或错误的答案，测试策略是否适用取决于特定的场景。我们认为，几乎所有策略都是过渡状态，问题不在于什么是“正确的”，而在于应该如何为下周、下个季度和明年做出调整。

我们观察到的最大变化是，由于持续集成和测试工具的使用，回归测试的需求大大减少。但是，当发布新浏览器或涉及多个关注点的功能时，可能会需要进行类似回归测试的操作。对此，应该制订相应的计划。

### 演变的障碍——信息隐藏

有一次，一位客户遇到了一个不寻常的情况：回归测试至少需要两周时间，但 CEO 无法确切地知道测试人员在这两周内都做了些什么。测试团队分布在不同地区，有些人在美国，有些在东欧，因此我们邀请了位于英国的 Vernon Richards 加入，他位于这两个时区的中间。测试人员结合 Selenium 编写的自动化回归测试代码和电子表格来测试所有场景。

代码很难理解：它似乎在检查每个布局，确认用户界面元素、按钮、复选框等是否存在，但它似乎并没有进行任何点击操作。同样，测试文档只是列出了不同场景，涉及复选框和单选按钮，电子表格中的每一行只是一些不同的组合。Vernon 以礼貌且赞赏的方式开始询问，但很快就遇到了问题，收到的回复似乎并未直接回答他的问题。因此，我们决定深入挖掘，让 Matthew 以一种更直接的方式来了解当下的测试策略是如何构建的，以及他们可以做出哪些改变。

Matthew 也没有获得任何实质性的结论。

Matthew 会询问一个活动的具体内容，要求细化步骤或展示流程，他确实得到了回答，但这些回答与事实并不相符。他无法利用所获得的信息做任何事。他尝试以不同的方式提问，或让他们演示流程。他还询问了其他角色在测试期间的经验。程序员可以描述他们的单元测试和需求流程，但对程序员来说，测试过程完全是一个黑箱：新代码进来，测试报告出去。并且，测试和发布管理也含糊不清。

Vernon 和 Matthew 的合作展示了结对工作的原则，即两个人执行相同的活动时可能会犯不同的错误并相互指出。如果他们犯了相同的错误，那么在当时的情况下，这可能是一个合理的错误。不仅如此，Vernon 和 Matthew 故意从不同的角度探寻问题，最终得出了相同的结论。

原来，不只是 Matthew 和 Vernon 挖掘不到信息，CEO 自己也不清楚状况。正因如此，他才安排了这项任务。他想知道，究竟是测试主管们“不开窍”，还是测试工作本身就没什么价值。

咨询项目以一份简要报告结束，报告解释了问题的严重性及调查到的其他问题。

测试人员可能不知道如何解释他们的工作。考虑到地理距离，可能还存在更深层的语言沟通问题。但我们认为，至少在某种程度上，这里存在信息隐藏的问题。出于某些目的隐藏信息的做法是为了让某人看起来不可或缺。当这种策略失效时，就意味着隐藏信息的人可能被解雇了。

本书着重讲解如何提高工作透明度，促进与相关人员的合作，并确保他们理解你的工作。缺乏理解会导致不良后果。

说到不良后果，我们来讨论一下欺凌行为。

## 12.5 抵制欺凌行为

Matthew 曾在一家医疗公司工作。一次，项目经理匆忙走进房间，解释说他刚从会议回来，现在团队必须在Web应用程序上线之前增加更多的定制功能。不仅增加了搜索元素的数量，新加的搜索过滤器将采用滑动条样式，并为不同类型的客户进行定制。特别是，尽管这个工具本来是为自助服务设计的，但护理人员也会用它帮助多个用户操作。项目经理说道："我们需要在原定日期完成这些，有问题就需要你们来解决。"说完便匆匆离开了。

时间一天天过去……

在这家公司，Matthew最终成为了一名项目经理，并决心纠正过去存在的错误。这意味着需要基于事实，将项目与其他项目进行工作量和范围的比较。团队通常设定一个内部目标和一个外部承诺，而不是设定一个严苛的截止日期。缓冲时间会根据预估的变更、团队对技术的了解以及合理估计的未知因素进行调整。虽然这不是一项多大的成就，但它确实代表了一些进步，Matthew对此感到自豪。

大约一年后，一位程序员来到Matthew的办公桌前，说："政府保险计划的网站要晚两周交付。你需要处理这个问题。"

你需要处理这个问题。

你需要处理这个问题？

同样的事情怎么可能在同一个人身上两次发生，而且是在权力结构的两端？这到底是怎么回事？

那次对话标志着问题开始恶化。Matthew在接受来自多方面的批评后，最终未获得年度加薪，并返回到技术岗位。我们从过去的经历中学习到了宝贵的教训，并已经培养了必要的技能。接下来，我们将探讨这一切是如何发生的，以及它意味着什么，并最终指导你该如何处理。

### 12.5.1 职场中的权力

当时与我们合作的程序员Sean McMillan记得这个故事，虽然回忆起来不是很愉快。听完后，他指出了一个明显的事实："Matthew，无论是因为什么，你似乎总是给人一种可以被欺负的印象。"

如果某人给人一种可以被欺负的印象，这就像是向狼群投掷生肉。我们该如何消除这种印象呢？

在软件测试领域，我们经常听到测试人员和其他技术人员抱怨他们的意见未被倾听或尊重，他们没有得到应有的待遇或赞赏。然而，在我们的咨询工作中，这种问题极为罕见，比如，十多年来可能只发生过一次。究竟有什么不同呢？

一个外部顾问如果仅驻场两周，他将有机会直接接触到高层领导，因此试图欺负他们是不明智的。此外，当谈到欺凌时，尽管我们不是心理学家，我们也想补充一些我们的看法。

将顾问与技术人员进行比较是一个很好的例子。欺凌者通常感到不安，并想从别人那里得到他们想要的东西，比如时间、资源、金钱或地位。阻止他们欺凌的主要因素是可能产生的后果。对于顾问来说，如果挑起争端可能会丢面子。同时，顾问并不是公司的正式员工，一旦任务结束，他们就不必再与这些人打交道了。因此，顾问很少考虑“市场部的 John 可能会对我不满”之类的后果。

对于正式员工来说，这样的后果通常会带来一些风险。这种风险可能引起某些人反感，他们甚至可能试图破坏你的职业生涯！如果他们善于操纵，可能会花费大量时间针对你，而你却将所有时间都花在每周的软件开发上。当然，这只是一个比喻。问题在于，善于操纵的人会更擅长玩这种游戏。我们可以尝试设定边界，但初期可能难以严格执行，稍后会详细介绍。更重要的是，测试人员通常都希望自己受人欢迎。我们中的许多人都很随和，会尽一切合理的努力帮助他人。不幸的是，合理的定义非常宽泛，以至于具有这种性格特征的人很容易被欺负。挑战在于将边界设定在什么地方，并提出相应的后果。

让我们回到之前的例子，Matthew 在权力的两端都遭受欺凌，究竟该如何应对？

### 12.5.2 一种处理方式

当你作为项目经理被告知项目将延期时，该如何回应。这里有一个处理方法：

“似乎你对我的职责有误解。我的工作是报告项目状态。我会更新计划并及时同步，并让管理层知道你的团队无法实现原定目标，且已有了新的预计完成日期。可能问题不大，我不确定。如果管理层对此有疑问，我可以帮助你们进行沟通。处理这个问题是你的责任，因为这是你的交付产物，但我很乐意提供帮助。”

这一切都需要以一个温暖、真诚、友好的态度来传达，要点是团队的表现不佳，项目经理的职责是总结并汇报进展。把这当成项目经理的问题是在转移责任，这是一种边界侵犯。

作为团队中的技术人员，问题更微妙一些。作为随和的人，我们很可能会找在限期内完成额外任务的办法。如果极端一些，试图让团队承担所有他们能做的技术工作也是合理的。以下是三个可能的回答：

“为了赶上 10 月 1 日的交付日期，我们目前已经满负荷运转。你可以把它加到任务列表上，我们会尽可能地去处理。”

"我们每周交付大约 10 个任务，新功能的规模看起来相当庞大，拆解新功能将从现在的工作安排中抽调时间。我们计划在 10 月 1 日完成原定的功能，如果考虑加入新功能，你是否希望我们抽出 8 个人时来拆解新功能，以便更准确地估计完成新功能所需的时间？"

"为了实现新功能，大约需要加入 12 个新任务。我们每周完成大约 10 个任务。我们还有 40 个任务要完成，原来项目预定在一个月后的 10 月 1 日完成。如果要实现新功能，预计我们将在 10 月中旬完成所有工作。当然，你可以自己估算下，或调整功能的优先级，也许还可以增加更多的人手。"

请注意，在所有这些回复中，我们都明确表达了存在问题，我们愿意尽力解决，但我们不会接受让别人的问题成为我们自己的问题。另一种常见的表达是："由于你计划不周造成的问题，不应让我来紧急处理。"

第三个回复特别有说服力，因为它提供了客观数据。在本章中我们已经多次见到类似的例子，后续在讨论项目预测时也会再次遇到。即使没有数据支持，也可以保持职责不越界：你之前承诺完成原有任务，并且计划的时间没有缓冲，对方却还要求额外的工作，这时你可以说"我们会尽力"，然后在你的专业职责范围内尽力就好。极限编程的相关文献建议，为了达成交付的目标，偶尔进行适度加班是合理的。但依赖加班而不是制订合理计划，就是完全不同的问题了。

欺凌者也可能利用我们随和的性格对我们不利。例如，设定一个不合理的项目截止日期并说服人们接受这一截止日期。"项目必须在 7 月 1 日完成"，实际上我们无法控制日期或项目的工作量。然而，一旦我们接受，也就因此承担了过度劳累和影响家庭关系的风险。这一切都是因为我们想要受人欢迎，我们的界限不清晰，或许还因为我们对他人的过分包容。

解决问题的方法是设定清晰的边界并坚守职责边界。

### 12.5.3 企业中的边界

Townsend 和 Cloud 在他们的著作 *Boundaries* 及其后续多部作品中解释说，边界是定义我们的事物，即你的边界在哪里结束，我的边界在哪里开始。按照法律，身体上的攻击是一种边界侵犯，但在西方的文化中，更常见的边界是两英尺的个人空间。这就是为什么即使彼此之间没有接触，人们仍会说"对不起"。

在软件测试领域，我们认为，如果要对某个结果负责，就必须对导致该结果的过程拥有充分的控制权。前两个例子中之所以存在边界侵犯，是因为它们把责任推给了没有控制权的其他人。解决方法是重新确认边界，即他们的责任从哪里开始，我们的责任在哪里结束。

现在，让我们来看两个真实的测试例子。

在我们曾就职的一家公司，产品副总裁有一个自己特别关注的项目，并把Matthew叫到了一个会议中。那时Matthew不是顾问，只是一名员工，而副总裁想指导他如何进行测试。副总裁建议采用重文档、重复性强的方法，相比我们原来的方法，这些方法会在一些不太关键的功能上花费比原有方法更多的时间。会议快要结束时，Matthew回答说："感谢你对我们团队测试方式的指导，我们会在做决策时考虑你的意见。"此后该副总裁再未尝试干预，但两人也保持了积极良好的关系。

在另一家公司，Matthew在圣诞节前一周参加了一次会议。大多数员工即将从圣诞节开始休假至新年。承包商则会继续工作。这时，Matthew接到了一个测试任务，并被要求按照传统的、逐步点击的方式执行测试用例。经过短暂的思考后，他说："你必须理解，我不能这样做。如果我所在的语境驱动测试社区知道我用这种方式，我会被笑话。我有个建议，从现在到新年期间，我会用我的方式测试这个功能。我会准备一些文档，描述我计划做什么，实际做了什么，以及缺陷报告。等你回来后，我们可以一起回顾和讨论。这样可以吗？"

这些都是测试中有效设定边界的案例。

我们的同事Tim Western在审阅这一部分时，想起了他曾经提出过类似建议的经历。当时公司受制于一份要求提供某些文档的合同，制作这些文档会延缓交付进度。这些文档对某些人来说可能有价值，但对Tim来说毫无意义。由于合同约束无法直接否决，他选择用另一种方式维护边界。Tim先估算出制作文档会造成的延误，然后据此调整了计划。我们也有过类似的经历，但是通过提议削减一些既定流程，最终才按时完成任务。在传统的工程金字塔结构中，员工讨论具体事务，中层管理者讨论流程，高层管理者讨论资金问题。根据我们的经验，如果你能与高层管理者沟通，并用他们能理解的方式讨论问题，技术团队可能会说服高层。

有时，对方根本不尊重你的边界。当你说你不能在周末工作时，他们可能会试图追问你的个人生活。当你告诉他们你儿子即将结婚时，他们可能会询问具体活动时间，以便安排你在活动前后工作。当他们问为什么项目延期，如果你指出这是因为等了两周的关键决策，你可能会得到一个不悦的表情，并且在几天内，你可能会突然收到一些毫无道理的严厉斥责。似乎无论做什么，你都无法取悦他们。我们对这种互动风格的简称是自恋型沟通（narcissistic communication）。

### 12.5.4 自恋型沟通

我们并未经过特别的心理相关培训，但也能察觉到某些类型的互动明显存在问题。我们认为沟通应该是关于学习、成长和互相帮助，而自恋型沟通则完全是关于胜负。自恋型沟通关注的不是内容或实际项目，更多是对方在向你传递一类信息：你不如他们，他们更优越。他们总在强调他们更权威、更具掌控力，而你在所有正在讨论的问题上都不如他们。若性格随和的人被卷入这类对话中，会变得极度沮丧，并可能会试图通过各种方式来证明自己足够好。然而你必须明白，如果对话是围绕权力展开的，那么证明自己足够好实际上会削弱对方的优越感，而这正是他们最不愿看到的结果。

例如，Matthew 就是那种需要感觉到自己被倾听的人，他期待沟通能达成某种共识。即使是在激烈的辩论中，如果对方说“你提出了一个很好的观点”或“我理解你的意思”，至少会让 Matthew 感觉到自己的声音被听到了。他曾试图向一位惯用支配型沟通方式的人解释这一点，对方的回应却是“这很荒谬”，并声称“你提出了一个很好的观点”是一种打发对方、不做任何改变的回应。如果一方只想掌控谈话、维护自己的权威，那么这种说法的确成立。但如果是为了增进彼此的理解，这种回应其实是恰当的。

根据我们的经验，我们发现所谓的自恋型沟通有一些特点，可以帮助识别它们：

- 自大：对方总是表现得比你更优越。这与教师对学生的态度不同，教师是为了教育学生，而自恋者只是为了显示你的不足。为了显示自己的优越性，他们可能首先会在一些小事上纠正你，比如一个词的发音，却不会告诉你正确的发音方式。
- 拒绝承认错误：他们不会承认自己犯错或道歉。他们可能会说你提出这些问题是在捣乱，并声称“你最大的问题就是固执。”
- 权力和控制：与他们的对话通常是关于地位的比较，或者可能是拉帮结派对付某人。而他们与上级的沟通可能会表现为完全顺从。
- 不安全感：当出现某个外部因素对你评价积极时，他们会突然把你拉回到“应有的位置”。或者，他们可能无法为你的成功欢呼。还有一个迹象是，除非沟通的对象是其直属上级，否则他们不能安坐下来让别人成为焦点。
- 缺乏同理心：他们会忽视你的问题，认为这些问题不重要。例如，你说：“我真的不能再加班了，我担心我的爱人会离开我。”他们可能会回答：“如果你的爱人因为你晚上工作几次就要离开你，那你们的婚姻本来就不牢固。”
- 操控性：具体来说，是使用责备和内疚来控制他人。你还可能注意到他们的说法会随时间改变，并且总是回避承认错误和承担责任。

“自恋”一词已经广泛流行，有很多视频、网页和播客都对其进行了深入探讨。对于本书而言，认识到这种思维方式可能是暂时的、源于文化的或已经成为更深层次个性的一部分已经足够。当这种思维方式变得根深蒂固，固化为人格特质时，精神科医生称之为自恋型人格障碍（NPD）。

自恋型沟通不关心你的边界，因为他们出于某种原因缺乏同理心。无论出于何种原因，沟通风格是自恋的。这种“对话”实际上是关于权力并强迫你接受超出你边界的内容，同意并认可你意味着他们“输了”。

在这种情况下，你说什么并不重要。我们无法用言语帮你解决问题，我们感到抱歉。然而，你还有其他选择。如果你必须与这种人打交道，那么需要保持平和的心态，不要分享故事，不要过度渲染，只陈述事实。然后，仔细考虑你的选择：

- 忍受：这毕竟是一份工作。按时下班，享受社交，量入为出，并且存点钱。在职业上持续发展，并寻找调动的机会。
- 树立威慑：有一种说法是，当你进监狱时，你应该首先向最凶恶的人挑战。你可能不会赢，但这会向所有人宣布你不会轻易退缩，如果他们挑战你，那就让他们付出代价。可能的话，找到一种方法让自己足够强硬，以至于欺凌者转向其他目标。
- 改变组织：如果组织文化存在问题，但员工本身并没有因此受到负面影响（例如，缺少工作热情、技能下降等），你或许能够改变一些决策。当事情偏离正轨时，就是在提醒公司某个近期的决策可能是不恰当的。我们曾合作过的一家公司，由于一个严重加班的项目，团队的主要生产力在一年内基本上都流失了。再遇到类似情况，我们指出上次的案例，并列出了所有因此离职的人及其带来的后果。最终，类似的情况没有再次发生。
- 离开组织：去找另一份工作。

矛盾的是，最有效的工作方式可能是不去太关心是否能保住这份工作。如果你在职业上能发展到一个地步，即使被解雇，你也有一年的存款，并且能在一两个月内找到另一份工作，这将使你能够坦率地说出需要说的话。这种策略有个术语，叫作“最佳替代方案”（BATNA）。

被动攻击性的言论也是一种冒犯，当你质疑它时，它们可以被辩解为某种无害的言论。例如，“那一定很好。”这本是一句挖苦，但如果你追问，说话的人可以耸耸肩说：“怎么了？我是说这很好啊！”

### 12.5.5 捍卫边界

在一次会议上，Matthew 遇到一个人，对方在三天内不断发表被动攻击性言论。在第三天结束时，Matthew 正在解释自己当天所做的关于完全测试的不可能性的演讲，并提出了一个问题："假设新上任的首席信息官说这个项目太重要了，不能承担任何风险，必须进行彻底测试。你能做到吗？"

对方回答："那不值得用 1 小时的演讲来说明！ 5 分钟足矣。"

Matthew 停顿了一下问："…Why you gotta be a ****?（为什么你要表现得如此无礼？）"

在专业场合中，Matthew 用了不文明的语言。这不是一两句话交锋之后情绪失控的冲动，而是在一个周末不断受到边界挑战之后的明确反击。Matthew 素来彬彬有礼，他使用这样的措辞，实际上是在明确地警示对方，对方的行为已经越界。

两人不再是朋友。但正如 Sean McMillan 所指出的，他们一开始真的是朋友吗？

声明边界只是第一步。你可以明确边界在哪里，并告诉对方不得越界。下一步是当边界被侵犯时要进行捍卫。自恋型人格的人可能会直接跨过边界，仿佛在挑衅："你能怎么样？"你要准备好应对，并且要认识到捍卫边界是要付出代价的。

但不捍卫你的边界同样会有代价。

如果这是你自己的选择，即使你选择不捍卫边界，你也能对结果负责。如果你既不做选择，也不行动，那么你将永远是一个受害者。

### 12.5.6 如果你选择留下来

我们花了相当多的时间分析此类情况，提供了一些直白而现实的应对策略。即使你选择离开，你可能还需要留下来一段时间。以下是一些减少潜在风险的建议：

- 直言不讳的人常常认为自己没有立场，只是实话实说。然而，在组织中，决策往往不是在会议中做出，而是在会议中宣布。当我们在会上提出问题时，可能会让某人难堪，这意味着我们在干扰别人的计划。所以，更稳妥的做法应该是会前私下沟通。
- 基于之前提到的相同理由，不要公开反对有权势的人。假设你的任何私下反对意见都会传到他们那里，你可能会被标记为"搅局者"。
- 如果你注意到有人故意歪曲你的话，那就停止告诉他们信息！"我真的说不准"是一个很好的回答。如果他们继续追问，就反问"你为什么这样问？"他们可能会说他们只是好奇，然后再次询问，你应再次回答"我真的说不准。"重复这些话，直到对方离开去找其他人获取信息。

还有一种选择是尝试参与游戏。Cynthia Shapiro 在其著作《公司绝不会告诉你的 50 大秘密》中介绍了如何参与这种游戏。据我们所知，这本书淡化了在企业环境中通过各种手段取得成功的伦理影响，而仅仅是解释如何参与游戏。在极端情况下，深度参与游戏的人可能会在过程中采取不诚实的行为，如欺骗和编造事实，最终可能让你变成一个你自己都不想成为的人。第 14 章将进一步探讨软件测试中的伦理问题。

## 12.6 本章回顾

本章分享了几个真实的案例，希望能帮助你应对软件项目中的人际行为。大型项目需要进行协调和同步，这可以通过大型图表和抽象化处理来完成。认识到专业能力的悖论后，你可以向管理层解释，并帮助管理层做出更明智的决策。意识到并坚定维护自己的边界，不仅能改变结果，同时也能改善你的心理健康和生活体验。

到目前为止，我们围绕“谁来进行测试”打了很多太极。是否有专门的测试角色？是程序员来进行测试吗？是否聘请能编程的人来编写测试代码？测试工作是否由整个团队共同承担？有没有也进行测试的业务分析师？是否需要引入性能测试专家？

第 13 章将讨论由谁在何时进行何种测试。

# 第 13 章 测试活动和测试角色

在前一章中，我们探讨了几种可能的分工模式，其中某些模式中可能包含承担分析和测试双重职责的业务分析师。然而，直至目前为止，本书有意回避“谁具体负责测试”这一问题。我们专注于测试活动本身，而非进行测试的角色。这种方式扩大了参与测试的人员范围，并避免了陷入通才（每个人都负责一部分测试工作）与专才孰优孰劣的争论。如果一家公司没有专职测试人员，那么每个人都需要参与到测试中，这也意味着每个人都需要掌握测试知识，这让本书的内容显得尤为重要。

在本章中，我们将讨论以下内容：

- 测试角色的文化冲突；
- 建立风险管理团队；
- 基于信念的测试自动化；
- 左移和右移；
- 真正的持续测试。

本章的目标不是直接告诉你应该采取什么做法，那有点像医生未经检查便开出处方。相反，我们将向你提供一些可供思考的视角，帮助你在组织中做出决策，包括决定在开发周期的哪个阶段进行测试，以及如何进行相关的实验和度量。

## 13.1 技术要求

本章将指导你对组织进行技术分析，以寻找改进空间。若能在阅读本章时访问真实的数据将提升你的阅读体验，例如，访问实际的缺陷跟踪系统或者调查团队成员的时间分配情况。我们认为，即使是学术研究者，也能从本章中获益。在风险管理的部分，我们还会探讨如何从当前状态过渡到目标状态的自我分析方法。

## 13.2 测试角色的文化冲突

在 1948 年的电影《碧血金沙》（The Treasure of the Sierra Madre）中，一群

强盗试图假冒联邦骑警来欺骗主角。当主角要求看他们的警徽时，强盗头目回答了一句经典的台词："我们不需要什么臭警徽。"实际上，这段对话是分三部分说的："警徽？我们没有警徽。我们不需要警徽。我用不着给你看什么臭警徽。"这句台词在电影史上成为经典，被广泛引用和恶搞，出现在书籍、漫画、动画，甚至是 Al Yankovic 为 VH1 电视频道拍摄的电影中。

从某个时刻开始，测试作为一个职业角色开始被认可。然而，从那时起发生了一系列滑稽的或者可能是悲剧性的错误，这些错误使得测试角色被边缘化，测试活动被视为是低价值、无价值的，甚至在某些情况下是负价值的活动。

不知从何时起，一些公司开始宣称："我们不需要什么臭测试人员。"这种表达和经典台词的语气惊人地相似。我们希望探讨一下，我们是如何走到这一步的，不需要测试人员的观念是怎样形成的，以及这一观念所带来的后果。

### 13.2.1 我们是如何走到这一步的：坏消息

20 世纪 80 年代乃至 90 年代可被视为一个相对简单的时代。那时，软件通过物理方式用软盘安装，软件送至厂商进行装盒发货。正如我们之前提到的，一个需要物理召回的漏洞所造成的影响是巨大的。同样地，即使是一个不需召回的小漏洞，也可能引发负面评价，这样的评价足以摧毁一个产品，甚至是一个刚刚起步的年轻公司。当时通常采用每季度或更慢的发布周期，项目的最后阶段会执行类似瀑布模型中的集成和测试工作。公司希望能预测项目何时能完成，因此公司关心的问题是："测试需要多长时间？"

有几种"简单"的方法可以回答这个问题。一种方法是将测试视作简单的墙体建设。首先明确要垒砌的墙体，计算砖块总数，然后计算已搭好的砖块占总数的比例，以此得出一周内完成的百分比，再推算出完成建设需要的周数。为此，需要将测试拆解为多个单元，这些单元有时被称作测试用例。

第二种方法是利用多人同时参与多个项目的优势。在任何时候，你都可以要求公司集中精力处理最高优先级的任务，如果能合理分配并协调这些工作，几乎可以在任何设定的截止日期之前完成那些优先级最高的项目。这也需要你将工作拆解成多个单元。项目管理领域中强调的"稳定、可预测、可重复"以及"未记录即未发生"等理念催生了以文档为中心的测试方法。人们把工作细分，并对每一个部分进行记录。

第三种方法是时间到就收工，当时间耗尽时，直接宣布软件已测试完成。在本书中，我们讨论了如何使测试适应任意的时间限制。文档驱动的测试过程的主要思想是将所有内容都记录下来。一旦所有内容都被记录，回归测试就转变为重新运行所有测试，并补充新的测试，直到测试时间耗尽。

在那时，延期是常有的事。构建软件耗时长、频率低，将软件推送给团队使用意味着需要一个漫长的过程。这里我们讨论的不是更新网站服务，而是在 MS-DOS 或 Windows 中运行安装程序，测试人员经常需要花费大量时间等待安装。在 21 世纪初，软件测试协会金融服务特别兴趣小组（the Association for Software Testing's Financial Services Special Interest Group）的领导人 Bernie Berger 为一本测试杂志撰写了一篇文章，讲述了测试人员一天的工作。文章中很大一部分内容涉及等待测试准备就绪，以及探索、推动和寻找更有效的测试信息。实际进行测试的时间只占很小一部分，因此测试人员有足够的时间来创建文档。当 Matthew 第一次看到格式化的测试用例时，他被其专业的外观所打动：整齐的表格、详细的步骤、预期结果，打印后还能签字存档。直到后来，Matthew 才意识到，一个典型的测试用例，虽然可能长达两页，但其实质内容可能只有两到三行文本。许多文本内容是重复的、模板化的、复制粘贴的，或者是显而易见的。重要的是，许多组织中的测试人员真的有时间做这些工作。要知道，20 世纪 80 年代和 90 年代是软件开发迅猛扩张的时期，市场增长率常常是两位数。

到了 2001 年，资本流向开始从桌面操作系统转向 Web 网站，尽管如此，网站的用户体验仍未能达到桌面水平。就在那时，Joel Spolsky 提出了一种当时颇为前卫的想法——“每日构建”。他主张开发团队每天都应向测试交付可运行的软件，除非构建失败。

那是在单元测试和复杂合并策略出现之前的时代。那时，如果程序员提交的代码因为无法编译导致构建失败，他们的桌上可能会被摆放一个带有侮辱意味的奖杯，直到下一个人犯错误。如果没有实施本章及其他部分所介绍的降低缺陷影响的策略，又没有良好的架构设计，那么代码中某处的改动就可能引发意料之外的后果。当时的组织不会对变更影响进行评估，因此他们会对每个功能进行功能测试，并对所有内容进行回归测试。在时间压力下，一些领导可能会提出压缩测试内容。当时的另一个障碍是，GUI 级别的工具和自动化通常不可用。市场上能用于测试 Windows 软件的商业产品非常有限，而且这些少数产品通常只支持基本的记录 / 回放功能，并允许通过 BASIC 语言添加一些逻辑处理。Web 应用必须通过 Windows 进行测试，直到 Web 自动化技术出现，Selenium 项目直到 2004 年才公开发布。甚至在 2008 年，Google 测试自动化会议上还在讨论如何说服管理层支持测试工具的开发，以及如何说服主管批准程序员花时间编写测试代码。

简而言之，软件的早期版本通常存在大量缺陷、不完整，并需要多轮测试。这些版本往往基本功能都无法正常运行，系统也有严重的卡顿。在这种背景下，开发完成的构建需要移交给测试团队，而测试人员则会编写测试文档来记录测试步骤和预期结果。这样不仅保证了测试的一致性，也使得测试工作可以在更大规模上开展。

但并非在所有地方都这样，尤其是在硅谷的测试文化中不甚明显。随着21世纪的到来，测试文化迎来了一股清新之风。

### 13.2.2 我们是如何走到这一步的：快速开发

在20世纪90年代末，极限编程（XP）的推广带来了重大变革。这种方法中，团队成员首先编写单元测试，力求直接与客户互动，并深入掌握诸如设计模式之类的概念，从而显著提高了软件的质量。最初，XP推荐使用一台物理构建机，程序员需要在每个功能故事开发完成后手动合并和构建新版本。2001年，Anthill Pro推出，它将构建工具Ant自动化，使每次检入(check-in)都能自动构建新版本。2005年，Hudson推出，该软件在2008年派生出了开源的Jenkins。突然间，不管是何种编程语言实现的项目，都可以相对轻松地实现持续集成（CI），同时利用一个基于网页的仪表板来查看构建状态，而这一切的成本仅仅是配置所需的时间。

构建变得非常快，快到人们开始质疑测试的价值。

程序员突然间拥有了像Selenium这样的工具，用来完成他们认为测试人员应该做的工作。客观来讲，部分测试人员的工作确实是机械执行他人早年编写的测试步骤。在2012年瑞典的一次国际测试会议上，一位演讲者指出，客户的QA团队完全跟不上他们的发布节奏，因此程序员们创建了一个内部的、自动化的测试流程。最终，一旦软件通过内部测试便会立即发布。他说："这些测试人员是恐龙，你们都要灭绝了！"

务实地讲，在过去十年里，许多测试人员实际上并没有解决什么新的问题，也许他们的角色确实应该被淘汰。极限编程曾提倡取消QA部门，虽然这并非普遍现象，但许多组织已经从设有QA部门和开发部门的模式转变为借助这两个部门组建短期项目团队，进而发展为包含测试人员的长期交付团队。

一些QA组织抵制这些变化。由于缺乏本书介绍的将时间投资与风险对齐的策略，他们通常会花费大量时间但仅发现少量缺陷，这也导致了软件发布的延期。

2015年，雅虎解散了其QA部门。我们不得不说，这可能是一个正确的决策。早在2003年，雅虎就已经开始使用PHP构建独立的网页。这些网页可以单独进行测试和部署。只要更改局限于某个单一的页面，错误就仅会影响到该页面。按照我们迄今为止讨论的策略，测试人员和开发人员可以在一天之内完成多次更改。讽刺的是，雅虎似乎依然采用传统的开发模式，将大量更改累积到开发周期末期才进行集中测试。当程序员找到了实现频繁发布的技术时，测试人员却未能找到适应新交付周期的方法。所以，就像恐龙一样，测试人员最终不得不退出舞台。

此外，还有其他影响因素。对技术高管而言，测试人员似乎是多余的。大多数开发经理最初都是从程序员起步的，程序员的任务就是实现自动化。如果流程改进的目标是使事物“稳定、可预测和可重复”，而程序员的天性又是追求自动化，那么直观上将测试工作交给程序员似乎是合理的。让程序员负责这两项任务，如果他们不喜欢，那么他们就可以将其自动化。

这种想法直觉上是合理的。登录功能应该在程序员交出后正常工作，我们不需要专门设一个角色来尝试登录并在失败后提交问题单，程序员应当亲自进行检查。如果存在构建问题，工具至少应该测试最基本的功能，捕获错误信息，并将问题反馈给程序员解决。

最后，我们引入了精益工具，这些工具表明移交和多任务处理可能导致效率损失。移交有时是必要的，例如很少有程序员能够设计出一流的用户界面。精益工具强调，移交工作必须提供显著的价值才是合理的。传统的文档驱动方法无法适应频繁变更，这不仅减缓了交付速度，还导致软件功能需要集中发布，这意味着在更长时间内仅能交付有限的功能。

在这些因素的影响下，追求现代方法的公司常常会得出这样的结论：“我们不需要什么臭测试人员。”这种想法并不令人惊讶。我们理解，他们不需要传统的测试方式，并且可能还没有接触过本书讨论的内容。

这里有两件事需要考虑：首先，对于那些想要担当测试角色的人来说，他们需要提供显著的价值。这不仅包括克服移交过程中反馈周期的延迟问题，还要突破那种认为测试人员对流程价值不大的文化假设。

其次，风险管理和测试仍需进行。那么，谁负责这些任务呢？

## 13.3 建立风险管理团队

常常会有人提出这样的问题：“为什么测试没有发现那个缺陷？”这个问题听起来很简单，实际上，它通常意味着测试应该发现这个缺陷。简而言之，原因是有人犯了错误，而人们难免会犯错。大多数情况下，测试的存在是为了减轻或降低犯错的风险。当然，也有其他一些原因，例如测试人员可以想到别人没有想到的问题，或提供其他与质量相关的信息，如对功能的想法。不过，大多数情况下，我们可以将存在的缺陷和进行的测试视为两个重叠的圆圈。测试圆圈外的缺陷需要通过其他手段捕捉，否则就会逃逸到客户那里。

这里有一个简单的练习。

在一张纸上写下所有可能降低项目风险的活动，也就是说，公司为发现问题或查找与质量相关的信息而开展的所有活动。这些活动可以由测试人员、交付团队、运营、产品、高管、内部客户或利益相关者执行，这并不重要。关键在于，有人能想到可能出错的事情，并采取相应的措施来确定问题的根源。

我们鼓励你在这里暂停一下，并列出自己的清单。在本章后半部分，我们将提供一份清单示例，请不要提前阅读。现在，请写下一些想法。

如果你想要做好这项练习，可以让团队中的每个人都写下自己的想法。然后开个会，围成一圈，把每个人的清单传给下一个人，直到这个人再次拿到自己的清单。然后，根据其他人的意见，让他们写下自己的想法。这样你就能得到一份详尽的活动列表，涵盖大家认为在软件项目中能降低风险和发现问题的所有手段。你可以再绕一圈，或者在云文档中保留这份列表，确保充分收集并记录每个人的想法。

你还可以添加其他列。例如，为活动列出可能进行的测试类型，询问该活动是否例行进行，询问该活动是否发现过缺陷，询问哪个角色应执行该类测试。试想一下，在进行上述练习时，对于其中一项活动，每个人都认为是别人的责任。这种情况确实可能发生，尤其是在确定测试程序的哪些部分时。

请去制作这个表格，这是给出清单示例前的最后提醒。

完成表格后，可以在缺陷跟踪工具中做进一步研究，检查过去的一百多个缺陷，并尝试为这些缺陷归类，可能的类别包括“接受无效输入”“合理点击导致页面错误”“按钮丢失”“界面渲染错误”等。如果你想做得更彻底，可以研究更多缺陷。如果你还未开始跟踪缺陷，那么可以从现在开始记录接下来两周的问题。通常，这些问题都是代码提交后发现的。在结对编程、单元测试或测试驱动开发中出现的问题和修复可以不必跟踪。如果某个问题的调试过程超过两小时，记录下来可能是有价值的，因为这表明程序员在复现和修复缺陷上花费了大量时间。我们发现还有很多问题与框架和集成有关，如果能预防，这些问题也值得跟踪。另一个跟踪缺陷的地方是版本控制系统的提交日志，不使用缺陷跟踪工具的团队可以在修复的提交记录中加入足够的细节，以便进行审查和追溯。对于用问题编号跟踪缺陷的团队，可以在提交中加入问题编号，并在一些情况下将提交哈希值加入到缺陷跟踪工具中。如果可能的话，缺陷的发现时间也应该记录下来，这通常发生在代码审查、功能测试、回归测试阶段，或者在软件交付后。例如，在功能测试中发现的 404 错误应记录为一个条目，而客户发现的另一个 404 错误则需要记录为新的条目。

当得到缺陷根因和计数后，就可以按照计数重新排列列表项。此外，可以在表格中新增一列，列出在现有测试流程中应当发现这些缺陷的具体测试活动。这样做有助于识别测试流程中的薄弱点，并进行相应的改进。

这种方法告诉我们几件事：

- 哪些测试活动成效不尽如人意，可能需要投入更多时间；
- 如何有针对性地改进这些测试活动；
- 哪些类别的缺陷正在逃逸，并且可能在早期阶段发现；
- 哪些测试活动花费太多时间，但却收效甚微。

需要注意的是，这种研究也存在一些问题。例如，我们无法保证未来仅会重复出现已知的缺陷类型，因此专注于优化测试方法以发现已知的缺陷，可能会使我们忽视未来未知的风险。计数也可能是个问题，因为一次“无法登录”的错误可能比十几次字体大小问题更为严重。尽管如此，进行这种研究总比什么都不做要好。

### 风险练习的目的

上一节的练习展示了你目前采取的风险管理措施以及遗漏的风险，也在一定程度上展示了团队是如何弥补错误的。弥补错误是有益的，想想人体，几乎每个关键系统都设有冗余，这些冗余能相互增强功能。比如，DNA 构造人类时会配备两个鼻孔、两只耳朵、两个肺和两个肾等。人的两只眼睛并非互为备用存在，它们共同作用以产生深度感知。双手和手指的作用也是相似的。在许多国家，心脏病是主要死亡原因之一，这是人体中少数没有冗余的系统。

在大多数情况下，测试的成本比实现真正的冗余要低，因为真正的冗余意味着将同一功能独立开发两遍，然后让软件自动执行随机生成的测试路径以查找差异。这实际上就是模型驱动测试的核心，但使用的是成本更低的模型来进行测试。

如果你的组织正在进行测试活动，那么负责这些活动的人员便构成了风险管理团队。明确每个人的职责并跟踪这些活动的结果，可以帮助你决定应该在哪些活动上投入时间和资源。细致地分析缺陷的发现时间以及哪些人具备发现这些缺陷的能力，有助于将测试任务分配给最合适的人选。

细心的读者可能会发现这里与第 10 章关于策略的讨论有一些相似之处。其中，前者基于风险和覆盖进行讨论，而本章的练习则是基于已知的历史缺陷。

在继续之前，这里有一个示例表格（表 13-1）。这个表还不完整，因为表中还可以包括 Beta 测试、可用性测试、无障碍性测试、浸泡测试等几十种测试。截至本书出版时，搜索“100 种测试类型”就可以得到大量结果。表 13-1 中的示例仅用于展示软件团队中经常有意进行的几种测试类型。

表13-1 风险管理活动的示例类型

| 活动 | 执行者 | 是否能发现缺陷 |
| --- | --- | --- |
| 需求评审 | 交付团队 | 是 |
| 验收测试 | 交付团队 | 是 |
| 单元测试 | 程序员 | 是 |
| 程序员手动测试 | 程序员 | 是 |
| 代码静态检查 | 工具 | 否 |
| 代码评审 | 程序员 | 否 |
| 持续集成 | 工具 | 是 |
| 安全扫描 | 工具 | 否 |
| 功能测试 | 测试人员 | 是 |
| 自动化测试 | 工具 | 是 |
| API 测试 | 工具 | 主要的缺陷? |
| 浮现式测试（Emergent Testing） | 测试人员 | 是 |
| 回归测试 | 工具 | 主要的缺陷? |
| 渗透测试 | 安全 / 渗透测试团队 | 是 |
| 性能测试 | 工具 / 发布团队 | 是 |
| A/B 测试 | 市场团队 | 否 |
| 生产环境监控 | 运维 | ? |
| 合成监测 | 测试人员 | ? |
| 预生产环境测试 | 交付组织 | 是 |
| 日志审查 | 测试人员 | 为测试策略提供信息 |
| 浮现式风险管理（Emergent Risk Management） | 测试人员 | 是（详见下文关于持续测试部分） |

表格上的几项内容涉及到测试工具的使用，通常被称为自动化测试。有一些测试活动，如负载测试，会完全依赖于这些测试工具。让我们详细讨论一下这个话题。

## 13.4 基于信念的测试自动化

当外行试图指导他们不了解的工作时，会发生一些奇怪的事情。专业的技术作者变成了打字员。服务台成了电话转接站。项目经理本可以做一些重要的事情，现在却絮絮叨叨地不断询问“你完成了吗？”并更新进度表。当那些不了解实际工作却试图管理它的人介入时，我们得到的结果往往是糟糕的。他们无法判断哪些工作是重要的，只能追求“可量化、可预测、可控制”的方式。管理质量下降通常会产生两种应对结果，要么细化工作粒度，要么推行自助化（self-service）。

对于技术写作，自助意味着文档体系不再由专业技术作者维护，而是交给一线人员自行构建内容体系。结果，文档质量难以保证，每个团队都会为新员工培训而创建自己的、稍微更好一些的文档。由于要求服务台人员仅充当电话转接的角色，那么原本服务台人员可以处理的问题现在就无法直接解决，最终由网页应用的自助报障功能取代。这样一来，工单可能被分派到错误的团队，或者在多个团队之间反复流转，需要几周的时间才能得到答复。项目经理可能会被基于项目速度来预测工作完成时间的敏捷工具所取代。然而，其导致的结果往往是可以预见的：项目经理的职责中那些难以界定却至关重要的部分，比如谈判和对齐，则根本无法完成。

读到这里，你会明白测试自动化也采取了类似的方法。不了解这项工作的人倾向于使其简化、可预测和可重复，尽管这种标准化的做法并不能获得理想的结果。这让我想到了托马斯·莫尔在《乌托邦》中的一句话："他们首先推行制度创造了罪犯，然后再对罪犯进行惩罚"。简化和标准化的做法往往会导致问题的产生，随后这些问题又需要被解决。

如果测试产生的价值变得较低，那就让程序员来进行测试或创建自动化工具。这实际上是对之前"我们是如何走到这一步的"内容的另外一种表述。

奇怪的是，那些积极推动自动化的人，往往从未真正见过他们所设想的那种理想化世界。不客气地说，就像是一群高管在茶歇间用低沉的嗓音咕哝着"自动化是件好事"，然后一拍即合地决定"从现在开始，所有测试都必须自动化"。

我们知道这种行为是不明智的，它基于信念而非实证。事实上，有些人一直在不同公司之间传播这种信念，这种他们自己从未实际执行过的信念。这些人被聘请为专家，然后可能会在构建框架和基础架构上工作一两年。但最终，由于职场因素或其他机会，他们又会跳槽。当我们指出一系列的失败后果时，总有人告诉我们："哦？[某财富500强公司名]。那不是他们的错……"，总是有各种理由。

基于信念的测试自动化是危险的。

### 13.4.1 背后的数字

想象一下，你有一个正在进行的项目。大约每两周，你就会将软件发布到生产环境中。在最后阶段，你可能会有一个测试/部署的步骤，而其他人则在项目前面的阶段进行工作。我们不想讨论这是否属于"敏捷"或是"伪敏捷"，这只是我们经常看到的一种模式。你需要自动化，因为现有的测试速度不够快，无法让你及时发布软件。

那么，谁来进行测试工具化？我们指的是将测试执行和报告中最明显的部分自动化。

如果让程序员来做，他们可能做得不好且会影响开发进度进而拖延交付。如果由测试人员负责，他们也可能做得不好，因为公司聘用的测试人员往往不具备突出的编程能力。这些测试人员往往具备多种技能，也意味着他们在各方面都略逊于专家。当然，也有例外。但我们必须指出，那些只是例外，并且同样会减缓交付速度。测试人员不能把这当作“空余时间的活动”，但是本职的测试任务又很繁重。另一个方案是雇用自动化专家，无论是合同工还是新员工。如果是合同工，依赖工具执行的测试可能会随合同结束而终止。或者，由新员工承担，他们可能会把工具整合到交付流程中的特定环节。大约一年后，足够多的测试工具被建立，从而缩短回归测试周期。

分析：通过增加 5%～10% 的交付成本，并引入测试开发工程师，可以从根本上减少回归测试的步骤。这意味着程序员可以更快地发现重大错误，可能在错误刚刚引入时就能发现。这样的改变可能使整体开发速度提高约 5%～10%。

等等，真的是这样吗？

### 13.4.2 可能的结果

最常见结果是，复杂难推进的测试工具项目最终被放弃。另一个结果是，我们创建了一个全新的角色专门负责开发工具。在启动新项目时，程序员为新功能编写类似于演示的测试，例如验收测试，通过运行这些测试可以确认系统没有出现大的或明显的问题。但如果为正在进行的新需求进行这种测试，效果往往不如预期。与其创建高层级的自动化冒烟测试，我们的观点是应该针对变更本身创建针对性的测试。由于变更对应的功能通常不够稳定，程序员可以借机改进系统的设计，使其更易于测试。随着这些测试不断积累，整个子系统逐渐得到覆盖。如果子系统的接口设计得足够好，能够实现独立部署，那么我们就可以依靠这些测试来保证质量，从而逐步摆脱对庞大、重复的回归测试的依赖。

对于那些没有考虑可测试性的遗留系统，投入可能并不值得，因为改进的收益有限。此外，还应记住工具所实现的功能，使用工具的价值可能无法与全职项目经理相比，尽管项目经理的成本更高。非测试人员开发的测试工具虽然速度更快、成本看似更低，但这些工具可能更易损坏且调试困难。低代码和无代码工具具有一定的潜力，它们使测试人员能够创建高层级的测试。然而，重要的是要认识到自动化工具与经验丰富的测试人员之间的区别。

我们观察到工具化在 API 层面取得了成功，因为这里没有缓慢的图形用户界面，而且设置和调试相对容易。此外，API 测试通常适用于网络和移动应用程序，即使在未来出现新的形式，这些测试仍然有用。通过结合大量的 API 测试、少量的 GUI 测试以及围绕特定功能变化进行细致的人工测试，可以大幅加快交付周期。为了了解如何实现这一点，接下来我们将讨论左移和右移，以及真正的持续测试。

## 13.5 左移和右移

对瀑布模型的一种理解是，我们首先创造有错误的产品，然后将其与客户的需求对比，最终才创造正确的产品。也就是说，直到测试阶段我们才真正验证这些需求是否可行，而“左移”范式强调的是在流程更早阶段关注质量。这可能意味着邀请程序员参与需求定义过程或制订具体且明确的验收标准。这些验收标准可以通过文本或 BDD 风格的测试来表达。例如，对密码的要求不仅应该包括“必须至少包含 8 个字符，其中至少包括一个数字、一个特殊字符和一个大写字母”这样的描述，还应提供有效和无效的密码示例。例如，我们合作过的一家银行接受“&”“<”和“>”作为特殊字符。但由于这些字符在 HTML 中有特殊含义，登录的时候会被自动删除，这导致用户虽然可以设置密码，却无法使用这些密码登录！与团队讨论特殊字符的示例可以预防这类问题。这正是左移的核心，通过更早地检查，更早地发现问题。

右移的概念并非与左移完全相反。实际上，它是指将测试活动延伸至生产环境中。通过有效的生产监控，团队可以及时发现 400（错误请求）、401（未授权）、402（禁止访问）、404（未找到请求的 URL）等错误信息，以及这些错误的来源。除以零错误和解释性代码的崩溃通常会表现为 400 错误，因此密切关注技术操作有助于在问题发生几分钟后迅速发现问题。通过蓝绿部署或配置切换来回滚代码，可能意味着问题代码在生产环境中仅会存在几分钟。合成监测（synthetic monitoring）是另一种方法，它可以帮助我们在严重错误刚出现时立即捕捉该错误。我们还可以捕获性能问题，优秀的团队能够将性能问题与某次变更关联起来，回滚该变更，并在之后修复该问题。

对于软件变更，传统的管理方法是“如果出现问题，就放慢进程并增加检查”。而右移则采用了类似举重训练的管理方法：如果感到困难或痛苦，就应该加强练习。

关于测试何时进行，我们想提及一个概念：真正的持续测试。

## 13.6 真正的持续测试

所谓的持续测试，通常指的是针对每一次版本控制的变更，都自动构建代码并创建测试环境，然后在此环境中运行所有类型的测试，包括单元测试、集成测试、API 测试和 GUI 测试。用伪代码来表达，如下所示：

```
while(<CT server is on>{                   //持续集成服务开启
  Wait for a change                        //等待提交变更
  Check out the code                       //检出代码
  Perform a build, report errors           //执行构建，报告错误
    - Create build artifacts               //创建构件
  - Run unit tests, report errors          //运行单元测试，报告错误
  Create a test environment                //创建测试环境
  Run API tests, report errors             //运行API测试，报告错误
  Run end to end tests, report errors      //运行端到端测试，报告错误
}
```

我们的一位审稿人 Stephen Spady 指出，持续测试应该包括发布后测试和对系统执行合成监测。虽然我们在实践中并不总能看到这种情况，但如果能做到这一点更好。这将促使端到端检查更加系统化，使其能够在生产环境中执行，从而推动实现系统的模块化，降低对数据环境和测试环境的依赖。

在实践中，持续测试涉及的内容更加复杂。你需要建立测试数据库、设置虚拟用户，有时还需要模拟 API 接口等。真正的服务器通常只是等待提交变更，然后创建子进程来实际执行构建。如果存在多个功能接口或多个分支，可能会有许多服务器进程同时运行。此外，你还需要定义报告、确定错误信息的接收者等。

我们在此介绍的持续测试实践非常有益，它能够提前形成反馈循环。如果等到冲刺结束再进行自动化测试，很可能会暴露出大量问题，而这些问题需要我们去追踪其引入的具体位置。通过将自动化测试与特定的变更关联起来，我们可以精确地知道去哪里解决问题。然而，这种方法也有其局限性，因为它只是在重复之前的测试。对于触发构建的代码，我们所知道的唯一信息就是它与先前的代码不同。如果代码没有变化，那么自动化检查就毫无价值。

避免这个问题的一种方式是专门留出时间来测试超出当前功能范围的新想法。这些新想法可能是软件的潜在用途，或者是由最近添加的一系列功能组合而产生的新用途。功能测试可能无法发现这些问题，因为它们涉及跨功能的关注点。此外，新浏览器、操作系统或设备的发布也可能带来新的测试需求。

团队可以根据需要，从每人每周半小时到每周四小时或八小时甚至更多的时间，来处理这些额外的问题。这些任务可以作为故事加入工作列表中，也就是说，产品负责人会明确这些时间段是投入到风险管理而非未来进展上的。团队在风险管理中投入时间，将其记录在电子表格或跟踪器中，并在完成后删除或标记为已完成。在交付周期内分散测试，有利于减少传统回归测试，而如果在部署时出现重大问题，则可以利用右移工具迅速定位并解决。当然，也有可能团队尚未成熟到可以在最后阶段省略回归测试步骤，或者他们已经足够成熟，无需持续进

行回归测试。

这里的思路是将时间投入到浮现的测试想法（emergent test ideas）中，并在 backlog 中进行跟踪，就像对待开发工作一样。

可以将其视为一份值得探索的风险清单，这让人想起第 9 章和第 10 章中的风险普查。

持续地使用工具进行检查，与此同时频繁地进行人工探索，我们将这种做法称为持续测试。计算机反复执行我们设定的任务，而人类则回答那些探索性的"如果……就会……"问题。这两种方法都是降低风险的策略。请重复本章开头的练习，然后调整测试策略，专注于那些能够发现真正 bug 的领域。为此，你需要减少在其他领域的测试投入，评估那些未能发现 bug 的技术，探索潜在的风险以及 bug 真正发生时可能带来的后果。

## 13.7 本章回顾

本章试图扩展测试的概念，探讨了旨在降低风险的所有活动、执行活动的角色及执行时间。我们审视了测试人员应该被淘汰的观点，提供了帮助你从更广阔的角度分析当前组织状况的工具，并指导你按自定义的方式推动改进。我们还进一步地讨论了测试工具。本章还通过介绍左移和右移扩展了对质量的理解。

毫无疑问，我们坚决支持那些将自己的角色主要定位为软件测试人员的人。我们意识到这种观点与当下流行的一些理念相悖，对此我们毫不在意。如果组织取消了测试人员的角色，并试图将工作推给其他人，那么就需要每个人都具备更高级的测试知识，而这需要有人来指导和推动，你可以把这个人称为测试人员。

在下一章中，我们将探讨软件测试的伦理问题。

# 第14章 软件测试中的哲学与伦理

数学中，我们可以用归纳法证明命题。例如，假设命题对任意给定数字N成立，若要证明其对N+1也成立，那么我们只需证明其对1成立，即可推导出该命题对所有整数都成立。然而，软件测试面临相反的问题。即使软件在特定条件下运行多次未出现问题，也不能保证其未来不会出错。连续两次测试成功，并不能证明第三次也不出错。因此，我们无法完全证明软件的正确性，只能说明在特定条件下未发现错误。

如果所有的测试结论都只能告诉我们："我不能完全保证软件能正常工作，我只能验证软件在特定时间点、特定条件下未出现错误"，那么测试的价值何在？然而，人们依然需要软件测试，并常常询问软件是否"足够好"。一旦出现问题，人们又会说"天哪，那些技术人员（就是我们施压要他们说没问题的）说过一切正常的，他们是怎么回事？"

为了解决这个问题，我们需要跳出科学、技术、工程和数学(STEM)的范畴，进入哲学的领域。本章将探讨以下主题：

- 哲学及其在测试中的重要性；
- 伦理及其推理分支；
- 测试中的伦理问题；
- 科学思维和逻辑谬误；
- 如何避免测试困境。

## 14.1 哲学及其在测试中的重要性

在软件测试中，我们常常会遇到以下问题：

- 软件是否足够好，是否可以交付给客户？
- 我们是否进行了充分的测试？
- 这项新功能是否值得开发？

为了回答这些问题，我们需要明确"好"和"足够"的定义。哲学（Philosophy）

一词的英文源于爱（philo）和智慧（sophy），它致力于探寻好、正确、真实和美的本质。

因此，离开哲学，我们便无从谈论“足够好”。

有些人认为哲学是空谈，他们更希望获得具体的技术、工具和方法。然而，上述问题实在无法给出简单、具体的答案。Matthew 曾经向一位哲学专业的朋友请教过这个观点，得到的回答是：“总有些人很愚蠢”。

我们暂且不讨论这个回答的合理性，而是思考：为什么人们认为哲学是浪费时间？

简而言之，这个问题并不能简单作答。

让我们来看一些软件测试中的常见问题：

- 测试人员与开发人员的理想比例是多少？
- 我们如何判断测试已经完成？
- 何时应该为修复过的缺陷创建自动化测试？
- 迭代周期应该多长？

这些问题看似简单，却无法给出统一的答案。如果给出简单的回答，例如“测试开发理想比例是一比二”“当验收测试通过时可认为测试已经完成”“始终为每个修复过的缺陷创建自动化测试”“每个迭代是两周”，看似直观，却往往忽略了实际情况的复杂性。

更合理的回答可能是“视情况而定”。

假如你作为一个管理者正在为组织寻求合理的质量策略。这时候你需要面对的不会是一个问题，而可能是上千个问题。这时你能接受仅通过咨询一个专家，然后根据得到的唯一答案来执行吗？如果你真这么做了，那么这个也许可以解决别人的问题的方案，是否能解决你自己面临的问题呢？会不会引入新的问题呢？我们无从得知。当然，“视情况而定”并不是最终答案，而是一个思考的起点。专家应该就具体问题进行分析，例如迭代周期的长短应该根据团队规模、项目复杂度、风险承受能力等因素综合考虑。

### 14.1.1 迭代周期：视情况而定

超过三周的迭代容易导致团队失去紧迫感，也不利于将任务拆分成更小的用户故事。然而，如果团队需要在迭代周期内进行传统的回归测试，那么三周也是一个合理的限制。如果包含所有标准的活动，设置一周的迭代周期可能会让团队感到非常仓促。以一周五个工作日为例，除了每日站会，周一通常会进行启动会议，周五进行回顾和评审演示，再加上发布环节，总共需要花费 4.25(0.25×5+3)

小时，超过总工作时间的10%。当然，团队可以根据实际情况灵活调整，例如并非每个迭代周期都需要进行完整的回顾和评审演示。此外，如果团队已经取消了回归测试阶段，可以考虑更频繁地发布版本，并进行即时回顾和评审演示。例如，为了实现这种即时回顾，团队成员可以在某个地方写下便笺，当累积到一定数量时，就进行一次回顾。

上述分析表明，迭代周期的长短需要根据团队的具体情况和价值观来决定。有些团队可能认为一周的迭代周期带来的时间压力是积极的，并且认为会议成本是值得的，而有些团队则可能认为较长的周期更利于高质量地完成工作。

“迭代周期先设置成两周”虽然听起来很有吸引力，但也存在一些问题，我们将在后面讨论。通常情况下，当人们给出这种宽泛的建议时，他们往往默认了一种类似于“守破离”的模型。

### 14.1.2 守破离：循序渐进的学习模式

许多武术都强调形式和重复练习的重要性。例如，在形意拳练习中，习武者需要反复演练预定的招式，而无需与对手交战。尽管实战与形意拳截然不同，但这却是武术学习的第一步。例如韦恩·格雷茨基和泰格·伍兹等世界级运动员，他们都曾将同一个动作反复练习，直至形成肌肉记忆，即使每次在赛场上遇到的情况都不尽相同。日本剑道中有一个术语叫作“守-破-离”(Shu Ha Ri)，它描述了一种循序渐进的学习方法。

守：在学习初期，严格遵循规则和指示。就像学习武术套路，需要反复练习固定的动作。

破：在掌握基本规则后，开始理解规则背后的原理和适用场景，并根据实际情况灵活变通。

离：达到精通的境界后，不再拘泥于规则，而是根据自身经验做出最佳判断。

在协调和组织人员朝着特定方向行动时，我们通常需要一定的节奏和行动顺序。然而，语境驱动测试和其测试哲学往往倾向于让人们从“破”的阶段开始学习，这对于那些习惯于被告知具体步骤的人来说可能会感到无所适从。

几年前，在 Agile Roots Conference 的演讲者休息室里，一位演讲者在谈论“守破离”，并强调必须直接告诉人们该怎么做。Matthew 对此持不同意见。那位演讲者举了一个教人煎鸡蛋的例子，认为应当从学习食谱开始。

Matthew 质疑那位演讲者是否真的教过别人煎鸡蛋。Matthew 表示，自己通常会拿出两把木勺、两个煎锅和两个鸡蛋，让学生模仿他的动作，并在过程中解释每一步的含义。当然，可能会有一些解释看起来像硬性规定，例如未煎熟的鸡蛋会导致生病，但在大多数情况下，目的是让学习者通过亲身体验和独立思考来掌握技能。

需要强调的是，“守破离”并非制订流程规则的唯一途径。“守”的阶段可能会迫使人们以一种他们无法理解的方式工作。这也是为什么我们会听到有人辩解说：“我只是按照流程执行而已。”如果不真正理解其背后的原理，而只是机械地执行，就无法对结果负责。当然，在某些情况下，例如快餐行业，这种严格遵循流程的做法是可行的。因为快餐公司会对最终产品负责，他们制订了精确的烹饪时间和温度标准，以确保炸薯条的品质始终如一。然而，软件开发则有所不同。敏捷开发方法 Scrum 的设计初衷是为开发团队争取不受干扰的开发时间，以应对公司过快的决策周期。而极限编程则旨在加速软件交付，使其迭代速度超越公司冗长的决策流程。每个团队面临的问题都是独特的，采用旨在解决其他问题的流程并不可取。在某些情况下，盲目遵循他人的“守”阶段指导，很可能会导致错误的结果。

言归正传，本书旨在为你提供充分的指导和建议，并使你在“破”的阶段建立起属于自己的流程。我们希望能够通过文字，尽可能地带着你一起“煎鸡蛋”，并在关键时刻提醒你，以避免“鸡蛋未煎熟”之类的错误。

本书向你展示我们如何进行软件测试，并阐述我们做出特定测试决策的依据。我们鼓励你在理解的基础上，结合自身情况进行分析。书中会通过练习引导你进行思考，我们接下来将进行另一轮练习，以明确高层管理者对软件测试的期望。

### 14.1.3 一个棘手的问题：你想要什么

当我们作为顾问参与项目时，经常会被要求改进现状。例如，测试周期过长、软件质量不佳、项目缺乏可预测性、交付团队响应客户问题速度缓慢、管理层无法获取关键的质量信息以做出决策、产品上市时间过长、交付的产品缺乏关键功能、团队工作效率低下等。他们通常会问：“你能帮我们解决这些问题吗？”

答案是：这取决于你的具体需求。

关键问题在于：你想要实现什么目标？

- 你是希望提高测试速度，还是希望进行更全面的测试并获取更多信息？
- 你是希望缩短产品上市时间，还是希望在主要版本中添加更多功能？
- 你是追求高质量，还是追求高速度？
- 你是希望技术人员快速响应问题，还是希望他们专注于提高工作效率？

团队可以通过多种方式来组织工作，以实现其中的一部分目标，但不太可能找到一种解决方案能够同时满足所有需求。因此，管理层需要明确自己的首要目标：你希望我们集中精力解决哪一方面的问题？选择一个最重要的目标，我们就能帮助你实现。但你不能奢望鱼与熊掌兼得。

作为顾问，我们很可能会遇到这样的回答："如果我只想解决一个问题，我自己就能搞定。我希望所有问题都得到解决！这就是为什么我们要花费重金聘请专家。我希望一切都能得到改善。"

后续步骤将充满挑战。

典型的咨询项目通常从描绘理想状态开始。基于此愿景，我们会对软件开发的现状进行评估。接下来，我们会进行差距分析，找出理想状态与现状之间的差距，然后提出弥补差距的建议。然而，我们常常在项目之初就遇到障碍：描绘的愿景过于理想化，在现实中难以实现。

为了解决这个问题，我们可以采取一项临时措施：进行问卷调查。我们会为每位利益相关者分配 100 分，并要求他们列出希望投入资源的领域，并为每个领域分配相应的分数。然后，我们会对所有答案进行统计，计算出每个领域的平均值、中位数和标准差，以了解不同利益相关者之间的共识和分歧。

这种方法有助于我们发现潜在的协同效应。协同效应是指将两个或多个要素组合在一起，能够产生"1+1 ＞ 2"的效果。例如，如果缩短产品上市时间和提高项目可预测性是两个最受欢迎的目标，那么采用小规模的用户故事和短周期的迭代开发模式就会很有吸引力。在一些案例研究中，我们放弃了传统的、基于文档的测试用例管理方式，转而采用功能覆盖看板和可视化工具来管理测试覆盖范围和质量。这种方法结合单日发布流程，既可以缩短测试周期，又能提高测试过程的透明度，使团队能够对测试活动有一个统一的认识。

在着手改进工作之前，我们首先需要明确目标。如果目标不明确，我们可以通过问卷调查和评分机制来建立共识。另一种方法是直接提出一些假设或方案，并观察利益相关者的反应。我们经常发现，那些管理层会对我们故意提出的"错误"方案做出强烈反应。这种做法可以打破僵局，促使他们表达自己的真实想法，从而推动项目向前发展。这种情况下，我们面临的挑战是放下自我，敢于"犯错"，即使我们提出的方案并非最佳方案。这只是一种策略，目的是引导那些不愿表态的人表达意见。一旦他们表明了立场，我们就能更好地理解真实需求，并在此基础上找到正确的解决方案。

明确各方对不同目标的重视程度，不仅有助于建立民主决策机制并达成共识，还有助于发现潜在的分歧。例如，如果一位团队经理希望将团队工作效率提高 100%，而另一位团队经理则希望将软件质量提高 100%，那么这正是一个讨论价值观的好机会。为了行之有效地进行这种讨论，我们有必要了解一些哲学思想。这也是为什么我们认为有必要在本书中加入关于价值观和伦理的章节。虽然这一章可能比其他章篇幅更短，出现的位置也更靠后，但它对于理解软件测试的本质至关重要。

## 14.2 测试中的伦理和伦理推理

如果你在软件测试领域工作了足够长的时间，你很可能会遇到这样的情况：在一次讨论中，有人问了你一个看似简单明了的问题，而你的领导却给了你一个意味深长的眼神。这个眼神仿佛在说："你最好仔细考虑一下如何回答这个问题。"

问话的人可能是公司的董事、副总裁、首席信息官，甚至是首席执行官。我应该对公司高管撒谎吗？这显然是不对的，也不是我们应该做的事情。如果我们不能对他们撒谎，那我们应该怎么做呢？

根据我们的经验，面对这种情况，测试人员通常有以下五种处理方式。

- 实话实说："当前软件版本存在 75 个缺陷。平均而言，我们每修复 5 个缺陷，就会引入 1 个新的缺陷。以目前每周修复 20 个缺陷的速度来看，我们认为至少要到明年 1 月份才能负责任地将软件交付给客户。"
- 撒谎："一切都在按计划进行，并将持续到 11 月份。"这种说法是有欺骗性的。我们没有明确说明"按计划进行"的具体含义，也没有说明 11 月份会发生什么。客户可能会认为这意味着届时将发布具备完整功能的软件版本，而我们实际想要表达的意思是，到 11 月份仍会处于开发阶段。使用这种模糊的词汇误导客户，使他们产生误解，是一种典型的含糊其词的行为。如果我们说的是事实，但刻意隐瞒部分信息，从而歪曲事实真相，则更像是故意掩盖真相。在这种情况下，任何理性的人都不会将"按计划进行，并将持续到 11 月份"理解为"到 11 月份仍会处于开发阶段"。所以，这就是赤裸裸的谎言。
- 回避问题：避免眼神接触，尽量降低存在感。如果被点名提问，就表现得唯唯诺诺，并试图推卸责任，例如："我认为鲍勃更适合回答这个问题。"另一种回避问题的方式是顾左右而言他。
- 模棱两可："我们遇到了一些问题。如果用红黄绿三种颜色来表示项目状态，我认为目前处于橙色。"这个例子来自我们的一次模拟实验。在实验中，所有数据都表明项目目标无法实现，但我们要求参与者向管理层汇报时，尽量让项目看起来进展顺利。
- 主动出击：这是一种预测并主动避免说出令人不快的真相的策略。例如，

Matthew 曾对他的老板说："首席信息官会参加这次会议。如果他问我问题，我会实话实说。如果不希望我参加这次会议，我是否可以请假不去参加？"这种主动出击的方式可以避免直接面对难以回答的问题。

我们自己从未对客户撒过谎，也从未刻意隐瞒。然而，在面对压力和困境时，我们也难免会做出一些违背内心道德准则的行为。例如，Matthew 就至少有过一次主动回避问题，而 Michael 则选择过沉默不语。每当此时，我们都无法心安理得。我们创作本书的目的，正是希望帮助读者以一种问心无愧的方式来处理软件测试工作中遇到的伦理问题。

上面的例子反映了我们认为"正确"的做法与现实利益的冲突。当我们面对两难抉择时，就会产生利益冲突。典型的例子是，董事会成员持有某供应商的股份，而该组织正在投票决定是否使用该供应商的产品或服务。同样地，软件测试人员也经常面临这样的困境：是选择对公司有利的做法，还是选择对自己职业发展更有利的做法？在这种情况下，伦理道德就显得尤为重要。

然而，字典中对伦理的定义并不能很好地帮助我们理解这一概念。我们将伦理定义为：指导我们做出选择的道德原则。为了更好地理解道德原则，我们还需要了解道德的含义。道德是关于什么是可接受的或正确的信仰和行为标准。如果将正确定义为道德上好的或可接受的，就陷入了循环论证的逻辑谬误。因此，我们需要借助道德框架来帮助我们从理论定义走向实践应用。

### 14.2.1 道德框架

几年前，在一次行业会议上，我们的一位同行抱怨说某个行为是不道德的。我们询问他依据的道德标准或框架是什么，他却回答说："这就是问题所在，对吧？没有统一的标准，每个人都有自己的评判标准。"

这番话表明，这位同行从未认真思考过道德问题。请不要成为这样的人。

道德框架并非要将我们束缚在条条框框之中，而是为我们提供一种权衡利弊、做出合理决策的思考方式。下文我们将介绍三种最常见的框架：功利主义、义务论伦理学和美德伦理学。

- 功利主义：功利主义的核心思想可以用"为最多的人带来最大的利益"来概括，它追求能够让所有人受益的解决方案。例如，美国政府在征用土地修建公路、向高收入人群征收更高的税款以及向贫困人口发放救济金时，都需要考虑公共利益。评估一项政策的功利性，可以思考以下两个问题："如果你不知道自己出生时的身份地位，你是否仍然希望这项政策存在？""如果每个人都这样做，将会发生什么？"如果一项政策能够让世界变得更美好，形成良性循环，那么它就是好的；反之，如果它会产生负面影响，形成恶性循环，则需要制订相应的政策来加以限制。

- 义务论伦理学：义务论伦理学关注的是道德义务。例如，“父母有义务抚养孩子”这一观点，既可以从功利主义的角度（如果孩子成为流浪人员或犯罪团伙则会对社会有害）来解释，也可以从义务论的角度来解释。同样地，举报违法行为的义务、关爱他人的义务，甚至是公民的投票义务，都可以用义务论来进行辩护。在电视剧《火线》(The Wire）中，丹尼尔斯中尉虽然不断遭到上级的苛待，但他始终坚守着自己对指挥体系的信念，这就是义务论的一种体现。
- 美德伦理学：美德伦理学关注的是一个有德之人应该具备怎样的品质以及应该追求什么样的目标。例如，如果一个有德之人不会撒谎，那么我们也应该追求不说谎的理想状态。斯多葛学派作为一种古老的西方哲学流派，其所倡导的四种基本美德——正义、智慧、节制和勇气——就体现了美德伦理学的思想。

## 四项基本美德

正义，意味着给予每个人应得的东西，这既包括对罪犯的惩罚，也包括对有功之人的奖励，其中也包含了论功行赏的理念。

智慧，又称实践智慧，是指对资源的合理使用。

节制，指的是自律。虽然适度饮酒是节制的一个经典例子，以至于在很多情况下，人们会将节制一词与酒精直接联系起来。但实际上，节制还包括很多其他的方面，例如：不暴饮暴食、坚持锻炼、即使有能力也不过度消费（这与审慎也有关联）等。

勇气，指的是道德上的勇气，尤其是在面对负面后果时的勇气。例如，对当权者说出真相就需要勇气。需要注意的是，明知不可为而为之，这不是勇气，而是缺乏智慧的表现。

人们常常将美德具象为手持不同物品的女性形象。例如，正义女神通常手持天平或宝剑来象征公平；智慧女神通常手持镜子或蛇，分别象征着自省和智慧；勇气女神的形象则可能手持狼牙棒、断裂的柱子、头盔、盔甲，或者牵着一头被驯服的狮子，象征着不屈不挠的精神；节制女神则通常被描绘成将水倒入酒杯的形象，象征着自我克制。

从柏拉图的《理想国》到《所罗门智训》，这些基本美德在古代文学作品中屡见不鲜。基督教传统在此基础上增加了三种神学美德：信、望、爱，以及身体力行的慈悲。身体力行的慈悲指的是将理念付诸行动，包括：救济饥饿者、帮助困苦者、为无家可归者提供住所、探望病人和囚犯，以及埋葬死者。

世间的美德有很多，例如：耐心、毅力、决心、自尊、谦逊、真诚、机敏、正直、感恩等等。有时，不同的美德之间也会相互影响，实践一种美德可能会导致另一种美德无法实现。事实上，C.S. 路易斯在他的作品《魔鬼家书》中就曾一针见血地指出："如果邪恶无法让你相信一件好事是坏事，那么它的下一个伎俩就是试图让你相信一件好事比一件更好的事更重要"。例如，将爱国主义凌驾于普世的人性之上。

在深入探讨更多测试案例研究之前，我们先来看一个将道义论与美德伦理相结合的例子：美国空军学院的荣誉准则。该准则指出："不得撒谎、欺骗、行窃，也不容忍他人有这种行为。坚决履行职责，活出尊严和荣耀。"

### 14.2.2 经典伦理挑战

通往阿比林之路（阿比林悖论）：这个案例描述的是，在一个炎热的周日下午，得克萨斯州的一个家庭正在讨论去哪里消磨时光。有人随便提议开车去下一个小镇阿比林，结果，尽管天气炎热，而且汽车空调也坏了，这家人还是驱车前往了阿比林，并在那里的一家商店里逛了一会儿，然后又开车返回了家中。然而，在回家的路上，他们才逐渐意识到，其实他们中没有一个人真的想去阿比林，他们只是以为其他人想去，所以才勉强附和。

阿希从众实验：在这个实验中，研究人员将一名受试者安排在一个房间里，房间里还有其他十个人。房间的屏幕上会显示四条不同长度的线段，研究人员会询问房间里的所有人哪条线段最长。房间里其他的十个人都是研究人员的助手，他们会故意给出错误的答案，例如，他们会一致认为第三条线段最长，而实际上并非如此。实验的结果是，绝大多数受试者都会选择屈服于群体的压力，给出与其他人相同的答案，即使他们知道这个答案是错误的。这表明，人们往往会为了避免与群体产生分歧而放弃自己的判断。

斯坦福监狱实验：在这个实验中，研究人员在一个大学的地下室里模拟了一个监狱的环境，并招募了一些学生志愿者扮演囚犯和狱警的角色。实验的结果是，仅仅在几天的时间里，扮演狱警的学生就表现出了极端行为，他们开始滥用权力，对扮演囚犯的学生进行言语和身体上的虐待。而扮演囚犯的学生则表现出了极度的顺从和无助，他们中的许多人出现了严重的心理问题。这个实验最终因为过于残酷而被迫终止。斯坦福监狱实验揭示了人性中黑暗的一面，表明在特定的环境下，即使是普通人也可能做出可怕的行为。

这些经典的伦理案例告诉我们，每个人都有可能做出不道德的行为，即使是那些看似为了大多数人谋求最大利益的行为，也可能导致可怕的后果，例如功利主义。学习这些案例的目的在于帮助我们从伦理的角度思考和推理，以便在面对现实生活中的道德困境时，能够做出更加理性和负责任的选择。

## 14.3 测试中的伦理问题

想象一下，你的领导顺道走进你的办公室，向你吹嘘道："我刚刚和琳达开完会，她一直在追问我项目的技术需求和一些问题的答案，说她需要这些信息来推进项目，还说她一周前就告诉过我了。我当时就回复她说：'我不知道你在说什么。'你是没看到她当时的表情，真是太尴尬了！她说她今天还给我发了邮件，而且这周已经发了好几次。我告诉她，她一定是搞错了。哈哈，真是太丢脸了！"说完，他坐下来，打开电脑，查看邮件，然后指着其中几封邮件说："看吧，过去一周，她给我发了四封邮件请求这些信息。直接删除！我是不会把这些信息给她的。"

Matthew 就亲身经历过这样的事情，而且和上述的场景几乎一模一样。六个月后，Matthew 申请调职到其他部门，并在一年半之后，直接离开了这家公司。

这到底是怎么回事呢？

这个问题是多层次的。一方面，很明显，领导在试图通过贬低和欺骗其他部门（例如琳达所在的部门）来树立自己的权威，并试图插手原本不属于他们职责范围内的工作。另一方面，领导的行为也是在试探你的态度：你是否足够忠诚？你是否有勇气站出来反对他的行为？

这实际上是一个双重困境：如果你对他的行为表示认同，甚至附和他一起嘲笑琳达，那么你就会被视为一个缺乏原则和道德底线的人，一个只会阿谀奉承的人，最终也会失去领导对你的信任；但如果你质疑他的行为，或者试图为琳达辩解，那么你就会被视为一个不忠诚的人，一个没有团队精神的人，甚至会被视为一个威胁，从而遭到领导的报复。

面对这种情况，一种选择是成为一个好好先生，对领导的行为不置可否，甚至附和他一起嘲笑琳达。或者是像 Matthew 那样，先默默地忍受这一切，然后开始寻找新的工作机会。

另一种选择是，如果你的领导是新来的，你可以直视他的眼睛，严肃地告诉他："你需要明白，我们公司不允许这样的行为。你应该找到那份文件，并通过电子邮件发送给琳达，同时向她道歉"。

当然，这种方法的风险也很大，你可能会遭到领导的报复。当你明确表示反对他的行为时，就等于把自己放在了他的对立面，而他完全有权解雇你。更重要的是，你的这种行为会打破现有的权力平衡，挑战他的权威。如果你的领导是一个非常在乎权力和面子的人，那么你的任何反抗行为都会被视为一种威胁。在这种情况下，他很可能会把你边缘化，不给你安排重要的工作，也不给你升职加薪的机会，甚至可能会阻止你调到其他部门。

当然，你还可以尝试和琳达、琳达的领导或者其他人去谈这件事。

鉴于在这种情况下很难找到一个完美的解决方案，接下来的几节将重点讨论如何避免让自己陷入这种困境。

### 14.3.1 跳过测试步骤

我们经常听到的一种情况是，领导要求测试人员跳过某些测试步骤，将不合格的测试结果注释掉或直接忽略，甚至伪造测试结果。我们将这些行为按照严重程度递增的顺序排列，因为它们分别对应着不同级别的道德问题。本书前两部分的目的是为你提供一些工具和方法，使测试过程更加透明化。如果管理层能够充分理解测试的意义，他们就能更好地评估跳过测试步骤所带来的风险。例如，如果他们希望跳过某个级别的测试，以便节省一周时间来进行集成测试，这是可以理解的。但是，如果低级别的测试存在很多问题，那么集成测试和调试阶段将会更加痛苦。但无论如何，如果你已经将风险告知了管理层，而他们仍然坚持要跳过某些测试，那么你可以使用这句话来保护自己："如果您愿意承担由此带来的所有后果，我们可以这样做。请将这个决定用邮件的形式发送给我。"

这句话之所以有效，是因为它会让你的领导认真思考他是否真的愿意为自己的决定负责。如果他愿意，他会给你发邮件确认，那么你就可以按照他的指示去做，并且没有任何风险。如果他不愿意，他自然也就不会给你发邮件，那么你就可以继续按照你认为正确的方式进行测试。

与跳过测试步骤相比，忽略测试结果和伪造测试结果是更加严重的问题。从功利主义的角度来看，如果所有测试人员都这么做，那么市面上就会充斥着大量有缺陷的软件。从义务论的角度来看，这种行为完全违背了测试工作的初衷。从美德伦理学的角度来看，这种行为只是为了让自己暂时感觉好受一些，而将问题和责任推卸给了别人，最终只会导致问题越来越严重，不可避免地需要付出更大的代价来弥补。"为了保住工作而放弃原则"是一种缺乏职业操守和自我约束的行为，是不可取的。

通常情况下，这类事件的始作俑者会通过巧妙的方式将责任推卸给他人。例如，在 2021 年，宝马和大众就因伪造尾气排放数据而被罚款近 10 亿欧元。类似的事件往往遵循着相同的模式：高管反复强调"我们必须达到排放标准""我不在乎你们用什么方法，总之必须给我做到"，迫于压力，一些测试人员最终选择铤而走险，篡改了测试数据。而当丑闻曝光时，这些高管就可以推卸责任，声称

“我们绝对没有授意他们这样做”。

避免此类丑闻的方法其实很简单。当你被要求做一些违背原则的事情时，你应该要求你的领导以书面形式确认他会对此事负责。如果他不愿意，或者要求你“保守秘密”，那么你就不应该去做。

我们必须承认，在某些情况下，坚持正直需要付出代价。如果你是冉·阿让，为了拯救挨饿的家人而被迫偷窃面包，我们当然不会对你进行道德上的谴责。但是，请你认真思考一下，你真的是冉 · 阿让吗？你是否愿意为了那点加薪、奖金或者保住职位而放弃自己的原则？正如克里斯托弗 · 诺兰在电影《蝙蝠侠：侠影之谜》中所说：“决定我们成为什么样的人的，不是我们的能力，而是我们的选择。”

虽然我们无数次听到他人被要求违背职业道德的故事，但有趣的是，Matthew 和 Michael 从未遇到过这种情况。要知道，在 Matthew 的职业生涯早期，他看起来很容易被欺负，但他始终给人一种正直诚信的印象。

这引出了一个关于正直的公理：如果你能让别人知道你不会撒谎，那么他们就不会试图要求你撒谎。

本节主要是关于如何做正确的事，以及如何帮助他人理解和接受你的选择。我们应该尽量让这个过程变得简单，而不是充满冲突。当然，坚持原则可能会让某些人感到难堪，甚至树敌。因此，在本节结束之前，我们会再谈谈如何帮助他人保全颜面。

### 14.3.2 决策并非在会议中制定

有时，作为测试人员，我们希望在关键时刻挺身而出，力挽狂澜。我们会参加项目讨论会议，并在发现问题时立即指出“我们不能这样做，我们应该那样做”。

然而，决策可能早已在会前就制定好了。我们的行为只会让某些决策者难堪。那些敏感的人会质疑我们的动机，怀疑我们是否在针对他们。最终，即使我们站在了真理的一边，也不会得到任何人的支持。

事实上，决策往往不是在会议上制定的，而是在会前由一个“核心圈子”的人员分散在不同时间和地点做出的。会议的目的不是收集意见，而是宣布决定。

如果你对某些政策有强烈的意见，并希望改变它，那么你应该尝试在私下里建立自己的同盟，提前了解决策的内容以及参与决策的人员。如果可能的话，尝试参与到决策过程中。当你能推动对自己有利的决策时，你才更有可能获得想要的结果。反之，如果你提前知道自己无法改变结果，就可以避免浪费时间和精力，以及在公开场合与他人发生冲突。

## 14.4 科学思维和逻辑谬误

谈到科学，我们首先想到的是可重复的实验。例如，如果你将一块象牙皂放入水中一百次，每次都观察到它浮起来，那么你就可以得出结论：象牙皂会浮在水面上。弗朗西斯·培根提出的科学方法包括：建立假设、设计实验并得出结论。卡尔·波普尔在此基础上进行了补充，他认为科学更擅长证伪而不是证明。根据波普尔的观点，我们无法绝对地证明某件事，而只能说某个结论经过了足够多次的验证，我们可以认为它是可靠的，并在此基础上进行推演。这些科学方法同样适用于软件测试领域。

当然，对于历史文物、经济学等难以进行重复实验的领域，应用科学方法会更加困难。尽管如此，我们仍然可以尝试运用科学思维来分析问题。例如，在验证一份历史文献的真伪时，我们可以考察文献的来源、现存最古老副本的年代和版本差异，并将文献的写作风格与同时代的其他文献进行比较。在经济学中，我们可以寻找类似的案例，并运用逻辑思维进行分析。

处理大型数据集的一种方式是：预设一个结论，然后寻找与其相关的证据，而忽略那些可能推翻该结论的数据和解释。不过，如果不预设结论，直接探索的过程却可能更有价值。例如，某公司发现其网站的平均页面加载速度低于预期。经过深入分析数据，他们发现有 1% 的访问请求加载时间过长，严重拉低了平均值。最终，他们发现问题出在一个使用卫星网络的偏远地区的用户身上，该用户每天都会下载更新的大文件，导致页面加载缓慢。另一个例子是，当你需要对比分析两组电子表格数据时，你可能会在它们之间来回切换，试图找出其中的规律。Michael Bolton 将这种分析方法称为“眨眼测试”。如果只是将其作为一种简单的模式匹配方法，那么它可以算是一种盲测。但如果预设了一个结论，然后刻意寻找数据来支持它，那就陷入了非科学思维的误区。如果一个结论可以解释数据，但同时也存在其他合理的解释，那么我们就需要谨慎对待这个结论，避免得出错误的结果。

除了上述分析陷阱之外，逻辑谬误也是另一个常见的思维误区。

假设初级开发人员 Johnny 被指控连续几天整个下午都在摸鱼。面对指控，Johnny 矢口否认。而指责他的人则说：“他当然会这么说。”

这句话实际上并没有提供任何证据，也无法证明任何事情，但却很有说服力。这就是逻辑谬误的典型特征：它们听起来很有道理，能够轻易地说服他人，但实际上缺乏证据支撑。利用数学或计算机科学进行严谨推导的形式逻辑超出了本节的讨论范围，本节旨在帮助读者了解常见的逻辑谬误，从而避免被其误导。

以下列举了一些常见的逻辑谬误：

- 人身攻击（Ad hominem）：攻击论证者而非论点本身。例如：“乔恩没有接受过任何计算机科学方面的培训，他怎么可能懂性能测试？”这种论证方式看似有道理，因为我们不会指望街上的陌生人能够回答关于粒子物理学的问题。但实际上，这种说法并没有正面回应乔恩提出的任何具体观点。
- 假两难推理（False dilemma）：人为地将多个选项限制为两个。例如，在面对“是否要测试某个模块”的问题时，我们通常有多种选择，例如：今天花一整天测试、今天花 15 分钟 /30 分钟 /1 小时 / 半天时间测试、下周再测试、下周每天花 15 分钟测试等。但如果有人刻意忽略其他选项，只给出“今天必须完成测试”或“今天不测试”两种选择，这就是一种假两难的谬误。
- 模棱两可（Equivocation）：指在论证过程中，使用一个意义模糊的词语或短语，但在不同的地方赋予其不同的含义，从而使一个无效的论证看似有效。例如，项目经理认为“我们将竭尽全力完成任务”意味着可以适当推迟项目进度，而高管则认为这意味着需要加班加点甚至通宵达旦地工作，这里这句话就有模棱两可的错误。
- 稻草人谬误（Straw man）：指歪曲对方的观点，将其简化为一个更容易攻击的版本，然后攻击这个被简化的版本，而不是对方的真实观点。例如，“那些坚持全手动测试的人之所以害怕自动化测试，是因为他们不懂技术，不会写代码”，这句话就犯了稻草人谬误。它将坚持全手动测试的原因简化为不懂技术和不会写代码，而实际上，人们进行手动测试可能还有其他原因，例如：项目预算有限、测试人员经验不足、项目时间紧迫等等。
- 草率概括（Hasty generalization）：指基于有限的证据，得出普遍适用的结论。例如，当有人抱怨软件“运行缓慢”时，我们不能简单地认为软件存在性能问题，而应该先了解具体情况，例如：用户的硬件配置、网络环境、操作习惯等等，然后收集相关数据进行分析，才能得出合理的结论。
- 诉诸群众（Bandwagon）：指试图通过强调某个观点的流行程度来证明其正确性。例如，“已经有 30 万软件测试人员获得了 CertifiedTesting 的认证，快来加入我们吧！”一个观点是否正确，并不能简单地通过其支持者的数量来判断。
- 诉诸精英（Elitism）：指试图通过强调某个观点只被少数精英人士所接受来证明其正确性。例如，“只有少数顶尖的测试人员才能成为 Miagi-Do 中的测试员，你渴望成为其中一员吗？”一个观点是否正确，并不能简单地通过其支持者的身份地位来判断。

在工作中，我们难免会听到各种抱怨，其中很多都包含着逻辑谬误。我们可以试着识别并标记这些谬误，同时，Heusser 的谬误理论指出，当人们开始互相指责对方犯了逻辑谬误时，相互学习共同探讨的希望就会迅速破灭。因此，与其指责对方，不如尝试温和地解释，并保持合作的态度，共同寻求解决方案。

我们注意到，逻辑谬误常常被用来推卸责任。为了逃避责任，人们可能会试图改变话题、转移重点，或者将责任推给别人。面对这种情况，我们建议换一种思路：承担个人责任。

## 14.5 如何逃离“职场地狱”

加拿大临床心理学家乔丹·彼得森博士曾说过，坐在母亲的病床前是一场悲剧。但其中也可能蕴含着救赎，例如这可以让你的家人团聚在一起。然而，如果在母亲弥留之际，你和其他兄弟姐妹之间却充斥着争吵和矛盾，那么这就是彼得森博士所说的地狱。他说：“当你离开这样的场景时，你会对自己和所有人都感到厌恶。”彼得森博士认为，这种“地狱”源于自我强加的痛苦。如果我们能够努力让事情朝着最好的方向发展，那么即使最终的结果仍然是悲剧，但至少我们已经尽力避免了“地狱”的出现。

假设你正身处“职场地狱”之中：充斥着谎言、欺骗和办公室政治，甚至还会遭遇双重困境。我们该如何应对呢？

两位科幻小说家拉里·尼文和杰里·波内尔曾合著了一本名为 *Inferno* 的小说，该书重述了但丁的同名史诗。小说主人公穿越九层地狱，并解救了同行的人们。作家诺曼·斯宾拉德对此总结道：逃离地狱的关键在于“不仅要对自己过去的行为承担责任，甚至要为同伴的不公正命运承担责任”。

如果你在软件测试领域工作了十年，那么其中五年可能都应该有人向你道歉。

你可能遭遇过各种不公正和不公平的待遇，对此，你当然可以抱怨，可以选择成为受害者。然而，作为受害者，你就失去了改进的机会。毕竟，如果不是你的错，你就没有义务去弥补；而且，当你认为自己只是某种邪恶势力的牺牲品时，你还会积极地寻求改变吗？你或许会选择寻求权威的指引，希望得到简单易行的解决方案。这样做固然容易，但如果事情出了差错，你就可以推卸责任，毕竟你只是按照他们的指示行事。然而，这不是承担个人责任的表现，也不能帮你逃离“职场地狱”。你也可以选择走捷径，用欺骗来掩盖问题。在某些不良的职场文化中，这样做似乎是合理的，毕竟其他人都在这么做，而且看起来很有效。然而，这种做法存在几个问题。首先，根据我们的经验，真相最终会大白于天下。测试中的欺骗行为虽然可以拖延问题暴露的时间，但最终只会让问题变得更加严重。其次，即使没有人发现你的欺骗行为，你也会因此成为一个无赖，最终陷入自我折磨的境地。如果你能够完全扼杀自己的良知，对自己的选择毫无愧疚，那么我们只能为你感到更加悲哀。

最后，还有一种方法：承担起对你自己和他人的责任。当然，我们无法预先告诉你具体的做法，因为承担责任意味着你需要根据具体情况做出判断。在大多数情况下，我们建议你在系统内寻求解决方案，而不是与系统对抗。例如，你可以发送邮件向领导澄清他的要求，并表示你愿意在得到他的批准后注释掉部分测试代码。你也可以尝试在会议之前解决问题，而不是公开挑战领导的权威。除非你发现了欺诈行为，否则没必要刻意让别人难堪。即使你发现了欺诈行为，也要谨慎行事，在保护自己的前提下提出。总之，你要积极地寻求解决方案，摆脱“职场地狱”，而不是持续地忍受痛苦。

有些读者可能会意识到，我们提出的建议可能会导致损失：经济损失、声誉损失，以及职业生涯的挫折。没错，对自己和他人承担责任经常意味着自我牺牲，而自我牺牲通常意味着你需要放弃一些东西。

本书的主题是软件测试，因此我们不会花时间向你灌输“通过帮助他人寻找人生意义”之类的道理。不过，根据我们的经验，那些总是独善其身、不愿承担责任的人，随着年龄的增长，会感到更加空虚和迷茫。对我们来说，承担起养家糊口、教育子女的责任，恰恰是人生意义的重要来源。

当然，我们也要提醒，不要承担超出能力范围的责任。

在一个典型的软件开发职业生涯中，你可能会遇到无数次将决策的责任推给其他人的情况。例如，团队在不充分了解背景的情况下被要求制订项目计划，然后在项目延期时承受巨大的压力。

Matthew 在他职业生涯的早期也曾遇到过类似的情况。当时他参与了一个价值数百万美元的大型系统集成项目。不出所料，这个项目最终延期并且错误频出。项目结束时，所有技术人员都被单独叫到办公室，被要求解释项目延期的根本原因。Matthew 的回答是：“抱歉，请您先提醒我一下，我们当初为什么会认为这个项目可以按时完成？”随后，Matthew 认真地分析了最初的项目计划是如何制订的，以及为什么这些计划缺乏数据支持。最终，经理让他离开办公室，之后也没再追究这件事。

在这个故事中，技术团队的职责仅仅是进行项目评估，而制订初始项目计划并不是他们的责任，尤其是在缺乏必要数据的情况下。

虽然我们不建议将未执行的测试标记为已执行，但在某些情况下，某些人可能会建议你跳过某些测试，或者忽略未通过的自动化测试。在这种情况下，我们建议你通过邮件的方式向对方进行确认，并记录对方的指示。这相当于迫使对方在给你更多时间、妥协或者为他的决定承担责任之间做出选择。

如果对方最终以书面形式要求你跳过某些测试，那就意味着他们愿意承担相应的责任。在这种情况下，你完全可以平静地接受，然后准时下班，享受生活。

总而言之，你要勇于承担责任，但也要明确自己的职责边界，不要让他人将本应由他们承担的责任强加于你。

## 14.6 本章回顾

软件测试的意义在于获得软件的真实情况。在测试之前，软件缺陷很容易被掩盖或忽视；而测试过程中，我们可以获得客观的反馈结果：软件要么运行正常，要么暴露出错误。当然，前提是我们没有故意偷工减料、跳过测试环节或者伪造测试结果。如果你从未在工作中面临道德困境，那么你比大多数同行都要幸运。

本章中，我们首先讨论了哲学，它帮助我们比较不同的事物，并建立起对于好、更好、最好的评判标准。接着，我们深入探讨了道德问题，包括如何在压力环境下，在利益冲突的情况下做出艰难的抉择。最后，我们探讨了“地狱”般的职场困境以及如何摆脱这些困境。

在大多数情况下，如果我们在测试工作中承受了痛苦，很大程度上是我们自己的选择。本章的目的在于为你提供一些工具和方法，帮助你做出明智的决策，让你能够在工作之余安心地享受生活。

沟通不畅也是软件开发过程中常见的问题之一。当乔恩昨天说他已经“完成”工作时，他并没有撒谎，只是他所说的“完成”指的是代码编写完成，而不是可以发布到生产环境。由此可见，如何表述在沟通中至关重要，我们将在第 15 章中详细讨论这个问题。

# 第 15 章 词语和表述

在第 14 章中，我们讨论了各种逻辑谬误和陷阱，其中最需警惕的可能是模棱两可。模棱两可的词语不仅会掩盖问题，还会造成误导。尤其是当被质疑时，使用模棱两可的词语的人又可以辩称他们指的是该词语的另一层含义。在第 12 章中，我们分析了各类问题，其中最令人担忧的或许是自恋型沟通。以自我为中心的对话表面上是在讨论客观事实，但实际上很可能是在争夺话语权。即使你没有落入上述陷阱，且是与真诚的人进行坦诚的交流，仍可能因对词语含义的理解差异而产生误解。

本章将重点探讨以下主题：

- 与其他学派相比，语境驱动测试如何看待测试；
- 如何使用准确的语言，以及如何识别不准确的表述；
- 词语的表述；
- 流程与技能。

## 15.1 语境驱动测试和其他学派

在第 8 章中，我们介绍了敏捷软件开发的概念，并将其与瀑布式开发进行了比较。我们还介绍了语境驱动测试，但除了在瀑布模型和 V 模型的语境下进行简要说明之外，没有进行详细的对比分析。

对于测试的目的和作用，人们的理解方式多种多样。我们将深入探讨的一种观点是“面向过程的测试”（process-oriented testing），这种观点可以概括为“制订计划并严格执行”。从表面上看，这似乎合乎逻辑。但是，测试之所以存在，是因为人们犯了错误，发生了一些计划外的事情。根据我们的经验，许多最佳测试思路都是在测试过程中自然涌现的，而非预先计划好的。语境驱动思维模式允许我们在测试过程中不断学习，并及时调整测试方案，提出新的测试思路。但这并不意味着完全摒弃计划，而是强调计划应保持灵活性和适应性，而不是死板地执行预先设定的流程。

Brett Pettichord 是语境驱动学派的创始人之一，他将四种不同的测试思维方式概括为测试四大学派（链接 15-1）。由于该理论成型于敏捷软件开发兴起之前，因此我们会借鉴和参考他的研究成果，并在其基础上进行一些更新。我们将在本章中讨论这些学派，这些学派在测试要素的侧重上有所不同。

由于大多数人并未明确声明自己所属的学派，并且可能会使用相同的词语表达不同的含义，或者使用不同的词语表达相同的含义，因此不同学派成员之间的沟通可能会非常困难。

### 15.1.1 敏捷学派

敏捷学派认为团队中的每个人都应对软件质量负责。敏捷软件团队通常会弱化不同角色之间的界限，更加关注最终结果，而不是区分这是你的工作还是我的工作。他们更倾向于通过与客户和技术团队的直接沟通来获得足够有意义的测试场景，而不是研究错误的来源或者制订复杂的风险管理方案。敏捷测试人员通常对测试自动化和测试驱动开发非常感兴趣。他们认为缺陷跟踪器本身就是个问题，缺陷应该在发现后立即修复，或者至少在同一个迭代周期内解决。

### 15.1.2 DevOps 或持续交付学派

DevOps 或持续交付学派主张每个角色都应该负责测试自己的工作成果。例如，产品经理进行面向客户的验收测试，以验证产品功能是否符合用户需求；设计师进行可用性测试，以确保用户界面友好易用；程序员编写单元测试，以验证代码逻辑的正确性，并在代码发布之前，进行一系列自动化测试，包括 API 测试和端到端测试。DevOps 学派通常并不将回归测试视为需要持续进行的活动，而是当作一种“特殊的一次性操作”，通常只在重大变更（例如更换支付系统）时才会进行。他们强调自动化部署流程，并在流程中集成快速测试。DevOps 团队很少花时间讨论测试设计，因此容易遗漏一些测试场景。然而，他们注重通过监控、预警和快速回滚等策略来降低生产环境中出现问题的风险。平台工程（Platform Engineering）是 DevOps 的一个分支，它专注于为每个代码提交自动创建云端测试环境，并在构建过程中集成自动化测试。平台工程团队会将安全性、可访问性、API、端到端、负载和性能测试等视为可重复的流程，并尽可能地将其自动化，纳入持续集成流程中。

### 15.1.3 分析学派

分析学派主张采用严谨的数学方法来设计测试用例，例如组合测试法和结对测试法，而非依赖与客户沟通来获取测试思路。他们更加关注测试覆盖率、状态机、决策表和决策树等技术。分析学派的思想对于网络交换设备、路由器、数据库、文件系统以及其他基于输入 / 转换 / 输出的软件至关重要，尤其适用于没有图形用户界面的软件，因为这类软件的用户操作方式有限，分析学派的测试方法可以更加全面地覆盖各种情况。分析学派认为测试应该尽可能地科学化和系统化，他们像科学研究那样，把软件拆解为一系列可验证的测试场景，并使用特定的技术来设计测试用例。他们关注的重点是如何设计高效的测试用例，而不是由谁来执行、何时执行以及如何执行测试。

### 15.1.4 工厂学派

工厂学派强调软件测试流程化和标准化，就像工厂生产线一样，以减少错误，提高效率。测试用例、测试计划以及按部就班的测试执行方式都源于这种思想。工厂学派的支持者通常使用量化指标来衡量测试效果，例如每天或每周发现的缺陷数量，或者在特定时间段内执行的测试用例数量。他们追求的是清晰、可重复的测试流程，以使任何人都可以遵循。

### 15.1.5 质量学派

质量学派认为，软件质量应该贯穿于整个软件开发生命周期，而不仅仅是测试阶段。他们更倾向于通过在每个开发阶段结束后进行严格的评审来保证软件质量，而不是依赖大量的测试。质量学派认为，如果开发过程本身是正确且可控的，那么测试工作就会大大减少，甚至变得可有可无。虽然质量学派通常遵循瀑布式开发模型，但这并非绝对。本章的后续内容将详细讨论质量保证与测试之间的关系。

### 15.1.6 语境驱动学派

语境驱动学派强调人的主观能动性和专业技能是项目成败的关键因素。与工厂学派将测试工作视为可以外包的简单劳动不同，语境驱动学派认为测试需要测试人员积极思考、灵活应变，并将测试、学习和改进融入到整个开发过程中。探索性测试是语境驱动测试的典型代表。语境驱动学派主张根据项目的具体情况选择合适的测试方法，并不断调整测试策略。他们会考虑项目的整体环境，参考外部经验，并不断思考“什么方法在这里最有效”。本书的编写也采用了语境驱动的思路，尽管这可能会让希望我们制订详细计划并严格执行的出版商感到失望。由于本书的写作背景比较特殊，我们最终采取了折中方案，既制订了计划，也根据实际情况进行了调整。

不久前，Matthew 与一位敏捷测试人员交谈，这位测试人员抱怨说他所负责的软件不可测试。该软件的功能是通过 SQL 从数据库中提取数据，然后生成报表。Matthew 询问他所说的不可测试具体指什么。这位测试人员解释了如何将实时数据从数据库提取到单元格中进行计算和构建模拟数据，有时也根据需求重新编写 SQL 语句并比较结果。大约 15 秒后，这位测试人员才意识到，他所理解的不可测试，指的是无法通过简单的按钮点击来运行程序并获得测试结果，并且他也认为无法编写这样的程序来测试。换句话说，他认为“可测试”等同于“可自动化测试”。

正如第 4 章所讨论的，即使是像敏捷、DevOps 和工厂学派那样推崇自动化测试，也仅仅只是将整个测试流程中的一小部分自动化。自动化测试本身并不能提升软件质量，只有当自动化测试用例首次成功运行后才能体现其价值。而且，自动化测试主要用于发现回归性缺陷，但这仅仅是软件缺陷中的一小部分。

Matthew 和这位测试人员之间的分歧在于，他们对可测试性的理解存在根本差异，导致双方都使用了相同的词语却表达了完全不同的含义。

为了避免这种沟通障碍，我们需要明确表达自己的观点和立场。这并不意味着你需要宣称自己是哪个学派的拥护者，或者刻意纠正他人的用词。更重要的是，我们要清晰地定义自己使用的专业术语，并在沟通过程中确保双方理解一致。

一些专业组织对软件测试领域的术语进行了明确定义，例如 bug、defect、fault、error、test、test case 等等。这样做有两个好处：一是减少歧义，明确的定义可以避免使用同一个词语表达不同含义的情况，提高沟通效率；二是减少争论，当大家对术语的理解一致时，就可以减少在定义问题上的无谓争论，将精力集中在解决实际问题上。

然而，完全拘泥于固有的定义也并非最佳选择。适当的争论和探讨有助于促进理解和学习，推动行业发展和进步。

语境驱动思维的优势之一在于其包容性、适应性和扩展性。语境驱动测试人员可以适应不同的工作环境，例如敏捷或 DevOps，但更重要的是，他们能够根据具体情况灵活调整测试策略，并使用清晰、准确的表述与团队成员进行沟通。

正如 Damian Synadinos 所说：“我们用来描述问题的词汇会影响我们对问题的理解”。更进一步说，我们看待问题的角度和思考方式会影响我们对问题的理解以及解决方案的选择。因此，了解对方的出发点和思维模式，选择合适的语言表达自己的观点，并提出合理的建议，是有效沟通的关键。

## 15.2 准确的语言

当你询问领导应该优先进行更多测试、修复缺陷，还是发布软件时，他可能只会告诉你需要“跳出框架”，从不同角度思考问题。

这样的回答模棱两可，并不能提供任何实质性的指导。

另一个例子是，客户抱怨你开发的软件无法在他们的平板电脑上正常运行。领导认为合同中已经明确说明了软件的使用方式，并要求客户查看规格说明。然而，规格说明中仅仅笼统地描述了“用户应使用输入设备输入、搜索和更新”，并没有明确定义输入设备指的是键盘、鼠标还是平板电脑。

大多数口语，尤其是英语，都存在歧义。同一个词语在不同的语境下可以表达不同的含义。例如，“play”可以指玩游戏、弹吉他、扮演角色，甚至可以指装傻。通常情况下，我们可以根据上下文推断出词语的具体含义，但在很多情况下，词语的解释是开放的，可以有多种不同的理解。例如，软件需求中经常出现的“处理错误”就是一个典型的例子。它可以指简单地弹出一个错误提示信息，也可以指复杂的事务回滚和重试机制。Matthew 曾经为联邦资金转账公司提供咨询服务，他的工作内容就包括处理错误和设计复杂的回滚重试机制。这表明，即使是看似简单的词语，在不同的语境下也可能代表着完全不同的含义。

根据我们的经验，语言不准确的发生场景主要有以下几种：

- 推迟决策：有时为了避免在当下做出决定，人们会使用模糊的语言来描述问题或解决方案，将决策推迟到未来。例如，在“输入设备”的例子中，规范编写者之间未能就“输入设备”的具体定义达成一致，于是就使用了模糊的表述，将最终决策留待以后进行。
- 下放决策权：领导有时会使用模糊的语言将决策责任推给团队。如果团队做出了错误的决策，领导就可以声称自己从未参与决策，将责任推卸得一干二净。反之，如果团队决策成功，领导则可以将功劳归于自己。
- 无意识的误解：由于地域差异、文化背景或个人经历的不同，人们对同一个词语的理解可能存在偏差，从而导致无意识的误解。例如，Matthew 来自中西部，习惯将所有碳酸饮料都称为“soda”，而其他地区的人可能会使用“pop”或“Coke”等不同的称呼。
- 故意含糊其词：有些情况下，人们会故意使用模糊的语言来误导他人，以便在将来推卸责任或为自己谋取利益。例如，汽车制造商的高管可能会使用

“要通过排放测试”这样的模糊表述，暗示可以通过不正当手段达到目的，但同时又给自己留下了辩解的余地。

虽然有些误解难以避免，但大多数情况下，误解都是因为缺乏谨慎和缺乏对沟通对象的了解造成的。解决这个问题的关键在于使用准确的语言进行沟通。

在非科学领域，实现语言的准确性并非易事。如果尝试定义一个词语，你可能会发现它的定义又包含了六个需要进一步解释的词语。这里，我们可以尝试以下方法：

- 避免嵌套定义：不要在定义中使用被定义的词语本身。例如，不要将“测试计划”定义为“计划测试的文档”。
- 使用决策表：冗长的文字描述往往包含复杂的逻辑关系。尝试使用决策表，将各种可能性和条件清晰地列出来，可以帮助我们发现描述中存在的逻辑漏洞或重复。
- 提出问题：当遇到模棱两可的表述时，要勇敢地提出问题，直到理解其确切含义。例如，一份需求文档中写道“软件需要在 15 秒内做出响应”，但实际测试中却需要 2～3 分钟。经过沟通，开发团队的解决方案是在生成报告时先弹出一个提示窗口，只要窗口在 15 秒内弹出即可。这种解决方案虽然看似满足了需求，但实际上是一种模糊处理，并没有真正解决问题。
- 做最坏的假设：在分析语言的准确性时，不要预设对方是善意的，而要假设对方可能存在恶意或试图欺骗你。这种“揣测恶意”的态度可以帮助我们更加敏锐地发现语言中存在的漏洞和陷阱。

当然，始终保持“揣测恶意”的心态是十分消耗精力且令人不快的。我们的目的并非制造矛盾或破坏关系，而是帮助团队成员更好地思考和表达。因此，在进行这类分析时，我们需要坦诚地表明自己的意图，并说明我们会暂时扮演‘批判者’的角色，帮助大家澄清问题并进一步提高团队沟通效率。

随着时间的推移，我们需要努力促使团队成员达成共识，形成共同的目标和理解。相比于无休止地争论，共同的理解和目标能够带来更大的价值。实现这一目标的关键在于理解功能背后的真正意图，即客户想要通过该功能实现什么目标。如果功能无法满足客户的真实需求，那么再多的解释和辩解都毫无意义。

这种对沟通方式的反思也是一种自我检验。当我们能够以这种方式思考问题时，我们就能够更好地测试自己的工作成果，包括代码。

除了语言本身的准确性之外，我们还需要考虑其他因素，例如潜台词、上下文以及可能的误解。我们将所有这些因素都归纳到“wordsmatter”这个词语中，它并非拼写错误，而是强调词语表述的重要性。

## 15.3 词语的表述

Damian Synadinos 曾举办过一系列名为“wordsmatter”的讲座，他特意将两个词连在一起，以此来强调表述的重要性。正如我们的导师 Jerry Weinberg 经常提到的例子：对于一句简单的英语句子“Mary had a little lamb”，仅仅改变对某词语的强调，就能改变整个句子的含义。

MARY had a little lamb：强调玛丽，暗示其他人可能没有小羊羔。

Mary HAD a little lamb：强调“曾经拥有”，暗示小羊羔现在可能已经不在。

Mary had a LITTLE lamb：强调小羊羔的体型，引发人们对其大小的疑问。

Mary had a little LAMB：强调动物种类，暗示其他孩子可能拥有不同的宠物。

这句只有五个单词的常见句子，却蕴含着至少六种不同的潜台词。由此可见，我们所写的文字不仅包含字面意思，还承载着潜台词和上下文信息。潜台词指的是隐藏在字面意思背后的深层含义，而上下文则是指理解文字所需的环境和背景信息。语境驱动测试正是基于对上下文的高度重视而得名。

在工作中，我们也需要时刻关注潜台词和上下文。例如，客户在描述需求时，经常会说：“别忘了做……（看似不重要的事情）”，比如为项目的下一个主要版本创建自动化冒烟测试。这时我们不能将其视为无关紧要的附加任务，而应该深入挖掘其背后的原因和重要性。通常情况下，客户反复强调的事情往往是他们认为非常重要，但我们却没有给予足够重视的事情。这些信息可能以非常微妙的方式传递。即使这些附加任务与我们的专业领域无关，我们也不能轻易拒绝。除非能够明确获得客户的书面同意，否则最好优先完成这些任务。根据我们的经验，如果客户特意强调“别忘了做……”，而我们最终没有完成，他们很可能会认为我们没有认真倾听他们的需求。

因此，我们不应该以“我们没有时间做”或“我们还没来得及做”等借口来推脱责任。如果客户明确提出了要求，就意味着这项工作是必须完成的。我们应该优先完成它，或者找到合理的拒绝理由并获得客户的书面同意。

### 不严谨的好处

读过我们的作品或与我们共事过的读者现在可能会感到困惑：“等等，Matthew 和 Michael，你们在说什么？不严谨才是你们的个人风格！”

的确如此。

传播学理论告诉我们，信息传递包含三个要素：发送者、接收者和信息本身。如果你对一位经常吃羊肉的人说“Mary had a little lamb”，他们对这句话的理解可能会与别人截然不同。为了避免误解，我们可以采取以下几种方法：

- 使用更准确的语言：例如，将“Mary had a little lamb”改为“Mary had a small lamb she is raising as a pet”，明确指出小羊是作为宠物饲养的。
- 了解对方的背景：使用对方能够理解的语言。例如，在会议上，我们经常会说“别忘了，晚上七点在那个地方有东西吃”，这句话的具体含义只有与会者才能领会。

第二种模糊的表达方式只有在发送者和接收者的认知高度一致的情况下才有效。事实上，它本身就代表着一种默契。这种默契能够帮助团队避免在定义上产生分歧，并使用简洁的语言进行沟通。

例如，在一个项目中，我们可能会听到这样的说法：“这个项目与 OSU 完全一样，只是我们要改变字段的长度，以适配他们的数据库”。对于团队成员来说，这句话已经足够清晰，他们知道这意味着：从 OSU 复制代码，查看新客户的数据库定义，调整字段长度做适配，并从新数据库获取数据。然而，对于其他人来说，这句话会引发很多疑问，甚至可能因为不敢提问而陷入困境。

我们倾向于使用一种通俗易懂的语言风格，这有助于拉近与读者的距离。但不可否认的是，这也增加了被误解的风险，尤其是在软件测试领域，毕竟“测试”一词的含义都还没有统一的定义。为了减少误解，我们可以在文章中花费大量篇幅定义专业术语，就像学术期刊那样。另一种方法是提供一份如表 15-1 所示的术语表，解释我们对相关概念的理解，帮助读者更好地理解我们的观点。

表15-1　常用术语的推荐表述

| 通常用法 | 我们推荐的表述 | 原因 |
| --- | --- | --- |
| 测试自动化（自动化测试） | 工具辅助测试检查 | 人类在测试时所做的事情与计算机所做的事情大相径庭 |
| 高质量软件 | 关于软件状态的具体说明 | 展示具体含义，而不是笼统说明。例如，与其说“我们开发了高质量的软件”，不如说“我们开发的软件运行稳定，崩溃率低于 0.1%，并且用户评价良好” |
| 软件工程师 | 开发人员 | 任何从事软件开发工作的人都是工程师，而不仅仅是编写代码的人 |
| 测试人员 | 从事测试工作的人员 | 我们希望在各种情况下满足团队的需求，所以用更广义的“从事测试工作的人员”来指代测试人员，这样可以涵盖各种测试角色 |
| 质量保证 | （尽量避免使用） | |
| 黑盒测试 | 像客户一样测试 | 优秀的测试人员会利用他们所能利用的一切信息，包括内部信息 |
| 白盒测试 | 像开发人员一样测试 | 注重测试的风格和方法，而不是抽象的概念 |

续表

| 通常用法 | 我们推荐的表述 | 原因 |
|---|---|---|
| 测试计划 | 我们要做的事情 | 将文档的概念与我们将做什么以及何时做混为一谈。这可能会造成编程与测试的分离。测试计划应该是一个动态的、不断演进的计划，而不是一份静态的文档 |
| 测试用例 | 测试想法或要测试的事物 | 测试用例这个词语本身可能带来的刻板印象 |
| 最佳实践 | 启发式、模式、实践、我喜欢的实践、对我有用的想法 | 参见链接 15-2 |

我们选择的词语会影响人们对事物的看法。使用“最佳实践”这样的词语，会让人们认为存在一个放之四海而皆准的最佳方案，从而忽视了具体问题需要具体分析。而使用“启发式”“对我有用的想法”或“模式”等词语，则能鼓励人们主动思考，根据具体情况选择合适的方案，并对自己的决定负责。以软件开发中的模式为例，它代表着对特定问题的解决方案。但引入模式的同时，也可能带来新的问题。因此，只有在以下情况下才应该使用模式：

- 你面临的问题正是该模式试图解决的；
- 引入该模式带来的收益大于投入的成本；
- 引入该模式所产生的新问题，其严重程度低于其解决的原有问题。

《敏捷宣言》提倡“可工作的软件优于详尽的文档”，这体现了敏捷开发的价值观。但对于政府项目，例如火星探测任务或核试验模拟，详尽的文档可能更为重要。因此，《敏捷宣言》的作者实际上表达的是，在他们偏爱的项目类型中，他们更倾向于哪种工作方式。

由此可见，词语的选择不仅会影响我们对工作的思考方式，还会影响工作本身的开展方式。一种常见的错误认知，是将软件测试视为一项为了完成工作而必须执行的任务。在这种认知下，人们会倾向于简化甚至忽略测试，只关注如何完成测试任务，而忽略测试的真正目的。

因此，明智地选择如何表述至关重要。

## 15.4 流程与技能

会计学中常将团队分为成本中心、利润中心或投资中心。成本中心指的是单纯消耗成本的部门，应尽量压缩成本；利润中心则既有成本，又能创造收入，例如销售部门；投资中心在产生成本和收益的同时，还会将部分资金用于投资以期获得现金回报。

随着软件即服务（SaaS）模式的兴起，企业逐渐意识到，开发团队实际上是创造未来现金流的投资中心。然而，测试作为一项单独的活动，往往被视为纯粹的成本。

长期以来，软件开发领域一直存在"等到测试时再发现问题，往往已经太迟"的观点，认为稳定的、可预测的、定义明确的流程可以防止错误发生，缺陷发现得越晚，修复成本越高。这种观点源于 Boehm 和 Pappacio 的论文 *Understanding and Controlling Software Costs*（理解和控制软件成本），其数据更多是基于当时的瀑布模式和大型机环境下的经验推断，而非严谨的实证研究。在瀑布模式下，软件开发被划分为一系列顺序执行的阶段，例如需求、设计、编码、集成测试和系统测试，每个阶段都需要数月时间。而在敏捷开发模式下，开发周期被压缩到几天，团队可以快速迭代，尽早发现和解决问题。例如，一个在需求阶段引入并在编码阶段被瀑布模型团队发现的问题，其修复成本可能高于敏捷团队在生产环境中发现的相同问题。特别是在应用了 DevOps 的技术后，敏捷团队可以更加快速和高效地修复生产环境中的问题。

现在，请思考一下以"质量"为导向的流程是如何建立的。

大多数以"质量"为导向的流程都建立在对过往错误的反思上。例如，为避免需求不明确导致开发返工，团队会引入需求评审环节；在 Scrum 流程中，如果用户故事定义不清，整个团队会在冲刺计划会议上进行讨论和完善；如果验收标准不明确，团队会在开发初期就明确定义，避免后期出现争议。这些措施都是为了将质量保障工作前置，尽早发现和解决问题，降低后期修复成本。

然而，这种依赖流程的质量控制方法也存在弊端。如果一味地为每个可能出现的错误都添加强制性的检查和测试环节，会导致流程过于繁琐，开发效率降低。例如，为了检测一个极少出现的错误，可能需要在每个用户故事中都添加对应的测试用例，这无疑会延长软件交付周期。这也是 DevOps 和持续交付兴起的原因之一，这些方法致力于缩短从代码完成到部署上线的时间，提高软件交付效率。

相比之下，提升团队技能是更有效的质量保障手段。

以国际象棋为例，高水平棋手的每一步棋看似随性而为，实则经过深思熟虑。他们会在脑海中实时推演棋局变化，预判对手的行动，并思考未来几步的走法。同样地，软件测试人员也需要通过不断练习积累经验来提升技能。正如我们在本书第 12 章中提到的，经验丰富的测试人员能够发现更多潜在问题，设计更有效的测试用例，从而更早地发现和解决缺陷。因此，与其依赖繁琐的流程来保证软件质量，不如注重团队技能的培养，让团队成员能够更快速、更准确地识别和解决问题。

在当今软件开发领域，流程化管理占据主导地位。这种模式要求将所有工作文档化、流程化，并制订详细的测试计划，以便可以将工作交由经验不足的测试人员执行。然而，如果没有相应的技能支撑，再完善的流程也无法发挥作用。管理者可以制订标准化的用户故事模板，要求填写项目信息、责任人、故事描述、验收标准等内容，并设置相应的评审流程和检查清单，但仅仅依靠这些流程并不能保证最终交付高质量的软件。语境驱动测试方法强调测试人员的技能和判断力。它要求测试人员在有限的时间内、模糊的需求和不确定的环境下，灵活地选择测试策略，尽可能地发现软件缺陷。本书为读者提供了识别风险、提高测试透明度以及与管理层沟通的工具和方法。但即使掌握了这些工具和方法，仍然需要测试人员具备相应的技能才能有效地运用。

另外，经验丰富的测试人员在一些企业中被视为“问题”所在，因为他们可能发现更多的错误，产生更多的测试想法，从而导致项目进度延误。那么，如何解决这个问题呢？

答案是：测试人员需要清晰地表达自己的观点，保持工作的透明度，并学会预测不同测试方法的结果，确保最终选择的方案能够有效地发现缺陷。

预测结果需要测试人员具备高超的技能，就像国际象棋高手一样，能够预判对手的行动，并提前制订应对策略。这类似于有限状态机建模，通过分析不同的状态和转换条件，预测系统的行为。当面对质疑时，测试人员需要能够解释自己的测试策略，并说明为什么语境驱动的方法能够带来更好的结果。需要注意的是，语境驱动测试方法的核心是以人为本，它依赖于测试人员的经验、判断力和专业素养。如果一个企业不重视人才的价值，那么即使采用了再先进的流程和工具，也难以取得长久的成功。从长远来看，那些重视人才、鼓励创新、以人为本的企业，才能在激烈的市场竞争中立于不败之地。

### 15.4.1 测试和检查

在本书的前几章中，我们刻意谨慎用词，避免使用“测试自动化”一词，而倾向于使用“测试工具”或“自动化测试执行与评估”。我们认为，真正的测试是一个需要人类智慧参与的过程，它包括收集系统信息、推断预期行为、对被测软件进行实验，并根据实验结果指导后续测试。完整的测试过程还需要进行评估和报告，而就目前而言，计算机还无法独立完成这些任务。

快速软件测试（RST）是一个测试培训项目，它对计算机执行的任务采用了“check（检查）”这个词。在 RST 中，检查被定义为“对产品的特定观察结果应用算法决策规则进行评估的过程”（链接 15-3）。这正是计算机所擅长的：预测可能存在的问题、设置软件、运行到特定点并检查可能存在的问题。然而，这个过程缺乏设计、学习和适应能力，也无法像人类一样进行评估和报告。RST 之所以选择“check”一词，是为了强调人类技能在软件测试中的不可替代性。

尽管本书试图区分计算机擅长的测试部分和人类擅长的测试部分，但我们仍然会使用一些约定俗成的术语，例如“单元测试”。我们认为，试图改变一个已经存在的专业术语是没有必要的。在众多类型的单元测试中，我们发现以测试驱动开发风格开发的单元测试最具价值，因为它们作为发现过程的一部分，能够随开发工作的进行而不断演进，并在过程中帮助开发者理解系统和改进设计，最终得到的回归测试套件是一个有益的附属产物，而非主要目标。

### 15.4.2 质量保证

Matthew 和 Michael 都曾在 Socialtext 公司与 Ken Pier 共事，并从他身上学到了很多软件测试的宝贵经验。Ken 曾为施乐公司的第二台商用个人电脑 Dorado 编写微代码，并在施乐帕洛阿尔托研究中心（PARC）工作了二十余年。众所周知，PARC 是众多重要发明的诞生地，例如鼠标、窗口操作系统、面向对象编程以及以太网协议等。

Ken 还亲历了硅谷的个人电脑革命，这为他提供了宝贵的历史视角。今天，我们眼中的硅谷是互联网公司和应用程序的天下，但在 20 世纪 70 年代，硅谷就是其字面的意义，惠普公司引领着硅芯片的潮流。Ken 曾提到，当时的“测试员”指的是手动将芯片焊接在电路板上并验证其功能的人员。冒烟测试的名称也由此而来：将所有部件组装完成后，打开电源开关，观察是否有冒烟现象，如果有则说明电路过载。

随着软件行业的兴起，出现了一种新的测试角色，他们不再需要直接接触硬件，而是在空调房里，穿着职业装，用他们的专业知识来检查软件代码是否满足需求。为了区别于传统的硬件测试人员，公司将这一新角色命名为“质量保证”（QA）。然而，测试人员的工作仅仅是发现软件缺陷，他们通常无权决定哪些缺陷需要修复，因此质量保证一词并不能准确反映他们的工作内容。实际上，质量保证的概念源于制造业，指的是通过设计和监控生产流程来预防缺陷的产生。因此，多年来，业界一直在努力摒弃 QA 这一称呼，转而使用测试人员来指代软件测试从业者，或者将 QA 重新定义为质量协助、质量分析师，或者像 Pete Walen 所说的“提问者”。

我们对质量保证这个词抱有复杂的情感。

首先，如今几乎没有决策者会认为质量问题仅仅是 QA 的责任。当被问及“为什么 QA 没有发现那个缺陷”时，如果回答是“我们发现了，但它的优先级较低，产品部门选择优先开发新功能”，那么通常情况下，对话就此结束。

其次，更重要的是，质量保证本身是可以实现的目标。

之所以围绕 QA 一词产生诸多争议，似乎是源于对该词含义的误解。根据 2023 版《牛津英语词典》的定义，“Assurance”指的是：

> Assurance (noun) /əˈʃʊrəns/ 保证
>
> [ 可数名词 ] 断言某事属实或即将发生，尤其用于消除疑虑。
>
> 近义词：保证（guarantee）、承诺（promise）。
>
> 他们要求政府保证执行教育政策。
>
> 尽管一再做出保证，但失业率似乎仍在上升。

需要注意的是，“保证”仅仅是断言某件事属实或将要发生。

让我们设想这样一种情况：

迈克住在距离 Matthew 约 15 分钟车程的密歇根州奥齐戈。在密歇根州阿勒根市居住的 20 年里，Matthew 已经记不清去过奥齐戈多少次了，他对路况和所需时间了如指掌。这天，迈克的妻子安布尔正在准备晚餐，她想知道 Matthew 具体几点能到。Matthew 回复说他计划下午 5:30 到达，最迟不超过 6 点。

在这个场景中，Matthew 做出了保证吗？是的，他做出了保证。

那么，Matthew 能够控制所有可能发生的情况吗？当然不能。他的车可能会抛锚，也可能会爆胎。在阿勒根和奥齐戈之间，麋鹿小屋附近有一段手机信号盲区，这可能会导致额外的延误。

当测试人员说他们无法保证质量，是因为他们无法控制所有事情。没有人能够控制所有事情，意外情况总是可能发生。如果 Matthew 的车在信号盲区爆胎了，他不得不求助他人，搭车到麋鹿小屋打电话叫拖车，然后再通知迈克一家。迈克会因为 Matthew 没有信守承诺而生气吗？尽管字典将保证列为承诺的同义词，但前者缺少了承诺的一个关键要素，即对违背承诺的补偿措施。

被称为 QA 的软件测试人员有时会陷入尴尬的境地。例如，如果团队因为修复成本过高，决定不修复某个缺陷，那么测试人员该如何保证质量呢？

其实很简单，测试人员可以明确表示他们无法保证质量。他们可以说：“我的职责是保证质量，我认为这不符合质量标准，但我无权做最终决定。”类似的情况也会发生在制造业，当 QA 人员认为某些产品不符合标准，但他们的意见被否决时，公司通常会有相应的处理流程。在受监管的行业中，可能需要签字、提交文件和走流程，但最终仍然会有人拍板决定是否继续改进。坦率地说出“我的职责是保证质量，我认为这不符合质量标准，但我无权做最终决定”，或者将这句话写进邮件里，不仅可以保护自己，更重要的是，可以让其他人重新思考他们的决定。如果处理得当，这可能会对最终结果产生积极的影响。

无论是“测试人员”还是“QA”，这两个称呼本身可能并没有问题。问题在于，如果我们不真正理解这些词语的含义及其影响，并且在工作中不能始终如一地践行这些词语所代表的理念，就会造成混乱和误解。

## 15.5　本章回顾

本章内容围绕软件测试和质量保证展开，重点探讨了沟通不畅的问题。造成沟通障碍的原因多种多样，其中最常见的一种情况是，人们在使用同一个词语时，却赋予了它不同的含义，从而导致彼此争论，无法达成共识。本章首先介绍了不同测试学派对一些关键概念的不同理解，然后阐述了使用准确语言的益处，最后通过一些实例说明了如何有效地选择词语。

至此，我们关于软件测试和质量保证的讨论即将告一段落。在下一章中，我们将运用本章所学的知识，探讨移动测试策略，了解人工智能在测试中的应用，并回顾一些核心理念。

## 15.6　拓展阅读

如果想要深入了解“模糊性”这一概念，推荐阅读 Zwicky 和 Sadock 合著的 *Ambiguity Tests and How to Fail Them*（链接 15-4）。作者 Arnold Zwicky 是一位在语言学领域深耕近 60 年的杰出学者。他于 1965 年在 *Syntax and Semantics* 期刊上发表的经典论文，至今仍被奉为该领域的奠基之作。Zwicky 教授曾担任美国语言学会主席，也是美国艺术与科学院院士。

# 第 16 章 测试策略应用

本书最初只规划了 15 章，以“词语和表述”作为最后一章收尾。然而在撰写过程中，测试策略领域的诸多议题始终处于动态演变中，我们因此回顾性地梳理：“过去一年，该领域发生了哪些关键变化？我们的内容又遗漏了哪些重要方向？”其中一个无法忽视的变化是大语言模型（large language models，LLM）的爆发式发展，比如 OpenAI 在这方面的成果。尽管目前我们对大语言模型的实际应用场景、落地价值仍处于探索阶段，认知尚不够深入，但团队一致认为：若不将这一前沿议题纳入书中，会让本书的内容完整性大打折扣，难以充分覆盖当下测试策略领域的全貌。

因此，本章的内容框架逐渐成形。我们将书中的核心理念应用于两个方向——一个是移动应用测试策略的实施案例，另一个是对人工智能（AI）在测试中的应用进行审视。阅读完本章，读者将更深入地理解我们构建测试体系的逻辑思维，如果有人需要你制订一份测试策略时，你也能系统地完成整个过程。

本章，我们将讨论以下内容：

- 移动应用测试策略案例；
- AI 在软件测试中的应用；
- 关于测试策略的一些想法。

## 16.1 移动应用测试策略案例

几年前，当开发应用程序开始优先选择开发移动端而不是网页端时，我们曾感到十分惊讶。而如今，移动应用程序已经成为了软件开发的主要形式。然而，本书并没有花费大量篇幅来讨论移动应用。因此，在本书结束之前，我们决定为一个大型移动应用程序设计一个测试策略。我们将从移动应用测试的独特之处开始讲起，介绍这个电动牙刷的应用程序，然后提出一个针对该应用的测试策略。

下面，我们先列出移动应用测试与众不同且充满挑战性的一些要点：

- 移动应用涉及更多样化的外形尺寸、操作系统和屏幕分辨率。

- 有线接入的互联网往往是稳定的，用户很少遇到断网的情况。相比之下，移动应用可能会在 Wi-Fi 与蜂窝网络之间切换，使用蜂窝网络也可能会遇到运营商的带宽限制，或者用户还可能直接关闭应用的数据流量。此外，在距离人口密集区不远的地方或使用某些运营商时，仍然可能存在信号盲区。

- 虽然有些工具可以同时创建 Android 和 iOS 版本的应用程序，但是一些公司仍然维持着独立的 Android 和 iOS 开发团队。

- 虽然有不需要联网的移动应用，但大多数移动应用仍需通过 API 从后端数据库获取数据，或与更广阔的网络世界进行交互。即使是简单的单机游戏也可能会设置玩家分数排行榜、下载广告或允许游戏内购买，这意味着该应用使用了 API。与此同时，iOS 移动应用使用 API，而 Web 或 Android 移动应用也可能会使用相同的 API。这就带来了版本协同的挑战：当某个终端（如 iOS 应用）需要升级 API 功能时，若其他端侧应用尚未完成适配，就会导致多端版本不同步的问题。

- 解决上述问题的常见方案包括语义化 API 版本控制和协调发布。语义化版本控制允许工具指定 API 的主要版本，并且 API 可以将重大变更作为新的主要版本发布，这极大地降低了发生破坏性变更的风险。协调发布是一个常见的做法，目的是同步 Web、iOS 和 Android 版本的更新时间，以配合 API 的变更。除此之外，公司还可能拥有使用该 API 的智能手表（Mobile Watch）、虚拟现实设备（Oculus）、增强现实眼镜（Meta-Wayfarer）、汽车以及其他物联网（IoT）设备。

- 移动设备有新的故障模式，例如过热警告、电量耗尽、Wi-Fi 信号丢失以及由于内存不足或同时运行太多进程而导致的运行缓慢。其中一些故障模式可能很难或无法在模拟器上重现。因此，对真实物理设备进行一定程度的人工探索，往往能够发现自动化测试和模拟器无法发现的缺陷。

- 截至本书出版，移动应用程序通常还是在应用商店中发布的。这些商店的审核时间需要两天到两周不等，部署新版本需要编写变更日志、创建新版本号，并且可能还需要删除评价（如果应用的功能有重大改变）。拥有极好评价的团队会希望保留这些评价，尽管这些评价可能是过时的。对于评价较差的应用，开发者则希望定期清除旧的评价。应用程序也可以直接“侧载”到设备上。（侧载是指用户可以通过苹果官方应用商店之外的其他渠道下载和安装应用，这意味着用户可以像安卓用户那样，通过在第三方网站下载应用安装包，或者从其他设备上拷贝或传送安装包的方式来安装 APP）

- 移动应用的基本模式包括原生（native）、基于 web 模式（web-based）和混合模式（hybrid）三种。混合模式是指在原生应用内部集成浏览器组件来运行部分功能的开发方式。

针对以上问题，看似最简单的测试办法是：准备好可供测试的不同版本 API，然后在桌面浏览器里开一个窗口，把它调成常见手机或平板的显示尺寸，再运行一个混合应用的版本进行测试。但遗憾的是，实际情况很少如此简单。

接下来我们将描述一个移动应用案例，然后为其提出一个测试策略。

### 16.1.1 移动应用程序

Maximo 电动牙刷是一款支持蓝牙连接的智能牙刷，可以与手机交互，发送关于刷牙时长和刷牙区域的数据。移动应用分为 iOS 和 Android 两个独立版本，需要用户通过电子邮件或社交媒体账户登录。该应用结合手机摄像头与 AI 图像识别技术，能显示牙齿的清洁区域（刷过的部位会逐渐高亮）。用户可追踪每周 / 每月的刷牙记录、购买周边小游戏、在社交平台分享，甚至向保险公司提交刷牙质量报告以获得保费优惠。该应用还设有儿童版，家长可监控孩子的刷牙进度，孩子则能通过积分兑换虚拟道具装饰个人头像。

这些功能本身并不算新颖，在其他领域的一些软件中也存在类似的功能。这里的独特之处在于，它们被整合到了一款牙刷及配套应用中。以下是我们对测试内容的拆解：

- 前端应用：包括 Web 应用、移动应用（iOS 和 Android 独立构建）、儿童版应用，以及一个适用于 Nintendo Switch 的游戏机版本，这个仅作为趣味性的补充。
- 后端与接口：主要是 API（且未采用版本化管理，意味着一旦接口发生变化，所有客户端必须同步更新）。
- 硬件与固件：牙刷的机械部分（如电池续航、充电次数等）和牙刷的软件部分（摄像头识别与蓝牙交互）。其中，机械部分的测试不在我们关注的范围内。

在更底层，还会有开发人员自测（例如单元测试）、数据库相关测试（如数据一致性与性能验证），以及运维层面的方案测试（如数据中心测试和中断切换预案）。不过，我们的测试重点集中在前面列出的内容上。

在理解了软件项目的运行机制后，即可设计一个与之相匹配的测试流程。在实际项目中，测试流程往往是伴随开发逐步演进的，但本次我们不关注如何演进，而是系统性地构建理想化的测试方案。

### 16.1.2 设计测试程序

除了测试各个独立组件外，要想将软件工程与协调工作分开其实很难，但我们将尽力把二者区分开。

对于这款牙刷来说，测试主要关注设备与手机之间的交互。通过创建虚拟手机和虚拟设备，我们可以模拟设备行为、驱动交互并观测两者的通信状态。完成单元测试后，测试活动将覆盖新功能的使用场景及异常操作情况。从测试视角来看，最值得关注的往往是那些会导致软件崩溃、卡死、超时等故障的场景。这类极端场景测试（有时被称为“肥皂剧测试”）通常也能有效覆盖常规使用场景。

由于本书聚焦软件层面，我们不会涉及刷头机械性能测试，仅软件交互部分就有大量测试工作要做。理论上，只要计算机上的模拟器能够准确复现移动应用的行为，硬件团队就能在不依赖真实应用更新的情况下，对新硬件进行测试和联调，从而按照原定计划独立发布新款牙刷。当然，重大硬件更新与移动端升级仍需协调规划，确保向后兼容。团队将建立自动化冒烟测试流程，覆盖最常见的使用场景。在重大版本发布之前，除了自动化测试，还必须进行一次完整的人工测试。这可以通过两种方式完成：一是直接使用Web应用进行端到端操作；二是使用一个专门的模拟工具来触发和观察系统交互。Web应用可能会提供调试模式，使测试人员能够在同一环境下选择使用Web界面，或切换到模拟方式进行验证。

Web应用是一个独立运行的前端界面，可通过人工进行检查。前端将调用API，这些API可以通过服务虚拟化（即在云端或预备环境中运行的模拟服务）来实现。每个功能在代码提交之前或之后都会经过人工的探索性测试。一旦代码进入版本控制系统，就会触发持续集成的流水行执行检查。为了进行此类自动化检查，公司需要在云端设置一个有固定URL的预备环境，并提供一种方法将应用程序的API调用指向该环境。应用还需要在各种浏览器（包括Edge、Chrome、Firefox和Safari）上进行测试。团队需要预先定义对每种浏览器的支持范围和预期测试程度，并明确在每种浏览器上的投入时间。

API可以通过契约测试来进行验证。由于API本身可能会调用其他API，因此团队编写了一个依赖关系映射器，该工具能够持续追溯依赖关系直至数据库层。借助该工具，团队可以在云端动态生成任意API的完整依赖图，并基于这些依赖关系开展针对性的测试。开发人员可以将规范测试数据集加载到数据库，开展探索性测试，同时为变更添加新的API自动化测试。当变更提交至版本控制系统，会触发持续集成流程对API进行预期行为的检查。当代码合并到主分支时，这个过程会再次进行。

非破坏性的变更可以随时发布，而复杂或破坏性变更往往需要跨团队协调。三大团队（iOS、Android和Nintendo）各自负责测试自己的变更。对于重大的

API 变更，将使用蓝绿部署的方式，以便可以快速切换和回滚。如果缺乏完善的版本控制，团队可能不得不使用命名 API 的方式，即在 API 中嵌入应用版本号。但这种做法长期来看难以维护，因此团队最终需要过渡到更系统化的 API 版本管理方案。

移动应用的测试方式与 API 类似。在持续集成过程中，移动应用需要通过两类自动化验证：一是前端检查，即使用模拟 API 端点来验证界面和功能逻辑；二是端到端检查，即在云端部署完整系统的情况下，测试整个应用的运行情况。持续集成将生成一个可安装的制品（artifact），测试人员可以将其侧载到物理设备上，进行探索性测试。在这些过程中，身份验证和支付功能都将被有效覆盖。对于重大的变更发布，还会在更稳定的预发布环境上运行最终的集成检查。

儿童应用由一个独立的团队负责，并配备专门的测试人员。团队的组织结构决定了他们的测试方式：核心应用功能、头像、游戏、社交媒体推送以及奖励中心都分别由不同小组负责。虽然这些功能各自独立开发，但彼此之间又高度依赖，例如游戏会展示头像，而头像又依赖于核心应用功能。因此，该团队采用了类似于 Scrum 或规模化敏捷框架（Scaled Agile Framework）的传统模式，在开发过程中团队不断触发持续集成流程以执行检查，并在每个为期六周的开发周期结束时，安排两周用于跨模块的集成和验证。移动应用的开发也遵循类似的节奏。

除了上述围绕基本功能的测试，无障碍性、负载测试、国际化和安全性也是需要严肃考量的方面，这些测试既可以通过人工探索的方式进行，也可以作为持续集成流程的一部分来运行。在实践中，始终运行所有测试往往会拖慢构建速度，并且未必会增加太多价值。解决此问题的一个办法就是降低执行频率或采取轮换执行的方式。在我们的案例中，我们会在代码推送到分支时运行所有内容，而在主分支上，则只会每周运行两次，因为这些测试已经在分支阶段执行过检查，不太可能再出现回归问题。如果说测试的本质是风险管理，而风险管理的核心在于合理分配资源以降低风险发生的可能性，那么所有持续集成运行所需的云计算资源成本也应该是一个考虑因素。

本章没有足够篇幅逐一深入讲解每个系统，在实践中，我们需要意识到测试覆盖可能存在不足的情况。为此，一个可行的方法是：首先识别系统的主要特性，评估现有测试的覆盖程度，找出覆盖缺口。随后，可以设计具体机制来弥补这些缺口，例如列出风险清单，并在开发周期的各个阶段针对清单内容安排检查，从而确保在不同阶段发现潜在问题。

在某些情况下，团队可能无法编写自动化测试：可能是因为测试编写过于复杂、技术太新以至于无法推动，或者是重大的用户界面变更导致原有检查过时而被弃用。另外，有时自动化检查过于粗糙，虽然可用作冒烟测试，但不足以全面捕捉缺陷，导致问题仍会逃逸到生产环境。在这种情况下，团队需要回到基本面：列出核心功能，记录测试覆盖情况，绘制覆盖与缺口的“地图”，并将其映射到测试仪表板上，用于每次重大发布前的规划。之后，再去协调测试环境、版本管理以及发布计划。

### 16.1.3 系统协调与部署

本节的案例听起来很简单：只需要列出所有任务，确保人们做好他们的工作，一切就会顺利进行。但实际上并非如此。在模拟器上运行的持续集成系统可能会让用户产生一种虚假的安全感，同时，它也可能会产生假错误。这些错误表明软件没有按照我们之前期望的方式工作，但它们又是正确的，因为本次变更正是修改了此处的处理逻辑。

要让整体过程顺利推进，就必须有人跟踪重要的变更并协调各个团队。当你在全球拥有六个以上的团队时，移动应用一旦错误发布，就需要等待应用商店审核而导致至少一周的延迟，所以现实中通常有一个预发布阶段。但是，我们并不推崇将其作为常态，它更多是一种过渡状态。理想情况下，团队应当实现持续、稳定的交付。如果担心发布造成严重的线上问题，且无法在一两个小时内通过热修复解决（尤其是涉及非版本化 API 时），那么发布节奏治理就成了必要的控险手段。

在这种情况下，许多团队会采用“发布列车”的治理模式：像火车班次一样，发布按照固定节奏进行，有助于协调不同团队的交付节奏。例如设置每八周发一班“列车”，其中前六周留给团队独立开发，后面两周集中安排跨团队的协调和测试工作。如果某个特性没有准备好，就不会合并到主分支，必须等下一班“列车”。从精益的角度来看，理想的目标是将测试时间缩短到一天，把整体的开发周期压缩到一次（最多两次）迭代。当这一目标实现后，剩下的难点主要在于协调那些会破坏兼容性的 API 变更。这类问题可以通过版本化 API 等手段缓解，使各团队基本实现独立部署，只有在涉及关键功能或影响全局的重大变更时，才需要统一协调。

本节的目标是展示如何将本书中的策略结合起来，以解决跨系统及其子系统的测试问题，同时，也说明如何将本书中的工具（思维导图、测试仪表板、风险清单和精益度量）用于改进。

说到这里，不妨想想，还有哪些影响质量的方面可能被我们忽略了。

你可以在此暂停片刻，思考和回顾一下前面的内容。同时，我们会插入一张图片（图 16-1）来占用一点空间，以免你直接看到下面的答案。

图 16-1 占位图（图片来源：Julie Heusser）

### 16.1.4 人的因素

上一节梳理的测试策略，足以协调十余个软件团队的协作。如果不考虑 IoT 只聚焦纯软件系统，那么“发布列车”模式就能更顺畅地推行，理论上可支持上百个团队的协作。然而，很多团队依然在软件质量方面面临挑战。他们的持续集成 / 持续部署耗时过长，构建和测试次数过多，并且失败也过于频繁，其中不少失败可能是假错误。这些错误不能真正反映软件的质量情况，真正的错误往往隐藏在测试没有覆盖到的部分。也就是说，这些“覆盖缺口”才是真正容易被忽略、但潜在风险很大的问题。

以上描述总体上是正确的，但遗漏了一些关键细节，例如测试策略的来源以及演变方式。下面，我们换个视角，重新审视前面的示例策略。

这个策略包含五个关键部分：

- 各子系统团队的独立测试能力：此处的子系统指 Web 应用、移动应用（多个平台）、API 和牙刷端软件组件。当然，可以采用多栈特性团队（multi-stack feature teams）的模式，把跨平台、跨技术的开发能力都放进同一个团队，但本例并不是采用这种模式。为实现独立验证，每个团队都会使用本书所述的技术，既用于测试新特性，也用于回归测试。
- 团队对预发布版本质量控制的能力，包括编制功能地图、设定并度量覆盖程度，以及对覆盖情况进行可视化和发布。例如，在集中办公的场景，可将功能覆盖看板悬挂在团队公共区域；而在远程办公的场景，则可通过共享网页实现。团队还应沉淀可执行的测试配方。值得注意的是，文档需要有的放矢，只记录有共享价值的内容。同时也要注意，写得过多会增加维护负担，写得过于全面会增加理解难度（Comprehensive is the enemy of comprehensible）。因此，测试人员不仅需要识别应测内容，还需判断何时、以何种粒度将内容记录为文档，确保文档既突出重点又便于理解。

- 持续集成、制品和测试环境：通过将回归测试左移至构建流程，可以加速测试过程。与此同时，需要在流水线中管理测试环境与数据，例如为每次构建准备一致的环境快照与测试数据，以减少因环境不一致造成的误报。
- 辅助测试：可访问性、负载、安全性和国际化测试可以独立进行，也可以纳入构建流程。在这种情况下，公司会在构建流程中使用自动化工具进行扫描和测试。
- 协调与最终部署：这一环节需要建立统一的状态展示与节奏治理机制。项目信息需要集中呈现，例如关键问题清单、TOP 缺陷跟踪、每日站会要点、项目管理议题列表等，以方便相关人员实时感知与协同。同时，必须由专人或小组来统筹发布的节奏与时间窗口。如果完全依赖个别关键人物来维系节奏，这种“个人能力驱动”的模式在短期内或许有效，但一旦人员离职或变动，组织就会感受到阵痛。因此，管理层应当主动设计冗余与产能保障机制，从而避免形成“单点故障”式的人力依赖。

上面的概括性描述不会详尽地说明我们在前面几百页中建立的所有细节。但若深入剖析，你会发现，这一测试策略的上层设计源自本书测试的构成元素、精益软件测试以及交付模型与测试的相关章节；而在实施层面，它又具体依托于前五章关于测试方法、测试工具、测试数据和专项测试的内容。

你的测试策略也是这样的吗？

## 16.2 AI 在软件测试中的应用

19 世纪初期，一群工人，主要是纺织业工人，组织了一场针对新技术的抗议示威活动，因为新技术的出现威胁到了他们的生计。在数月时间里，他们趁夜袭击空置的店铺，破坏新工具，迫使雇主雇用传统手工业者。这项新技术就是蒸汽织布机。领导这场叛乱的团体被称为卢德派（Luddites）。

如今，“卢德派”一词被用来指代任何抵制技术变革的人。变革已经到来，并且是受欢迎的！就在几十年前，人们还被雇来按电梯按钮、为每一通电话接线、打字写信，以及帮助每位顾客结账。总体而言，这些工作已经被自助服务所取代。关于人工智能的普遍论点是：测试工作也即将被取代。

对此，我们认为这是荒谬的。不过，既然我们选择了这样的立场，就有责任探讨 AI 工具的现状、其真正的可能性，以及如何利用它们实现一些有限的、渐进式的改进。

### 16.2.1 AI 工具现状

我们大多数人都了解线性回归，即利用成千上万的数据点，通过算法拟合一条直线并进行预测。2022 年 11 月，OpenAI 发布了 ChatGPT，可以看作一种文字的线性回归工具。换句话说，ChatGPT 吸收了互联网上的大量内容，并分析了每一个单词。给定几个单词，它就能够预测下一个单词。许多人都曾在搜索引擎的搜索栏中注意到过这种效果。ChatGPT 则更进一步，通过对话界面，你可以向 ChatGPT 提问并获得答案。你可以给它四五个要点，让它创作一段文字，或者给它一段文字进行润色。除了本章的示例外，本书的创作过程并未使用 ChatGPT。这种类型的人工智能被称为大语言模型（LLM）。LLM 需要较大的算力支持，不过这个需求正在逐渐降低。截至 2023 年 4 月，请求一次的成本约为 36 美分。ChatGPT 的界面是问答形式，尚不清楚该工具可以免费多久。本章示例使用的是 ChatGPT 3.5，在编写本书时，ChatGPT 4.0 版本需要支付订阅费用。

除了大语言模型外，另一项近期的 AI 创新是图像生成工具。这类工具能够实现局部重绘或替换，进行三维建模，甚至改变角色的角度。它们可能需要输入一个基础图像或一段文本。不过，无论是模型所用的基础图像，还是所用的文本，都有可能引发版权问题。

在本章中，我们希望站在一个更为中立的视角，介绍当下 AI 在测试领域真正能够做到的事。接下来的示例并不全面，毕竟这只是书中的一章。我们的目标是让你对 AI 在当下能够发挥的作用有一个切实的认识。

### 16.2.2 应用 AI 进行测试

一个严格遵守测试驱动开发（TDD）原则的开发人员可以使用像 ChatGPT 这样的工具来创建单元测试。

例如，假设你要在 C 语言中创建一个名为 powerOf 的方法，其声明如下：

```
int powerOf(int base, int power);
```

我们使用了以下提示词来请求 ChatGPT：

我有一个在 C 语言中定义的函数 powerOf()，它接收两个整型参数，返回第一个参数的幂运算结果，指数由第二个参数指定。你能给我十个测试示例，以 CSV 文件的形式呈现，其中包含第一个数、第二个数以及预期结果，使用的数字介于 0 到 10 之间吗？

这里讨论的 PowerOf 函数声明如下：int PowerOf(int base, int power)，你能用 cppUnit 创建一些针对这个方法的单元测试吗？

ChatGPT 给出的结果如下：

```
void testPowerOfPositive() {
    CPPUNIT_ASSERT_EQUAL(8, PowerOf(2, 3));
    CPPUNIT_ASSERT_EQUAL(9, PowerOf(3, 2));
    CPPUNIT_ASSERT_EQUAL(1024, PowerOf(2, 10));
}
void testPowerOfZeroExponent() {
    CPPUNIT_ASSERT_EQUAL(1, PowerOf(5, 0));
    CPPUNIT_ASSERT_EQUAL(1, PowerOf(10, 0));
}
void testPowerOfNegativeExponent() {
    CPPUNIT_ASSERT_EQUAL(0, PowerOf(4, -2));
    CPPUNIT_ASSERT_EQUAL(0, PowerOf(7, -3));
}
```

需要注意的是，这些示例更像是弱性检查或确认性检查。它们本身并没有问题，但是覆盖程度有限。最后一组对负指数的测试特别有趣，4 的−2 次幂实际上应该是 1/16，但整数类型不能表示像 0.025 这样的数，所以代码告诉我们的答案是 0。

接着，我们要求 ChatGPT 测试边界、非法输入和溢出情况，它生成了以下示例：

```
void testPowerOfOverflow() {
     // 测试大指数情况下的潜在溢出
     CPPUNIT_ASSERT_EQUAL(0, PowerOf(10000, 10000));
 }
void testPowerOfBadData() {
     // 测试非法数据（如负底数与负指数）
     CPPUNIT_ASSERT_EQUAL(0, PowerOf(-2, 3));
     CPPUNIT_ASSERT_EQUAL(0, PowerOf(2, -3));
}
```

这些代码片段带来的疑问可能比解决的问题还多。比如，10000 的 10000 次幂的结果必然远超 int 类型的范围，但返回值真的是 0 吗？或许更合理的做法是抛出异常并通过 try/catch 捕获。并且−2 的 3 次幂结果并非 0，而是−8。由此可见，虽然可以利用 AI 工具来生成测试代码，但最终还是需要开发人员检查和把关。

在测试 10000 的 10000 次幂这类运算时，耗时是核心关注点。可以考虑在调用运算的代码中嵌入计时器，并设定一个合理的阈值。任何调用的耗时都不应超过 0.25 秒，这个时间大致相当于人类感知延迟的临界值。AI 工具或许能协助编写此类测试代码，但目前尚无法独立提出这样的测试思路。

此外，根据我们的经验，真实的代码往往错综复杂，存在数量惊人的依赖关系。即便采用依赖注入模式，代码生成工具仍可能需要理解基础对象的工作方式。GitHub Copilot 作为首个将代码补全与集成开发环境（IDE）深度整合的工具，能够处理一些简单任务。例如在 Visual Studio Code 中，当我们要求它生成一个用于验证电话号码的正则表达式时，它给出了另外十个建议，但其中九个是相同格式的日期验证表达式：

```
phone_number_regex = /(\d{3})-(\d{3})-(\d{4})/
#用于验证邮编的正则表达式
zip_code_regex = /(\d{5})/
#用于验证日期的正则表达式
date_regex = /(\d{2})\/(\d{2})\/(\d{2})/
#用于验证日期的正则表达式
date_regex = /(\d{2})\/(\d{2})\/(\d{2})/
#用于验证日期的正则表达式
date_regex = /(\d{2})\/(\d{2})\/(\d{2})/
#用于验证日期的正则表达式
date_regex = /(\d{2})\/(\d{2})\/(\d{2})/
#用于验证日期的正则表达式
date_regex = /(\d{2})\/(\d{2})\/(\d{2})/
#用于验证日期的正则表达式
date_regex = /(\d{2})\/(\d{2})\/(\d{2})/
#用于验证日期的正则表达式
date_regex = /(\d{2})\/(\d{2})\/(\d{2})/
#用于验证日期的正则表达式
date_regex = /(\d{2})\/(\d{2})\/(\d{2})/
#用于验证日期的正则表达式
date_regex = /(\d{2})\/(\d{2})\/(\d{2})/
```

截至本文撰写时，大语言模型的主要作用仍局限于帮助用户生成模板或示例代码，以及节省搜索时间。这并非真正意义上的自动化测试，而只是实现了测试工作中部分环节的自动化。

AI 在测试领域的另一个潜在用途是测试数据生成。现有许多工具能够生成包含姓名、生日的数据集，这些数据可按特定分布规律生成，还能包含起止日期以实现有效覆盖（包括与系统日期重叠和不重叠的情况）。但颇具讽刺意味的是，ChatGPT 并不支持此类功能，因其设计初衷是防止被用于欺诈行为。不过，我们可以利用 ChatGPT 生成经典的三角形测试案例。

三角形问题要求给出三个边长，边长数值范围从 0 到 10。然后，根据这三个边长判断构成的形状是不是等边三角形，还是根本不能构成三角形。我们要求

ChatGPT 生成十个测试数据的示例。表 16-1 是它给出的结果。

表16-1　ChatGPT测试三角形数据

| | | | |
|---|---|---|---|
| 3 | 4 | 5 | 不等边三角形 |
| 5 | 5 | 5 | 等边三角形 |
| 7 | 7 | 10 | 等腰三角形 |
| 2 | 4 | 7 | 不能构成三角形 |
| 9 | 3 | 9 | 等腰三角形 |
| 8 | 8 | 8 | 等边三角形 |
| 6 | 8 | 10 | 不等边三角形 |
| 4 | 4 | 5 | 等腰三角形 |
| 3 | 5 | 3 | 等腰三角形 |
| 11 | 6 | 6 | 不能构成三角形 |

我们可以将 ChatGPT 当作“先知”。例如，将判断三角形类型的逻辑封装成方法，调用 ChatGPT API 请求十个随机示例，反复运行代码，每次都会得到不同的示例。虽然这会给代码这样做能带来一种基于模型测试的感觉，而无需显式构建模型。但这种方式也存在潜在的问题，ChatGPT 的性能会随版本迭代发生变化，并且我们不能肯定在特定问题上其性能会变好还是变差。

使用 AI 工具生成测试数据是可行的，但你需要检查这些数据。我们建议批量生成大量测试数据，然后使用验证通过的数据进行测试，而不是在每次运行时都调用 API 来获取新的数据。

最近备受关注的另一种方法是让工具生成测试用例。例如，给定一个电子商务网站和特定的测试范围（如产品页面），AI 工具可以提供测试方案。像 ChatGPT 这样的工具可以提供一系列测试思路，或者要求它使用流行的开源自动化库编写加载网页并执行点击操作的测试代码，它们有时能完成这类任务，或至少能节省编写时间。此外，自动化测试中最棘手的问题通常是确定页面元素位置，在这方面，AI 工具的辅助效果显著。

### 16.2.3　测试中其他形式的 AI

与大语言模型相比，机器学习是一种更基础的人工智能方法。在机器学习中，算法基于大量数据做出预测。一个有监督机器学习算法可通过学习多年的订单数据，以预测未来的订单情况，帮助我们了解需要生产多少产品以保持稳定供货。然而，在面对未曾见过的“黑天鹅”事件时，这类预测就会失效。

此外，无监督机器学习可以通过观察大量数据自动总结规律。例如，把一百万副扑克牌的牌型和输赢结果交给算法，在没有提前告知规则的情况下，算法可以逐渐推断出游戏的胜负规则。

机器学习在测试中的一个实际应用是：当界面对象位置发生变化时自动推测新的定位符，通过图像识别确认对象是否仍然正确显示，如果确认页面对象显示符合预期，就能自动更新代码中的定位符。更复杂的应用则包括欺诈检测、复杂物流优化等。

### 16.2.4 AI 测试的核心观点

在我们的语境下，AI 的价值在于能够以非线性的方式解决问题，提出一些我们自己可能想不到的答案。换句话说，与传统软件只会执行预先编写的算法不同，AI 能够基于数据生成或改进算法。如今的算法在处理自然语言方面已经有了显著提升，能够理解接近口语化的输入，并给出相应的回答。需要强调的是，计算机并不是真正在“思考”，它只是模拟人类的思维过程。

在当前阶段，我们可以利用 AI 工具来加快重复性代码和常见解决方案的生成。如果希望借助 AI 获取新的测试思路，建议的做法是：先完成基础的测试设计，再让 AI 做额外的补充，例如不同类型的测试场景、特殊条件或特殊字符等。需要注意的是，现阶段 AI 生成的内容仍然缺乏可靠性。你可以把它想象成一个赶在截止日期前交作业的大一学生，往往只是把文字拼凑成看似合理的答案。这类工具的确能帮助提升效率，但在使用时必须保持谨慎。

## 16.3 关于测试的理念

杰拉尔德 · M · 温伯格（Gerald M. Weinberg）习惯用一些简洁、精辟的语句来总结核心观点。我们虽然不能和温伯格相提并论，但我们也尝试用类似的风格表达测试理念。以下是我们整理的一些内容。

- 顾问策略（The consultant’s gambit）：由于受公司文化的影响，内部人员往往忽视一些显而易见的问题，而外部顾问却能轻易发现。
- 文档化测试原则（The maxim of documented testing）：每个由人工执行的、预先设计好的、有文档记录的测试，除验证产生期望结果外，还隐含着不发生其他异常的预期。
  - 第一推论：隐含的“不出现其他异常”的预期尤其难以实现自动化验证。

- 第二推论：如果尝试借助自动化工具来验证“不出现其他异常”这个隐含的预期，很可能会产生大量假错误。

- 测试自动化原则（The maxim of test automation）：即使一个测试可以被自动化，当第二次运行时，就不再是测试自动化，而是变更检测。

- 例外情况（The exception）：对于高容量测试或者基于模型测试，自动化测试是有额外意义的，这些测试不属于普通的变更检测，而是验证系统行为的正确性。但此类测试必须依赖某种自动化“先知”来判断结果是否正确。例如，一种常用方法是将软件的前一个版本作为“先知”。

- 理想组合策略（The magic formula）：组合开发者编写的单元测试、可自动化的验收检查以及人工探索性测试，能形成一个相对完备的测试体系。

- Dijkstra 猜想（The Dijkstra conjecture）：测试只能证明 bug 存在，永远不能证明其不存在！

- Heusser 命题（The Heusser proposition）：那些能够承担技术上看似不可能完成的任务，却仍设法解决问题的测试人员，往往能够创造巨大的价值。

- 自动化成本谬误（The automation cost fallacy）：自动化测试并不意味着低成本、轻松实现或立刻见效。即使当前的测试代码本身没有问题，但随着系统的迭代，测试代码也需要不断维护和更新，从而增加了额外成本。采用成熟的 UI 设计和清晰的组件分离，有助于降低这些维护成本。

- 测试自动化规则 [The rule of (traditional，pre-defined) test automation]：即便某些组织声称已实现“100% 测试自动化”，他们发现的大多数缺陷并非通过自动化回归测试发现，而是由人工在执行其他测试活动时发现的。

- 各种问题的根源（The other source of all kinds of evil）：人类与计算机在擅长解决的问题上存在根本差异，天真地认为计算机能够完全替代人类，是软件交付中许多问题的根源。

- 自动化决策困境（The automation decision dilemma）：工具要么检查所有可能的错误，但这样往往会产生假错误；要么只检查特定内容，但又可能忽略其他异常。要实现真正准确的测试，就需要事先知道哪些变化是错误的、哪些是正确的，而这在实践中非常困难。

- 自动化延迟（Automation delay）：当自动化测试失败时，需要进行检查、修正并重新运行，这会导致额外的时间延迟。

- 复杂性困境（The complexity conundrum）：越难设置和执行的测试越容易被跳过，而这些未被实现的自动化测试往往更有可能发现潜在缺陷。

- 四种基本美德（The four cardinal virtues）：包括正义、智慧、节制以及勇气。

除了上面关于测试的内容外，我们还尝试整理了关于文档的一些思考：

- 文档困境（The documentation dilemma）：如果不记录文档，团队的经验、测试方法和操作流程可能无法被保留或有效传递；但如果盲目书写，又可能增加无效工作量和维护负担。

- 第一条推论：如果文档写了却无人阅读，就只是徒增工作量和浪费资源。

- 第二条推论：即便文档有人阅读，每条记录都会带来维护成本。随着系统和流程变化，文档需要不断更新，否则会过时或失效。

- 第三条推论：如果文档写得过于详尽，反而会让人难以判断哪些信息更重要，增加理解难度。

## 16.4 本章回顾

本书凝聚了我们对如何开展软件测试的核心理念。这些理念源自近 50 年的实践经验、200 余场播客的深度访谈，以及无数会议和网络中的交流。通过这些工作，我们试图提供一种全面综合的测试和质量视角，同时提供分析自身工作、制订策略、评估和改进的方法和工具。我们的目标是把可操作的工具和方法交到你的手中，让你在实际测试中能够用得上。

关于软件测试这一工作，我们觉得有必要再说几句。

在 Excelon，我们有时会聘请咨询顾问来和我们一起进行实际的测试工作，他们都是在各种会议上受到尊敬的专家。然而，他们常常会露出一种不屑的表情，仿佛做测试工作是一件低人一等的事情。诚然，培训、咨询和教学能够帮助团队更快积累测试能力和经验，但测试工作本身的价值也是值得尊重的。

我们从不认为测试是一项低人一等的工作。我们热爱测试，并愿意投入更多时间和精力在测试中。必须承认，写这本书很不容易，甚至可能是我们迄今为止最艰难的职业挑战。但在经历了数十年的实践后，我们仍觉得自己只是刚刚起步。

在电影《星际旅行 6：未来之城》的结尾，柯克船长被命令退休，但他却选择再次驾驶他的飞船出发，命令领航员驶向“右边第二颗星，然后一直向前直到天明”。这句话借用了《彼得·潘》中的台词，暗示着柯克拒绝长大的男孩精神，同时也道出了他在探索之旅中的乐趣所在。

让我们一同享受软件测试之旅。

一起向更远的地方进发。